XINXING PEIDIANWANG XITONG
YANJIU YU SHIJIAN

新型配电网系统研究与实践

国网宁夏电力有限公司　组编

中国电力出版社
CHINA ELECTRIC POWER PRESS

内 容 提 要

本书以宁夏配电网现有研究成果和实践工作为基础，系统梳理了新型电力系统配电网在网架结构演进、可靠性水平提升、负荷预测技术研究、配电网多目标规划方法以及配电网高质量发展策略等方面，为构建新型电力系统配电网提供思路和实践方向。

本书可为配电网相关工作的技术和管理人员提供参考。

图书在版编目（CIP）数据

新型配电网系统研究与实践 / 国网宁夏电力有限公司组编. —北京：中国电力出版社，2023.3（2023.12 重印）

ISBN 978-7-5198-7338-7

Ⅰ. ①新… Ⅱ. ①国… Ⅲ. ①配电系统–研究 Ⅳ. ①TM727

中国版本图书馆 CIP 数据核字（2022）第 240060 号

出版发行：中国电力出版社
地　　址：北京市东城区北京站西街 19 号（邮政编码 100005）
网　　址：http://www.cepp.sgcc.com.cn
责任编辑：孙建英（010-63412369）
责任校对：黄　蓓　李　楠
装帧设计：张俊霞
责任印制：吴　迪

印　　刷：三河市万龙印装有限公司
版　　次：2023 年 3 月第一版
印　　次：2023 年 12 月北京第二次印刷
开　　本：787 毫米×1092 毫米　16 开本
印　　张：15
字　　数：336 千字
印　　数：1001—2000 册
定　　价：98.00 元

前言

随着我国“碳达峰、碳中和”目标的提出，各企业积极践行新发展理念，全力服务清洁能源发展，加快推进能源生产和消费革命。电力行业作为能源领域的排头兵，扮演着我国能源转型过程中的建设者与运营者的重要角色，承担着节能减排的重要社会责任，大力发展非化石能源的迭代创新，加快推进风电、光伏等新能源在我国能源生产体系中的装机容量与发电量占比，成了我国能否实现“碳达峰、碳中和”目标的关键。

2021 年 3 月，习近平总书记主持召开中央财经委员会第九次会议，提出深化电力体制改革，构建以新能源为主体的新型电力系统。新型电力系统是以承载实现碳达峰碳中和，贯彻新发展理念、构建新发展格局、推动高质量发展的内在要求为前提，确保能源电力安全为基本前提、以满足经济社会发展电力需求为首要目标、以最大化消纳新能源为主要任务，以坚强智能电网为枢纽平台，以源网荷储互动与多能互补为支撑，具有清洁低碳、安全可控、灵活高效、智能友好、开放互动基本特征的电力系统。新型电力系统的提出明确了电力系统在实现“碳达峰、碳中和”的基础地位，为电力能源发展指明了科学方向、提供了根本遵循。

宁夏是我国西北地区重要的风光发电基地，国网宁夏电力有限公司坚决贯彻党中央、国务院的决策，全面落实“双碳”战略，践行我国构建新型电力系统行动部署，立足能源资源综合优势、能源产业基础和开发利用潜力，坚持高效利用、绿色发展、多元供给、改革创新、保障民生，提出了打造宁夏新能源高质量就地消纳的样板和宁夏新能源大范围优化配置的样板的“双样板”和推动以建立现代企业制度为主体的管理创新和以提升核心竞争能力为主体的技术创新的“双创新”目标，在此基础上，开展一系列研究与实践工作，取得了明显成效。

自“十四五”以来，宁夏新能源开发水平呈现明显上升趋势，2021 年宁夏风光电占电力装机比重超过 45.7%，居全国第三位，新能源利用率达到 97.5%，位居西北第一。随着大型沙漠风光基地和整县分布式光伏的大规模发展，新能源即将成为宁夏电网第一大电源，发展成果十分丰硕。在全部新能源发电量中，110kV 及以下电压等级消纳的清洁能源电量占据了绝对比例，相对于主网，配电网面临着更为严峻的清洁能源大规模接入与高效消纳的压力，同时也正处在从传统单向潮流配电网向有源配电网过渡的关键阶段。

站在配电网角度，构建以新能源为主体的新型电力系统，驱动“双碳”目标加速实现，需解决的核心问题在于配电网的规划、设计、运行等均以传统无源网络为前提开展，随着分布式电源的大规模接入，传统无源网络的有源化特征日趋明显，配电网从逐级向下供电系统向双向负荷流动的有源系统转变，传统配电网的潮流与故障分析、电压无功控制、继电保护方法以及运行管理措施已不再适应，均需要做出相应的调整与改进；对于分布式电源的高比例接入，如何从发展策略、网架设计、资源规划、控制保护等方面充分考虑分布式电源接入的需要，同时最大限度地调用现有可调控负荷等新型主体，实现配电网的高效运营、发挥新能源的减排作用也成了构建新型电力系统下配电网的重要的研究内容。

本书以宁夏配电网现有研究成果和实践工作为基础，系统梳理了新型电力系统配电网在网架结构演进、可靠性水平提升、负荷预测技术研究、配电网多目标规划方法以及配电网高质量发展策略等各方面的工作成果，为构建新型电力系统配电网提供思路和实践方向，为深入推进电网发展和公司发展，全面服务国家电网有限公司战略目标实现和服务自治区经济社会发展提供配电网领域的先行探索，为促进电网企业以优异成绩为实现第二个百年奋斗目标贡献力量。

目录

第1章 “双碳”目标与新型配电网概述

随着我国“碳达峰、碳中和”承诺的推进，各企业积极践行新发展理念，全力服务清洁能源发展，加快推进能源生产和消费革命。近年来，国家电网全面推动电网向能源互联网升级，有力支撑了绿色低碳发展。截至 2020 年底，实现清洁能源发电装机容量 7.1 亿 kW、占比 42%，其中新能源发电装机容量 4.5 亿 kW、占比 26%，比 2015 年提高 14 个百分点，中国成为世界上新能源等清洁能源发电装机接入规模最大、发展速度最快的电网。

近十年，我国风电、太阳能发电等新能源发电装机年均增长 33.6%，发电量年均增长 34.8%，均比全球平均水平高 13 个百分点以上；2020 年，我国煤电装机容量占总装机容量比重为 49.1%，历史性降至 50%以下。在能源消费环节，促进电能占终端能源消费比重不断提升。2000～2019 年，全球电能占终端能源消费比重从 15.4%增至 19.6%；中国从 10.9%增至 26%、提高约 15 个百分点。近年来，公司累计实现替代电量 8677 亿 kWh，相当于减少散烧煤 4.8 亿 t、减排二氧化碳 8.7 亿 t。

电网连接能源生产和消费，在能源清洁低碳转型中发挥着引领作用。“碳达峰”是基础前提，要尽早实现能源消费尤其是化石能源消费达峰；“碳中和”是最终目标，要加快清洁能源替代化石能源，实现碳排放和碳吸收的平衡。

在此背景下，大力发展以清洁能源为主体的分布式发电系统成为了实现“碳中和、碳达峰”的重要路径之一，配电网作为承载分布式电源的重要载体，开展以实现“双碳”目标的新型配电网相关的分析和研究成了配电网支撑清洁能源快速发展的重要手段。

1.1 “双碳”目标的时代背景和战略意义

根据世界气象组织发布的《2020 年全球气候状况报告》，2020 年全球主要温室气体浓度仍在持续上升，全球平均温度较工业化前水平高出约 1.2℃，是有完整气象观测记录以来的第二暖的年份（仅次于 2016 年），2015～2020 年是有气象观测记录以来最暖的 6 个年份。根据世界经济论坛近几年发布的《全球风险报告》，环境风险是全球最主要的风险。从出现概率来看，极端天气发生概率持续列为近 5 年榜单第一，气候变化减缓与适应措施失败居近3年榜单中前三。从影响程度来看，2020年全球遭受新冠肺炎疫情影响，将在未来3～5年阻碍经济发展，在未来5～10年加剧地缘政治紧张局势。因此，在风险影响程度上，传染病位居首位，但气候变化减缓与适应措施失败仍被列为未来十年最具影响力和第二可能的长期风险。

当前，全球面临的环境污染、气候变化及传统化石能源日益紧缺等危机，促进了分布式发电技术尤其是可再生能源发电技术的飞速发展。在用户侧方面，电动汽车作为清洁交通工具也得到了世界各国的广泛关注。此外，由于高级量测技术和通信信息技术的发展，电力用户不再仅作为用电方，而是可通过分析用电信息并通过调整自身用电行为参与电网运行。

随着全球科学技术的迅猛发展，全球经济与社会发展达到了空前的高度。然而我们在享受科技带来的好处和便利的同时一系列能源问题也面临着能源消耗产生的环境污染。能源问题主要是指化石能源短缺问题。目前，日本石油消耗的99%都依靠进口，美国石油对海外资源的依存度为58%，预计到2020年，中国石油对外依存度将达到55%以上。最近，医学期刊《刺针》刊登的专家报告表明，环境污染已经严重威胁人类的生存，由于全球空气、水源、土壤和工作环境的污染，每年最少造成全球900万人死亡。同时，由于全球气温的变暖，每年世界经济遭受约1.6%的损失，预计到2030年该数字上升到3.2%。在此背景下，具有环境友好型和可持续性利用的可再生资源日益受到重视。

欧盟委员会在2010年确认了面向2020年的欧盟能源战略，提出了未来十年的能源与气候变化目标：到2020年，可再生能源的份额上升到20%，温室气体的排放量与1990年的水平相比减少20%，能源利用的效率与1995年的水平相比上升20%；到2050年，碳排放量与1990年的水平相比降低80%～95%。为了推进可再生能源的发展，中国国务院新闻部于2012年发布了《中国的能源政策》白皮书，指出了中国政府的一项重要战略任务就是维护能源资源长期稳定可持续利用。通过坚持八项能源发展方针，我国计划着手打造安全、稳定、经济、绿色的当代能源产业体系。而国务院出台的《能源发展战略行动计划（2014—2020年）》里明确表明要降煤炭消费比重，促进能源结构不断优化，大力发展天然气、核能以及可再生能源等绿色能源。同时计划表明到2020年煤炭消费占比降低到62%以内，天然气占一次能源消费比重提升到10%以上，核电装机容量达到5800万kW，非化石能源比重达到15%，风电装机容量和光伏装机容量分别达到2亿kW和1亿kW。

2020年9月，习近平在第七十五届联合国大会一般性辩论上阐明，应对气候变化《巴黎协定》代表了全球绿色低碳转型的大方向，是保护地球家园需要采取的最低限度行动，各国必须迈出决定性步伐。同时宣布，中国将提高国家自主贡献力度，采取更加有力的政策和措施，二氧化碳排放力争于2030年前达到峰值，努力争取2060年前实现碳中和。中国这一庄严承诺，在全球引起巨大反响，赢得国际社会的广泛积极评价。在此后的多个重大国际场合，习近平反复重申了中国的“双碳”目标，并强调要坚决落实。

1.1.1 “双碳”目标的提出是我国承担应对全球气候变化责任的大国担当

中华人民共和国成立以来，特别是改革开放以来，中国共产党在领导并推动中国发展进程中，始终致力于维护世界和平、促进全球发展。

1992 年，中国成为最早签署《联合国气候变化框架公约》（以下简称公约）的缔约方之一。之后，中国不仅成立了国家气候变化对策协调机构，而且根据国家可持续发展战略的要求，采取了一系列与应对气候变化相关的政策措施，为减缓和适应气候变化做出了积极贡献。在应对气候变化问题上，中国坚持共同但有区别的责任原则、公平原则和各自能力原则，坚决捍卫包括中国在内的广大发展中国的权利。2002 年中国政府核准了《京都议定书》。2007 年中国政府制定了《中国应对气候变化国家方案》，明确了 2010 年应对气候变化的具体目标、基本原则、重点领域及政策措施，要求 2010 年单位 GDP 能耗比 2005 年下降 20%。2007 年，科技部、国家发展改革委等 14 个部门共同制定和发布了《中国应对气候变化科技专项行动》，提出到 2020 年应对气候变化领域科技发展和自主创新能力提升的目标、重点任务和保障措施。

2013 年 11 月，中国发布第一部专门针对适应气候变化的战略规划《国家适应气候变化战略》，使应对气候变化的各项制度、政策更加系统化。2015 年 6 月，中国向公约秘书处提交了《强化应对气候变化行动——中国国家自主贡献》文件，确定了到 2030 年的自主行动目标：二氧化碳排放 2030 年左右达到峰值并争取尽早达峰；单位国内生产总值二氧化碳排放比 2005 年下降 60%～65%，非化石能源占一次能源消费比重达到 20%左右，森林蓄积量比 2005 年增加 45 亿 m^3 左右。并继续主动适应气候变化，在抵御风险、预测预警、防灾减灾等领域向更高水平迈进。作为世界上最大的发展中国家，中国为实现公约目标所能做出的最大努力得到国际社会的认可，世界自然基金会等 18 个非政府组织发布的报告指出，中国的气候变化行动目标已超过其“公平份额”。

在中国的积极推动下，世界各国在 2015 年达成了应对气候变化的《巴黎协定》，中国在自主贡献、资金筹措、技术支持、透明度等方面为发展中国争取了最大利益。2016 年，中国率先签署《巴黎协定》并积极推动落实。到 2019 年底，中国提前超额完成 2020 年气候行动目标，树立了信守承诺的大国形象。通过积极发展绿色低碳能源，中国的风能、光伏和电动车产业迅速发展壮大，为全球提供了性价比最高的可再生能源产品，让人类看到可再生能源大规模应用的“未来已来”，从根本上提振了全球实现能源绿色低碳发展和应对气候变化的信心。

在 2020 年 12 月举行的气候雄心峰会上，习近平进一步宣布，到 2030 年，中国单位国内生产总值二氧化碳排放将比 2005 年下降 65%以上，非化石能源占一次能源消费比重将达到 25%左右，森林蓄积量将比 2005 年增加 60 亿 m^3，风电、太阳能发电总装机容量将达到 12 亿 kW 以上。习近平还强调，中国历来重信守诺，将以新发展理念为引领，在推动高质量发展中促进经济社会发展全面绿色转型，脚踏实地落实上述目标，为全球应对气候变化做出更大贡献。

“双碳”目标是我国基于推动构建人类命运共同体的责任担当和实现可持续发展的内

在要求而做出的重大战略决策，展示了我国为应对全球气候变化做出的新努力和新贡献，体现了对多边主义的坚定支持，为国际社会全面有效落实《巴黎协定》注入强大动力，重振全球气候行动的信心与希望，彰显了中国积极应对气候变化、走绿色低碳发展道路、推动全人类共同发展的坚定决心。这向全世界展示了应对气候变化的中国雄心和大国担当，使我国从应对气候变化的积极参与者、努力贡献者，逐步成为关键引领者。

1.1.2 实现“双碳”目标是加快生态文明建设和实现高质量发展的重要抓手

我国经过多年探索，最终形成了新时代统筹推进经济建设、政治建设、文化建设、社会建设和生态文明建设“五位一体”现代化总体布局，使“建设人与自然和谐共生的现代化”成为中国特色社会主义现代化事业的显著特征。探索过程中形成的习近平生态文明思想，是习近平新时代中国特色社会主义思想的重要内容。正是从中国现代化建设的全局高度，习近平总书记多次强调，应对气候变化不是别人要我们做，而是我们自己要做，是我国可持续发展的内在要求。中国仍然处于工业化、现代化关键时期，工业结构偏重、能源结构偏煤、能源利用效率偏低，使中国传统污染物排放和二氧化碳排放都处于高位，严重影响绿色低碳发展和生态文明建设，进而影响提升人民福祉的现代化建设。

2021 年 3 月，习近平总书记在中央财经委员会第九次会议上强调，实现碳达峰、碳中和是一场广泛而深刻的经济社会系统性变革，要把碳达峰、碳中和纳入生态文明建设整体布局，拿出抓铁有痕的劲头，如期实现 2030 年前碳达峰、2060 年前碳中和的目标。

这是习近平生态文明思想指导我国生态文明建设的最新要求，体现了我国走绿色低碳发展道路的内在逻辑。我们要坚定不移贯彻新发展理念，坚持系统观念，处理好发展和减排、整体和局部、短期和中长期的关系，以经济社会发展全面绿色转型为引领，以能源绿色低碳发展为关键，加快形成节约资源和保护环境的产业结构、生产方式、生活方式、空间格局，坚定不移走生态优先、绿色低碳的高质量发展道路。

“双碳”目标对我国绿色低碳发展具有引领性、系统性，可以带来环境质量改善和产业发展的多重效应。着眼于降低碳排放，有利于推动经济结构绿色转型，加快形成绿色生产方式，助推高质量发展。突出降低碳排放，有利于传统污染物和温室气体排放的协同治理，使环境质量改善与温室气体控制产生显著的协同增效作用。强调降低碳排放人人有责，有利于推动形成绿色简约的生活方式，降低物质产品消耗和浪费，实现节能减污降碳。加快降低碳排放步伐，有利于引导绿色技术创新，加快绿色低碳产业发展，在可再生能源、绿色制造、碳捕集与利用等领域形成新增长点，提高产业和经济的全球竞争力。从长远看，实现降低碳排放目标，有利于通过全球共同努力减缓气候变化带来的不利影响，减少对经济社会造成的损失，使人与自然回归和平与安宁。

2021 年，全国两会通过的“十四五”规划纲要，进一步明确要制定 2030 年前碳达峰的行动计划。在中央财经委员会第九次会议和中央政治局第二十九次集体学习时，习近平总书记围绕碳达峰碳中和、生态文明建设发表了重要讲话，对当前和今后一个时期乃至 21 世纪中叶的应对气候变化工作、绿色低碳发展和生态文明建设提出更高要求，有利于促进经济结构、能源结构、产业结构转型升级，有利于推进生态文明建设和生态环境保护、持续改善生态环境质量，对于加快形成以国内大循环为主体、国内国际双循环相互促进的新发展格局，推动高质量发展，建设美丽中国，具有重要促进作用。

1.1.3 实现“双碳”目标是推进绿色低碳高质量发展的关键路径

“双碳”目标的提出和落实，体现了中国作为一个负责任的大国，在发展理念、发展模式、实践行动上积极参与和引领全球绿色低碳发展的努力。习近平总书记指出，“十四五”时期，我国生态文明建设进入了以降碳为重点战略方向、推动减污降碳协同增效、促进经济社会发展全面绿色转型、实现生态环境质量改善由量变到质变的关键时期。

目前我国风电、光伏、动力电池的技术水平和产业竞争力总体处于全球前沿，在全球清洁能源产品供应链中占主导地位。太阳能光伏制造业中，中国拥有全球 90%以上的晶圆产能、2/3 的多晶硅产能和 72%的组件产能；在风力发电机的价值链中，中国拥有大约一半的产能；中国的锂电池制造业约占全球供应量的 3/4。

这些支撑我国建成了全球最大规模的清洁能源系统、最大规模的绿色能源基础设施、最大规模的新能源汽车保有量，并为全球清洁能源产品的快速扩散和应用提供了坚强的后盾。中国科学院科技战略咨询研究院等机构发布的相关报告指出，中国在风能、光伏、氢能、地热、能源互联网等领域科研实力也比较雄厚，论文数量、入选前 10%的优秀论文数量、专利数量等都名列前茅。这表明中国在新能源领域技术创新的潜力巨大。

推进能源绿色低碳转型已经成为全球经济竞争的关键领域，美国等发达国家在科学技术方面仍然整体领先，在前沿技术、高端设备、先进材料领域具有较大优势；但与此同时，中国目前也具备了坚实的产业生态基础、较强的技术能力以及丰富的人力和科技资源，中央顶层设计和统筹协调下，我国也将以更加开放的思维和务实的举措推进国际科技交流合作，加快绿色低碳领域的技术创新、产品创新和商业模式创新，实现多点突破、系统集成，推动以化石能源为主的产业技术系统向以绿色低碳智慧能源系统为基础的新生产系统转换，实现经济社会发展全面绿色转型。

1.2 低碳目标下配电网的国内外研究现状

1.2.1 低碳目标下配电网规划设计研究现状

国际大电网会议，配电与分布式发电专业委员会于 2008 年首次提出了新型配电网的技术概念，旨在解决高渗透分布式能源的消纳问题，进而实现配电网的安全、可靠、经济、高效运行。

目前，新型配电网的研究重点包括新型配电网的规划设计、分层控制和运行管理等。对于新型配电网规划方面，大部分研究主要围绕分布式电源的优化配置和网架规划等方面展开的。以网损最小化为目标，提出分布式电源优化配置模型。从分布式电源投资商、配电网公司及用户等相关主体利益的角度出发，建立了以分布式电源投资商单位年投资效益最大和分布式电源接入改善配网所得效益最大为目标的多目标优化模型，并采用改进的非劣遗传算法来同时优化分布式电源的类型、位置和容量。考虑了可控负荷对新型配电网分布式电源优化配置的影响，提出了各种分布式电源双层优化配置模型。上层模型用于求解分布式电源最优位置和容量；而下层模型用来求解各个时段可控分布式电源的最优出力和可控负荷的大小。以配电网运营商的运行利润最大化为目标，提出一种基于随机抽样模拟分布式电源出力的规划模型。

在新型配电网运行管理方面，国内外学者已在潮流管理、无功补偿电压补偿、优化调度等方面开展了研究。提出了含分布式电源的配电网络的最优潮流模型，利用前推回代法对含有分布式电源的配电网潮流进行计算，同时采用改进的 Tabu 搜索算法对模型进行求解。建立了基于二阶锥松弛的配电网动态最优潮流模型框架，并对新型配电网各参与元素进行相应的线性化处理，进而将配电网非线性最优潮流问题转化为基于二阶段规划进行快速求解。综合考虑线路损耗与设备运行成本，提出了一种以配电网综合运行成本最小为目标的配电网无功优化控制模型。在所建的无功优化模型中，由于考虑多种新型配电网无功优化管理策略（电容器无功补偿、变压器有载调压、分布式电源无功调节等)，以及无功优化策略对配电网的负面效应，使优化模型更具实际意义。针对含有风电和小水电群的配网无功优化问题，提出了基于分时段静态思想提出的自适应分段策略。针对新型配电网，提出一种静止同步无功补偿器和分布式电源协调配合的两阶段分区电压控制策略，在第一阶段，采取考虑区内相邻潮流的静止同步无功补偿器电压控制策略，在第二阶段，采用静止无功补偿器和分布式电源平滑转移无功的协同控制策略。通过分析静止同步补偿器在电网电压不平衡条件下的负序等效电路，提出了一种新的正、负序电压双环叠加控制策略。正序电压控制环将公共连接点电压控制为给定值，负序电压控制环对公共连接点电压实现三相对称控制。这种控制策略能够在电网电压不平衡时有效地调节和平衡配电网电压。针对可再生能源和储能设备对新型配电网造成的电压波动问题，基于模型预测控制理论，提出了新型配电网电压调节控制策略。

在实际工程方面，目前世界范围内共有 12 个国家和地区，在新型配电网方面开展了 25 个具有创新性的项目，这些国家和地区包括美国、澳大利亚、意大利、希腊、德国、英国、加拿大、荷兰、丹麦、西班牙、日本和中国。

我国也在积极地开展新型配电网试点示范工程项目，包括两项 863 项目“新型配电网关键技术研究及示范”和“新型配电网的间歇式能源消纳及优化技术研究与应用”，以及其他国家自然科学基金和电网企业科技项目。同时，部分研究成果在广东、北京、厦门和贵州等地区开展了示范工程的试点运行。以北京电网实施的新型配电网示范工程为例，该工程选择北京未来科技城为试点，探究了新型配电网的规划、运行与决策的核心技术，通过建立集成风电、光伏、储能和冷热电联供等单元的集成示范系统，来实现可再生能源的全额消纳，能量与用电信息的双向互动，提高能源综合利用率和供电可靠率等目标。

1.2.2 低碳目标下配电网弹性运行研究现状

新型配电网可调配的分布式能源主要由分布式发电、分布式储能和可控负荷等需求侧资源组成。其中，分布式发电主要包括风力发电、光伏发电等；可控负荷主要包括电动汽车、温控负荷等。

近年来，国内外对分布式发电技术的研究与应用已取得了些丰硕的成果。自 20 世纪 70 年代以来，美国在国内建成 6000 余处分布式能源电站，分布式发电设备的市场已超过十亿美元。截至 2010 年，在美国安装的分布式电源比例已达到 14%，并计划到 2020 年增长到 29%。欧洲各个国家也积极开展分布式能源技术的应用，丹麦、荷兰和挪威等国都为分布式发电的建设与并网制定了一系列激励政策。通过大力发展冷热电联产，大量使用分布式能源，提高能源效率。其中，丹麦已成为世界公认的在经济发展、资源消耗和环境保护协调方面的典范。到 2020 年，欧盟分布式电源的装机容量预计将达到 195GW，分布式电源的发电总量将达到总发电量的 22%。早在 2003 年，日本电力工业体制改革就已经提出了要积极发展分布式发电技术。目前，日本的太阳能光伏发电技术已达到世界领先水平。同时，日本开展了结合分布式发电和 IT 智能管理控制方面以及分散型分布式发电的区域综合应用方面的研究。我国对分布式发电的研究起步相对较晚，为了缩短与国外分布式发电建设的差距，国家发展改革委于《可再生能源中长期发展规划》中表明，到 2020 年我国要争取建成水电 3TW、风电 30GW、太阳能发电 118GW、生物质发电 30GW，保证可再生能源消费量占能源消费总量的 15%左右，为分布式发电技术的发展与应用创造更加有利的条件。

随着智能电网建设的不断推进以及电动汽车、温控负荷等可控负荷需求侧资源的不断发展，需求侧管理已成为新型配电网运行和管理的重要组成部分。在新型配电网中开展需求侧响应项目，能够有效地整合电动汽车、温控负荷等需求侧资源参与到配网运行中，进而实现削峰填谷、改善负荷特性，消纳可再生能源等目标。

需求响应是指电力市场中的电力用户针对市场价格信号或激励机制做出响应，改变正常电能消费模式，调整用电方式，达到减少或者推移某时段的用电负荷，从而缓解电网运行压力的目的。根据用户响应方式的不同，通常将需求响应划分为基于价格的需求响应和基于激励的需求响应。其中，基于价格的需求响应机制是电力市场机制下电力用户根据市场内电价信号的变化做出响应，从而改变自身的用电方式，主要包含分时电价、实时电价及尖峰电价等形式。一般利用电力需求价格弹性矩阵和消费者心理学原理表征需求侧资源对电价的响应。利用电力需求价格弹性矩阵，描述用户用电需求对电价改变的灵敏程度。建立一种基于消费者心理学的峰谷分时电价响应模型，并提出了一种利用有关经济学原理和电价理论的分时电价时段划分方法。文献以消费者心理学为基础，采用加权最小二乘法构建了用户响应度曲线的参数辨识模型，同时提出了各个时段间负荷转移率的校正方法，和分段线性模型中拐点的处理方法。还有采用指数函数拟合和统计学原理，来建立需求侧资源对电价的响应模型。

激励型需求响应机制是电力部门根据与用户签订的协议通过激励和引导部分协议负

荷，实现负荷削减或者辅助服务等计划，根据系统状态的激励信号不同分为直接负荷控制、可中断负荷、需求侧竞价、容葟市场计划及辅助服务计划等形式。不同种类的激励型需求响应所适用的时间尺度存在差异，其中，直接负荷控制和可中断负荷项目的需求侧资源响应时间相对较短，能够满足调度部口的快速负荷调整指令，因此，这两类需求响应项目具有较高地可调度性。

美国和欧洲等发达国家对需求响应进行了广泛的研究与实践，尤其是美国在开展需求响应方面组织完善，取得了良好的效果。2005 年 8 月，美国出台了《能源政策法案》，其中明确指出将要大力支持需求响应的实施与发展。在此背景下，美国众多电力公司以及独立系统运营商都已陆续建立了基于市场运作的电价政策与激励机制。例如，美国得克萨斯州电力公司开展的空调负荷管理项目，针对夏季高峰时段，利用温控器来循环控制用户的空调来削减峰荷。该项目的用户参与度非常高，截至 2009 年得克萨斯州已经安装智能温控器 86 000 个，削减峰荷可达 90MW。在欧洲，英国、挪威、法国和芬兰等国家也较早开展需求侧的电力市场建设。例如，在 20 世纪 90 年代初，英国的英格兰和威尔士电力市场允许用户通过削减负荷的方式，与发电同参与电力市场竞价。我国实施需求响应的实践经验较少正在探索建立符合我国国情的需求响应机制的过程中。我国的电力需求响应工作主要以有序用电为主，然而，近几年全国电力负荷高峰呈持续上升趋势，未来缓解用电短缺的问题，全国各地纷纷开展了需求响应项目。例如，2014 年以来，北京、上海、佛山三市和江苏省已成功实施了几次需求侧响应项目。江苏省经信委组织省电力公司于 2017 年 7 月对张家港保税区、冶金园启动了实时自动需求响应，在不影响企业正常生产的前提下，1s 时间内降低了园区内 55.8 万 kW 的电力需求，创下了国际先例。

近年来全国电力负荷高峰呈逐年上升趋势。以我国 2017 年夏季为例，北京、江苏、山东等多地尖峰负荷又创新高，其中北京最大负荷达到 2400 万 kW，同比增长 15.23%，江苏最高调度用电负荷达到 10 024 万 kW，山东电网最高用电负荷达到 7500 万 kW，同比增长 5.6%，安徽省最大用电负荷约 3450 万 kW，比上年最大用电负荷增长 8.9%。在此负荷高峰急剧增长的背景下，需求侧的负荷资源可通过参与需求响应来极大缓解电网供电压力以及相应电网建设投资问题。

1.2.3 低碳目标下配电网优化调度研究现状

由于可再生能源出力、电动汽车充电行为和负荷功率等的波动性，使得配电网运行面临大量的不确定因素。目前，针对新型配电网优化调度研究，国内外学者已开展了相关的研究，主要集中在分布式电源接入、微网系统、电动汽车充电设置等的独立研究上，但对多种分布式能源的协同优化调度问题研究较少。目前的研究成果包括，从配电网运行角度，针对含有分布式电源大量接入的配电系统提出了主动配电系统的短期调度模型；从微网自身运行角度，提出了一种含分布式电源的配电网日前 2 阶段优化调度方法；从电力市场角度，提出了考虑分布式电源接入的配电网日前和日内 2 阶段调度模型；在电网调度角度，有专家利用区间优化处理风电和光伏发电出力的不确定性，研究含有可再生能源的新型配电网日前优化调度问题。提出了风电和光伏的燃料成本计算方法，并以分布式电源燃料成本最小为目标，建立配电网优化调度模型。目前的研究只是考虑了分布式电源对配电网调度的影响，对需求侧资源的优化调度研究较少。

在众多研究中，微电网优化调度是目前微电网研究领域的热点，针对可再生能源高渗透率下，风电和光伏发电功率的预测误差对经济调度的影响，结合微电网的特性，提出了包含日前和实时调度的微电网经济调度双层优化模型，日前调度制定考虑间歇性能源预测误差的微电网运行计划，实时调度根据实时预测误差，实时修正运行计划，并对电流和电压进行优化；基于日前动态经济调度方法，针对由光伏和蓄电池构成的微电网，对比分析了不同电价和折旧成一本的场景下的微电网调度策略。提出种考虑分布式电源和储能系统的海岛微网优化调度方法；将人工智能技术与以线性规划为基础的多目标优化方法相结合，提出了一种针对微电网的智能能量管理方法；从微网中不同主体的利益出发，建立了微电网经济指标模型，技术指标模型和环境指标模型，并在此基础上，提出了微电网优化调度模型，最后，利用遗传算法与层次分析法相结合的方法，选取最优调度方案。但是，针对微网参与配网调度运行，这些文献并未做深入的研究。

在包含电动汽车的配电网优化调度研究方面，现有研究成果包括，基于启发式算法，考虑电动汽车充电约束，以用户充电成本最小为目标，建立电动汽车有序充电模型；采用迭代修正节点电压的方法规避模型中的非线性约束，同时将电压约束线性化，建立一个以最小化配电网有功网损为目标的电动汽车充电优化模型；从配电网有功网损角度，提出电动汽车对配网的影响及最优充电策略；除了上述有关电动汽车有序充电优化模型的研究外，少数学者针对含电动汽车的配网优化调度问题进行了研究。在分析大规模电动汽车的充电需求的基础上，综合考虑电动汽车的充电约束和配电网的运行一约束，提出种以新型配电网运行成本最小化和负荷曲线方差最小化为优化目标含规模化电动汽车接入的新型配电网优化调度模型。提出了电动汽车与风电协同调度的模型，为今后新型配电网多资源的协调互补利用提供了一种可能。

目前，关于新型配电网优化调度研究，主要还是从经济运行的角度出发的。例如可控分布式发电单元、储能单元以及联络开关为控制手段，研究以整个调度周期的运行成本最低为目标的主动配电调度问题；提出了一个新型配电网优化调度的研究框架，通过优化控制分布式电源和需求响应负荷，达到目前运行费用最小的目的。所提的优化模型的目标是社会福利最大化，同时，考虑负荷需求、用户偏好、环境条件和批发市场价格等不确定性因素，提出了种新的概率方法用来评估居民衬求响应的影响。但是，这些文献都未从经济运行角度考虑的同时关注如何提升负荷曲线均衡度的问题。与此同时，随着城市化的发展，城市用电需求量增长迅速，然而，由于城区负荷同时率高、用电节能意识不强，导致全国最大峰谷差不断拉大、能耗普遍较高。因此，研究如何通过协同优化分布式电源，储能系统和需求侧资源来提高能源效率和减少负荷峰谷左，具有重要的现实意义。然而，该问题的研究在目前配电调度运行领域尚处于空白状态。

1.3 “双碳”目标下新型配电网的基本形态

1.3.1 面临挑战

新特征下，配电系统主要面临以下 3 个方面的问题：静态问题，即由于分布式电源与电动汽车等负荷的不确定性引发的经济调度与运行问题；动态问题，即由于电力电子装备低惯性特征与复杂的动态相互作用引发的稳定及电能质量恶化问题；管理问题，即大量非电网资产管理与调控问题。

1.3.1.1 电力电量平衡挑战

源荷不确定性导致峰谷差增大、网损增加、资产利用率降低。

新能源分布式发电装置大量接入造成了电源侧的不确定，给系统制定日前调度计划带来困难；大量电动汽车的无序、随机充电带来了负荷的不确定性，虽然定制电力、需求侧响应、虚拟电厂等新型供用电模式的出现给用户主动参与配电管理提供了可能，但是用户响应受到环境、心理、市场规则等多方面因素影响，加之用户响应时滞性不可避免，导致负荷侧的不确定性愈发复杂。发电侧与负荷侧的双重不确定性加剧了配电系统峰谷差问题，新能源发电装置（极端情况下）出力的反调峰特性和负荷的随机性严重制约了配电系统新能源消纳能力，降低了配电系统运行的经济性。

1.3.1.2 动态稳定挑战

电力电子装备规模化接入、微电网（群）大量形成，稳定特征复杂、电能质量恶化。

复杂动态稳定问题凸显。电力电子装备动态响应快、调节精度高，为解决配网运行控制带来了新手段，但低惯性变流设备缺乏对系统惯性支撑；电力电子装备采用多时间尺度级联控制结构，装备内部及装备间的多时间尺度控制相互作用复杂。上述原因导致配电网存在复杂的动态稳定问题。配电网网架结构、线路特征、负荷特征等迥异于输电网，动态稳定问题也将表现出与大电网不同的特征。供电电能质量下降问题突出。大量电力电子装备接入使得配电系统谐波源呈现高密度、分散化、全网化趋势，影响供电质量。此外，电力电子装备对电网故障、电压闪变等的影响机理尚未明晰。

1.3.1.3 数据资产管理挑战：数据和多业务型态融合、信息安全

资产数字化和设备智能化趋势推动配电网转型，也将引发配电网的新问题。一方面，资产数字化和装备智能化趋势下，新型配电系统数据呈现多来源、多模态的特点，发电、配电、用电等电气量信息、天气信息、社会信息为电网设备的管理提供数据支撑，为智能算法和决策提供数据支撑，但多源数据融合是新型配电系统数字化和智能化需解决的首要问题。另一方面，装备智能化趋势下，信息安全及行为安全也是需要重点关注的问题。

1.3.2 新型电力系统下配电网的演变特征

新型配电系统形态格局“双碳”目标下，配电系统源、网、荷及管理等方面都显著变化，面临一系列全新问题，将呈现新的形态格局，如图 1-1 所示。

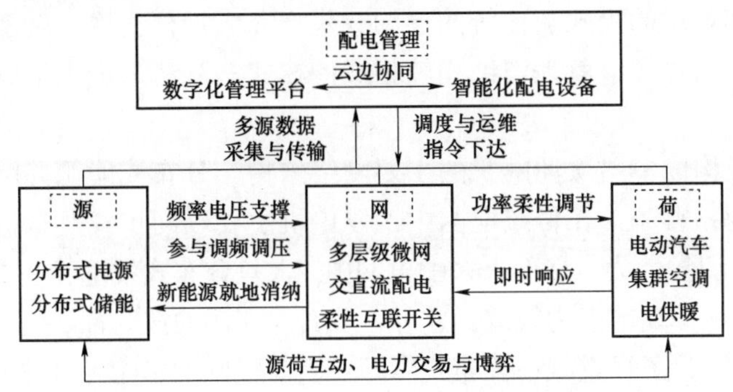

图 1－1 新型电力系统下的配电网形态

传统配电网的职能较为单一，它与输电网、用户之间是自上而下的单向供需关系。具体而言，大型发电厂生产电能，通过输电网进行远距离输送，再经过配电网配送至用户端。随着可再生能源和分布式能源的不断渗透，以分布式可再生能源和微电网为重点的多元电力供应系统将逐渐改变传统配电网的形态。与传统配电网相比，新型电力系统下的配电网的主要变化为：具有间歇性和随机性的分布式能源接入配电网的容量不断增加，包括分布式发电和储能等；具有不确定性的、分散的用户可通过需求响应、智能电表和多种控制仪器调整自身的用电行为。在电网层面分布式能源的接入将使配网自身以及输、配网之间产生双向的功率流动；用户的不确定性，以及负荷所具有发电和消费电能的双重身份，将使未来配电网与输电网和用户之间形成双向、互动的供需关系。因此，未来配电网将发展为兼容多种发电方式和新技术，支持可再生能源发电、电动汽车充放电及其他储能装置的灵活接入和退出，实现需求响应资源的优化管理和控制的配电系统。

宁夏地区配电网长期以来发展相对滞后，网架结构与自动化水平都不能满足大量间歇式能源接入后的稳定运行，主要表现在：潮流双向流动带来源网双端不确定性；负荷双重角色导致配网调控能力不足；分布式能源的逐步渗透可能严重影响电压水平、短路电流和可靠性等。所有这些将导致配网结构、管理和运行模式等方面的重大变化，对配网造成深远影响。

1.3.2.1 新型电力系统下的配电网架构和格局

未来配电网的发展方向，对配电系统提出了多方面的高级要求。未来配电系统的架构及格局的主要特征为：大电网和微电网相辅相成、协调发展的格局；多个电压等级构成多层次环网状的主要网络结构；交直流系统并存的混合运行方式；配电系统与信息系统高度融合的物理信息网络；融合多元能源、实现供需互动的能源互联网。

配电网和微电网相辅相成、协调发展。未来配电网将呈现大电网和微电网并存的格局。这一特征主要是由能源分布、电源结构和电网自身的结构决定。在配电网侧，就地利用资源的分布式发电和面向终端用户的区域电网和微型电网将会大量出现，充电汽车及其他储能装置等将大规模存在，未来配电系统可能划分为多个独立运行的控制区域，可接有不同规模的虚拟电厂和微电网等。因此，以可再生能源发电为重要特点的能源革命，使电力生产和输送的模式从传统的集约式生产、大规模输送，转变为集约式生产、大规模输送与分布式生产、就地消纳相辅相成的模式，从而形成大电网和微电网并存的格局。

多个电压等级构成多层次环网状的主要网络结构。分布式能源并网将对配电系统的控制引入以下问题：首先，在传统电网中，发电机主要以同步式发电机为主，其自身具有惯性、具备频率调控能力。然而未来配电网中，大量分布式发电将主要通过逆变器并网发电，此类电源的频率调节能力较弱。此外，分布式能源的波动性、随机性大大增大了配网电压控制的难度。为了尽量减小分布式能源对当前配网的影响，目前针对在给定配网辐射状拓扑的基础上，对分布式能源接入地点和最大容量进行限定的方法提出较多。尽管这种方式缓和了日益增长的分布式能源容量与现有电网之间的矛盾，延迟了对当前配电网结构的改造投资，然而却无法承载大量分布式能源，也不符合未来配电网的发展目标。

采用灵活可控的环网状结构，可实现对分布式能源进行灵活调度和管理，实现大量接纳、优化配置、充分利用不同类型分布式能源。此外，一旦局部发生故障，可通过有效的隔离手段和网络重构手段，使配电网受到最小的影响。环状网络对提高系统运行可靠性、优化电能的配置、提高资源利用效率均具有促进作用。因此，将传统的辐射状配网发展为环形网络，是应对分布式能源大量接入的重要方式和必然趋势。由于配电网具有多个电压等级，相应的环状结构将具有多层次性。具体的，可将配电网分为高压配电网、中压配电网和低压配电网 3 个层次。相邻各层次之间、同层次不同区域之间均可实现互联。因此，虽然未来配电网的典型结构尚未有标准，但多个电压等级构成多层次环网状结构值得关注，很可能将成为未来配电网的主要网络结构。

交直流混合运行方式。由于分布式电源、储能设备和负荷中存在大量直流设备，未来配电系统将从传统单纯的交流配电网络进化成交直流混合的配电系统。直流配电网的发展，主要受到以电力电子技术为支撑的分布式能源和负荷的驱动。通过与交流电网进行对比分析，直流配电网在输送容量、可控性以及提高供电质量等方面具有更好的性能，可以快速地控制有功、无功功率，减少电力电子变流器在直流驱动型的发电或用电设备中的使用，协调大电网与分布式电源之间的矛盾，有效地提高供电容量与电能质量，降低电能损耗和运行成本，充分发挥分布式能源的价值和效益，提高能源利用率。此外，直流电网不存在交流电网固有的稳定性问题。因此，兼具可靠性、安全性、稳定性、经济性的直流配电网具有巨大的市场潜力和经济价值。

部分研究表明，由传统的单一交流配电网络逐步发展成交直流混合的配电网络，有助于形成交流和直流系统的优势互补，提高配电系统的控制灵活性和运行可靠性。上述特征相结合，配电网的运行方式将很可能发展成分层分区运行与总体协调互动相结合的方式，便于在更大区域和范围内实现资源的优化配置，实现对区域电能的灵活消纳和调度。

物理配电网与信息系统高度融合。智能配电网的一个重要基础，是通过新的计算、通信和传感技术，实现信息系统和电网中一、二次设备之间紧密地融合协作。其中，物理电网相当于躯干，而信息系统则相当于神经系统，二者的有机结合才能发挥最优效用。为了实现这一目标，国内外纷纷开展了高级量测体系（AMI）的研究和实践。该体系主要由安装于用户端的智能电表、通信网络和位于电力公司的量测数据管理系统以及用户户内网络构成，主要用于对用户用电数据的采集，以及实现用户与电力公司的互动。我国的用电信息采集系统主要采用“主站—采集终端—智能电能表”三层逻辑架构。通信信道主要包括光纤信道、GPRS/CDMA、无线公网信道、无线电力专用信道等。

当前，国内的大多数 AMI 只支持计量业务或电表读取，尚未支持其他业务，也无法利用其他已有的通信网络。不同业务之间的“信息孤岛”问题普遍，这无法满足未来配电系统对大量实时性的数据的管理需求。在信息网络体系研究的基础上，为了进一步深度融合物理电网与信息系统，通过计算、通信和控制技术实现大型工程系统的实时感知、动态控制和信息服务，信息物理系统（CPS）在近年来得到了学术界的广泛关注和重视。一种典型的电力 CPS 结构，是各种嵌入式设备对本地一次设备进行控制，控制中心通过在线调整控制系统参数，并在必要时直接控制物理设备来协调整个配电系统运行。基于信息与通信的保护可以利用全局信息，实现更准确更可靠的保护。然而，当通信系统发生故障时，将导致保护拒动甚至误动。因此，发展具有自适应功能的保护设备，提升基于本地信息保护的技术性能，有助于实现保护自身的价值最大化，提高电网的安全可靠性和综合效益。

物理配电网与信息系统高度融合，不仅仅是在物理系统的基础上提升信息化程度，而应当在改进电网物理结构和提升信息化程度之间取得平衡。

1.3.2.2 新型电力系统下的配电系统特征

配电系统的发展趋势，是建立横向协调、纵向贯通、目标统一、能安全高效协调分布式可再生能源和主动负荷的物理信息网络的现代配电系统。展望未来配电系统的市场模式，以分布式为主要特点的大量电源点及用户，将在需求与价格规则的双向约束和信息的双向流动下，自洽达成协议的调度模式，实现系统出力与负荷的动态平衡。

（1）可再生能源成为配电网重要甚至主力供电电源，多层级微网群互动灵活运行成为重要运行方式。

新型配电系统中，风电、光伏、小水电、地热、生物质能等类型的分布式发电将会成为主力电源，实现发电侧低碳化甚至零碳化。分布式发电装置不仅能够基本满足配网内负荷用电需求，还具有构网能力，可实现对配网电压频率的主动支撑与调节功能。微电网将会成为分布式新能源就地消纳的主要形式，多层级微网（群）之间可实现灵活的功率互济与潮流优化，有效提升配网运行的安全性、稳定性和经济性。

（2）负荷将不再只是被动受电，配电网运行模式也将从“源随荷动”变为“源荷互动”，柔性负荷深度调节参与源荷互动。

电能加速替代将会带来巨量的电动汽车、集群空调、电供暖等增量负荷，这些增量负荷普遍具有柔性可调特性。柔性负荷将在源荷互动技术、高效的电力交易及博弈机制支持下，即时响应配电系统功率调节，深度参与源荷互动，平抑峰谷差，提升配网运行效率。

（3）基于电力电子的配电设备灵活调节电力潮流，提高配电网络的灵活性，全面提升配网运行水平。

随着柔性电力电子装备技术的推广应用，新型配电系统网架将会发展为灵活的环网状结构，各配电区域通过柔性开关实现互联，潮流流向及运行方式日趋多样化。配电调度将具有对潮流进行大范围连续调节的能力，系统运行灵活性显著提升。

（4）数字赋能，实现系统全景状态可观、可测、可控，提升配电网管理水平及能源利用效率。

新型配电系统具有对配网运行产生的海量多源异构数据进行采集、传输、存储、分析的能力，从而实现系统全景状态可观、可测、可控，并利用大数据技术为调度决策、运行维护、电力交易提供指导。配网管理水平及能源利用效率显著提升。

1.3.2.3 新型电力系统下的配电系统属性

为了应对新形势，未来的配电网应当具备下述 5 方面的属性：

（1）包容性：具备灵活接纳各种分布式能源接入电网的特性；

（2）开放性：支持多种电源、储能装置、电力电子设备和多元用户的参与；

（3）系统性：具备统一管理、发布自治、协调优化资源的系统能力；

（4）广泛性：实现对数量庞大、随机性强的分布式能源和电力用户的统筹管理；

（5）互动性：能实现系统与用户、用户与用户之间的互动和信息共享。

相应地，上述属性要求配电网呈现以下技术特征：

（1）测量数字化：利用先进的传感技术进行数字化测量，为实现信息化打下基础；

（2）控制网络化：对配网各种设备、分布式能源实现基于网络的控制和管理；

（3）状态可视化：使设备状态和电网运行状态可观测；

（4）功能和结构一体化：优化配网设备功能，实现设备与系统的有机结合；

（5）信息互动化：信息网络与物理系统高度融合，实现调度、设备运管及用户之间的互动。

为了适应未来配电系统的特征，电网也将逐步从目前输配电资产投资和运营管理企业，转变为以输配电资产投资和运营管理为基础，主动协调控制可再生能源和主动负荷，同时具备提供优质信息服务功能的企业。

第 2 章　“双碳”目标下配电网相关关键技术分析

在“双碳”目标下，构建新型配电系统对传统电力系统及相关领域的科技创新发展提出了更高的要求。伴随着全球新一轮科技革命和产业革命的加速兴起，云计算、大数据、物联网、人工智能、5G 通信等数字化技术更快融入电力系统，加速传统电力行业业务数字化转型。构建新型电力系统将在源、网、荷、储各个环节催生大量新技术和生态，并带动一批关键共性支撑技术的快速发展。本章节将从配电网视角出发，提出对未来的 5～15 年内构建新型电力系统需要突破的关键技术进行总结和展望。

2.1　煤炭清洁高效灵活智能发电技术

2.1.1　风力发电技术

风力发电全寿命期可主要分为：前期设计阶段、施工建设阶段、生产运维阶段和延寿退役阶段（见图 2－1）。前期设计阶段包括资源与环境综合评估、风机塔架基础一体化

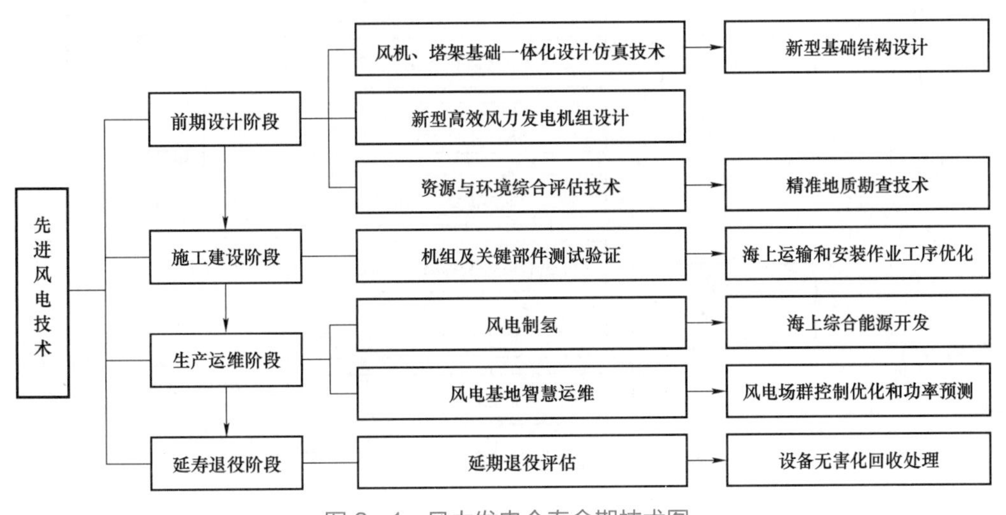

图 2－1　风力发电全寿命期技术图

设计仿真、新型基础结构设计、新型高效风力发电机组设计等；施工建设阶段包括机组及关键部件测试验证、海上运输和安装作业工序优化等；生产运维阶段包括风电场群控制优化和功率预测、风电基地智慧运维等；延寿退役阶段包括延期退役评估、设备无害化回收处理等。同时，风电制氢、海上综合能源开发等融合技术也正快速发展。

2.1.2 太阳能利用技术

太阳能光伏发电技术是一种直接将太阳光转化为电力的清洁发电技术，近年来全球太阳能光伏发电规模不断扩大，成本快速下降，技术创新的支撑作用日益显著。要实现“双碳”目标，最重要的是实现能源体系的低碳转型，以光伏为代表的可再生能源将迎来发展的黄金期。发展太阳能光伏发电技术已成为全球贯彻落实能源清洁转型及实现应对气候变化目标的重大战略举措。

太阳能利用技术主要包含基础材料与装备研制、智能太阳能发电集成运维体系、光伏发电应用示范等方向，如图 2-2 所示。其中，基础材料研制包括光伏基础材料研制与智能生产、太阳能电池及部件智能制造技术、光伏产品全周期信息化管理技术。太阳能发电集成运维包括智能光伏终端产品供给技术、光伏系统智能集成技术和光伏系统智能运维技术。光伏发电应用示范包括智能光伏工业园区应用示范、智能光伏建筑及城镇应用示范、智能光伏电站应用示范和智能光伏扶贫应用示范等。最终，形成光伏技术标准体系和公共服务平台。

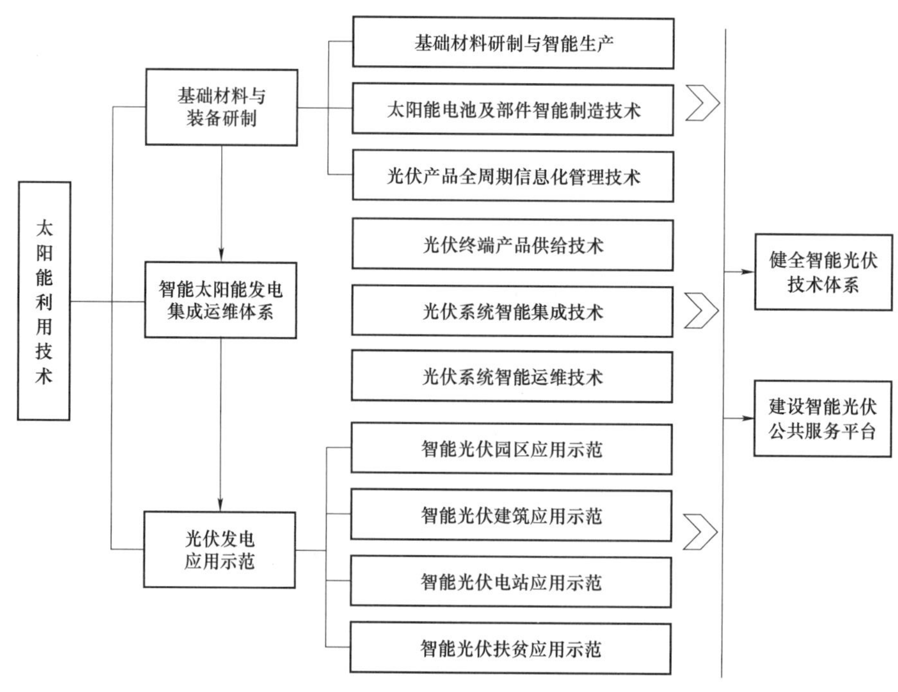

图 2-2 太阳能利用各环节关键技术图

自我国“双碳”目标提出以来，光伏行业发展得到了诸多新的政策支持和全社会的关注，但与此同时光伏产业发展仍然面临内外诸多挑战。主要包括以下几个方面。

（1）我国太阳能相关产业的基础研发有待提升。与国外领先水平相比，我国光伏电池实验室技术差距较大，尤其在前沿电池技术与公共研究平台布局等方面与国外差距较大，光伏系统及装备技术缺乏系统性精细研究，公共研究测试平台体系化不足，多种类型光伏电池与国际前沿水平存在差距，薄膜电池制备的核心设备部分依赖国外进口，光伏系统及装备技术缺乏系统性化研究，需要在相关基础理论和关键技术等方面进行深入研究。

（2）同质化竞争比较严重，供应链协同有待加强。受到国际贸易的影响光伏玻璃、多晶硅原料相继因阶段性短缺出现供应链价格快速上涨，严重影响了我国光伏产业健康有序发展，也一定程度上抑制了海外市场需求。如何实现行业理性可持续发展，加强产业链供应链管理，避免周期性盲目扩产引起的行业周期性振荡，避免恶性竞争导致的大而不强的尴尬局面，是不可回避、尚需解决的问题。

（3）提升光伏友好并网能力，主动支撑新型电力系统。随着全球各主要经济体“碳中和”目标的提出，行业对未来光伏发展的预期不断上调，从长期来看，光伏产业正在迎来巨大的发展空间。“十四五”期间光伏发电的发展将进入一个新阶段，并呈现出大规模、高比例、市场化、高质量的发展特征。通过加快构建新型电力系统提升光伏发电消纳和存储能力，既实现光伏发电大规模开发，也实现高水平的消纳利用，更加有力地保障电力可靠稳定供应，实现高质量跃升发展。

（4）光伏领域的数字化、智能化运维技术的应用尚不成熟。在光伏领域，除了要注重光伏电站建设质量，还要注重电站建成后的运营与维护。数字化和智能化管理模式可以有效减少传统运维方式的成本和周期从而提高运维效率，实现精确功率预测、精准故障诊断、实时健康评估、及时安全预警、少人无人值守、智能效益评估。

具体技术内容包括：

（1）智能光伏终端产品供给技术。研制具有优化消除阴影遮挡功率损失、失配损失、消除热斑、智能控制关断、实时监测运行等功能的智能光伏组件。发展集电力变换、远程控制、数据采集、在线分析、环境自适应等于一体的智能逆变器、控制器、汇流箱、储能系统、跟踪系统以及适用于智能光伏系统的高效电力电子器件等关键部件。开发即插即用、可拆卸、安全可靠、使用便利的户用智能光伏产品及系统，规范户用光伏市场。推动先进光伏产品与消费电子、户外产品、交通工具、航空航天、军事国防等结合，鼓励发展太阳能充电包、背包、衣物、太阳能无人机、快装电站等丰富多样的移动产品。

（2）光伏系统智能集成和运维技术。运用互联网、大数据、人工智能、5G 通信等新一代信息技术，推动光伏系统从踏勘、设计、集成到运维的全流程智能管控。支持无人机在光伏系统建设踏勘中应用，在云端完成 2D/3D 建模。开发智能化光伏设计系统，综合考虑勘测地理信息数据、屋顶承重能力、当地辐照条件、产品价格等因素，对不同组件、逆变器、电气方案、支架方式等进行模拟方案比对；开发智能光伏发电施工管理系统，促进其在采购、施工过程、质量检测、电站测试、验收等方面应用，实现工程进度实时监控、成本控制、库存管理、人员调配与施工问题预警。支持推广智能光伏发电监控系统的应用，建立智能区域集控运维中心和移动运维平台，实现集中管理与远程管理。同时开展数字化和智能化分布式光伏系统运行管理技术研究，实现精确功率预测、精准故障诊断、实时健康评估、电站智能巡检、及时安全预警、少人无人值守、智能效益评估。

（3）智能光伏工业园区应用示范。鼓励工业园区、新型工业化产业示范基地等建设光伏应用项目，制定可再生能源占比的具体评价办法，提升清洁能源使用比例，推动工业园区等绿色发展。

（4）智能光伏建筑及城镇应用示范。城镇建筑屋顶（如政府建筑、公共建筑、商业建筑、厂矿建筑、设施建筑等），采取“政府引导、企业自愿、金融支持、社会参与”的方式，或引入社会资本出租屋顶、EMC（Energy Management Company）节能服务合同管理等多种商业模式，建设独立的“就地消纳”分布式建筑屋顶光伏电站和建筑光伏一体化电站，促进分布式光伏应用发展。积极开展市、县、开发区一级的“城市级分布式建筑光伏电站”示范工程建设，实现智能光伏建筑大数据在线监测管理。在光照资源优良、电网接入消纳条件好的城镇和农村地区，结合新型城镇化建设、旧城镇改造、新农村建设、易地搬迁等渠道，统筹推进居民屋顶智能光伏应用，形成若干光伏小镇、光伏新村。积极在有条件的农村地区小型建筑、独立农舍推广“光伏取代燃煤取暖”技术应用。

（5）智能光伏电站应用示范。优先支持基于智能光伏的先进光伏产品，鼓励结合领跑者基地建设开展智能光伏试点，在大型光伏电站及分布式应用中积极推广。鼓励结合荒山荒地和沿海滩涂综合利用、采煤沉陷区等废弃土地治理等多种方式，因地制宜开展智能光伏电站建设，促进光伏发电与其他产业有机融合。

（6）智能光伏扶贫应用示范。在具备条件的建档立卡贫困村建设村级光伏扶贫电站。鼓励先进光伏产品及系统应用，优先保证光伏扶贫产品质量和系统性能；加大信息技术应用，通过大数据、物联网等技术手段实现光伏扶贫数据采集、系统监控、运维管理的智能化；结合光伏扶贫电站模式及地域分布特点，因地制宜加强光伏扶贫与各类“光伏＋”综合应用的整合，创新光伏扶贫模式。

（7）建立健全智能光伏技术标准体系。以《太阳能光伏产业综合标准化技术体系》为基础，加快智能光伏标准体系研究。重点开展智能化光伏组件、接线盒、逆变器、控制器、追踪系统、户用光伏系统等产品及测试方法标准制定，加强光伏产品生产及管理系统互联互通标准、智能制造工厂/数字化车间模型标准、智能制造关键设备标准、智能制造设备故障信息数据字典标准、制造过程在线检测、追溯及数据采集标准等智能生产及评价标准研究。加强光伏系统智能运维标准研究，包括智能清洗、智能巡检、智能排障等，制定智能运维平台设计及评价规范，规范光伏系统运维平台通信接口、数据格式、传输协议等。

（8）建设智能光伏公共服务平台。围绕智能光伏产业发展需求，推动产学研用结合，建设技术创新平台，开展一批关键性、前沿性技术研发；支持有能力、有资质的企事业单位建设国家级智能光伏检测认证公共服务平台，围绕智能光伏各环节开展检测认证、评级等服务，为电站系统设计、设备选型提供依据；支持地方、园区、龙头企业等建设一批公共服务平台，开展技术研发、产品设计、战略研究等科技及专业服务；支持智能光伏领域众创、众包、众扶、众筹等创业支撑平台建设。

2.2 高比例新能源并网支撑技术

在碳达峰、碳中和的总体战略目标下，针对未来源荷不确定性特征，高比例新能源接入电网的演进趋势，新型电力系统清洁、高效、低碳的发展方向，需发展支撑新型电力系统的高比例新能源并网支撑技术，本节主要对各部分的当前技术发展现状、趋势做出总体评价，然后总结目前技术攻克面临的挑战以及未来的战略目标，最后指出各自的技术要点，为新型电力系统的电碳枢纽技术发展提出指导方向。高比例新能源并网支撑技术结构树如图 2－3 所示。

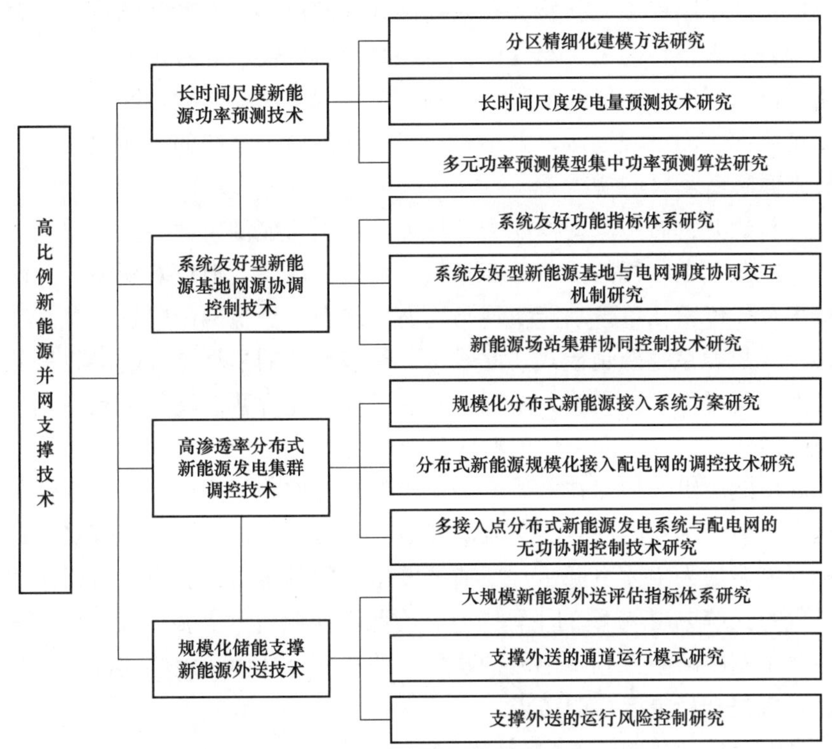

图 2－3 高比例新能源并网支撑技术结构树

我国风电机组/光伏逆变器基本具备了稳态有功无功调节、低电压穿越等能力，适应电网运行的能力提升明显；风电场、光伏电站普遍配置 AGC（Automatic Generation Control）系统、AVC（Automatic Voltage Control）系统和 SVC（Switching Virtual Circuit）/SVG（Static Var Generator）等动态无功补偿装置，能够实现分钟级的有功功率调节和无功/功率因数控制，并在部分地区试点了风电场、光伏电站参与电网一次调频技术。总体来说，我国可再生能源电站基本实现了自动化控制，但在控制性能方面仍与常规电源存在较大的差距，尚未具备成为电力系统主力电源，支撑电力系统稳定运行的技术能力，在应对未来高比例可再生能源的发展仍存在巨大的技术挑战。

我国在风电功率预测技术方面的研究起步较晚，但目前国内的一些科研机构和高校也已开发出风电功率预测预报系统。如中国气象局公共服务中心的 WINPOP 系统、中国电科院的 WPFS 系统、华北电力大学的 SWPPS 系统等。WINPOP 系统采用 C/S 结构，以全球天气分析服务系统为基础进行开发，运用了支持向量机 SVM（Support Vector Machine）、人工神经网络、自适应最小二乘法等多种算法进行风电功率预报。WPFS 采用 B/S 结构，使用 Java 语言进行开发，其能够对单独风电场或者特定区域的集群预测。

我国新能源并网主动支撑技术面临的重大挑战包括：

（1）高比例新能源接入电网，系统亟需支撑能力建设。新能源出力快速波动且频率电压耐受能力不足，大规模接入将使电力系统转动惯量减小，降低系统抗扰动能力，导致系统故障时频率、电压波动加剧。在我国新能源装机比例较高的“三北”地区，随着新能源装机比例的不断提高，新能源接入局部弱电网已经引发了新的稳定问题，比如青豫、祁韶、锡盟等多条特高压直流送端的暂态过电压现象，导致了新能源大规模脱网，以及特高压直流新能源送出能力受限等问题。随着我国新能源的不断快速发展，新能源逐渐从辅助电源向主力电源过渡，乃至未来成为新型电力系统的主体电源，新能源并网主动支撑技术面临着巨大的挑战。

（2）提升新能源暂态主动支撑能力，保障高比例新能源电力系统的安全。在电网暂态过程中，新能源发电单元的低电压穿越技术已较为成熟，但针对新能源并网主动支撑电网控制技术总体停留在单一功能实现与稳态支撑上，当电网故障发生时，新能源发电单元通常会进入故障穿越控制模式，此时基于稳态设计的主动支撑功能将失效，无法真正为电网暂态过程提供有效支撑。所以，必须掌握新能源暂态过程主动支撑控制关键技术，助力新能源从辅助电源向主体电源的角色转变。

（3）开展新能源电网构建技术研究，支撑新能源成为新型电力系统主体电源。在同步发电机电源和新能源发电并存的交流电网中，“同步”依然是电网能够稳定运行的必要条件。远期新能源成为主体电源后，新能源发电必须具备同步支撑和自组网能力，承担建立和支撑电力系统电压/频率的主体责任，因此新能源自身需要突破目前的常规控制模式，实现从“电网跟随型”到“电网构建型”的转变，从而满足构建高比例新能源电力系统和保障系统安全稳定运行的需求。

主要技术内容包括：

（1）长时间尺度新能源功率预测技术。基于新能源场站分区精细化建模的长时间尺度高精度功率预测技术。

1）分区精细化建模方法研究。研究多维混合气象下的光伏电站云层分布状态预报技术，研究分析特征多样的光伏电站中组件类别与地理位置对电站有功出力的影响，研究光伏电站智能化分区分组建模方法；研究分析环境复杂的风电场中地形、气象条件、风机尾流效应对电站有功出力的影响，研究风电场智能化分区分组建模方法。

2）长时间尺度发电量预测技术研究。采取气候动力与气候统计相结合的方法，研究高精度气象资源高时空分辨率模拟技术，以当前主流气象机构的气候模式结果为气候动力学预测结果为基础，根据长期气象或气候时间序列蕴涵不同时间尺度震荡的特征，利用统计学方法，对未来时期关键气象要素月季变化进行建模预测。采用人工智能、深度学习的模型建立气象与电场年发电量间的映射关系，研究实现月度时间尺度的中长期发电量预测模型算法。

3）多元功率预测模型集中功率预测算法研究。研究多时间尺度功率预测精度提升算法，研究最大限度地利用有效信息的组合预测方法，优化组合预测模型增加系统的预测准确性。研究适应多区域气候特征、气象信息以及支撑多新能源场站运行的集中预测模型构建技术。

（2）系统友好型新能源基地网源协调控制技术。系统友好型新能源基地与大电网间的友好交互和协同运行控制技术。

1）系统友好功能指标体系研究。结合新型电力系统形态特征及发展方向，研究提出系统友好型新能源基地应具备的系统友好功能，包括提供顶峰电力支撑、调峰支援、调频、调压等。基于对风光出力特性的分析和风光储的优化配比，同时结合相关技术现状和技术标准，研究提出系统友好型风光基地顶峰、调峰、一次调频、惯量支撑、故障穿越、快速调压和功率预测等电网友好功能指标体系及具体功能指标。

2）系统友好型新能源基地与电网调度协同交互机制研究。分析电网协调运行机理，研究基地对外与电网调度联合运行的功能模式；研究基地向大电网提供顶峰供电支撑的网源交互机制及运行策略；研究基地向大电网提供调峰支援的网源交互机制及运行策略。

3）新能源场站集群协同控制技术研究。研究大电网运行态势主动感知及运行决策技术，在主动感知电网运行需求的基础上，研究新能源场站集群协同主动支撑电网调峰、主动平抑有功功率、主动提升新能源消纳能力、主动支撑电网一次调频、惯量响应、快速调压等关键技术，改善大电网运行性能。

（3）高渗透率分布式新能源发电集群调控技术。高渗透率分布式新能源规模化接入配电网的集群划分及智慧调控技术。

1）规模化分布式新能源接入系统方案研究。分析日间用电负荷类型、特性、新能源出力特性，研究就地、就近新能源消纳能力；研究新能源接入配电网承载能力，研究提出多种分布式新能源接入系统设计方案；从方案造价、预期功能效果及实现可行性等方面开展研究，提出分布式新能源规模化接入布局建议及接入设计方案。

2）分布式新能源规模化接入配电网的调控技术研究。分析区域典型用电负荷特性、供给侧分布式新能源出力特性，研究形成规模化分布式新能源项目在保障就地负荷用电需求、最大化消纳利用新能源的功能体系，研究适配不同典型系统场景的系统内部分布式新能源机组的协调互补运行策略。

3）多接入点分布式新能源发电系统与配电网的无功协调控制技术研究。研究新能源发电单元的无功—电压主动支撑控制技术；研究分布式新能源发电集群的无功—电压主动支撑及协调控制技术；在现有光伏逆变器/风机变流器的基本控制不变的情况下，提出通用型新能源发电单元动态电压支撑实现方案；研究基于分布式新能源系统与电网实时工况特性的电网无功动态支撑控制参数优化整定方法。

（4）规模化储能支撑新能源外送技术。利用规模化储能支撑新能源外送通道运行模式及风险控制的协同运行技术。

1）大规模新能源外送评估指标体系研究。研究建立安全运行评估指标体系，分析大规模新能源外送的安全稳定运行问题，研究提出保障系统电压稳定、频率稳定、功角稳定等多方面指标体系；研究建立消纳利用评估指标体系，研究提出送端新能源消纳利用、通道新能源占比以及主网支援能力等多方面指标；研究建立综合效益评估指标体系，研究提出电源发电成本、通道输电成本、碳排放等多方面指标。

2）支撑外送的通道运行模式研究。研究优化大规模新能源外送基地的通道运行曲线；结合送端新能源出力特性，研究储能与新能源一体化调峰、平滑出力、顶峰等优化运行调度模式及运行策略，满足通道的运行需求。

3）支撑外送的运行风险控制研究。研究分析影响新能源外送系统安全运行潜在因素，研究源储和通道安全运行的风险点；针对潜在风险提出合理可行的控制措施，研究大规模新能源、规模化储能与外送通道的协调控制措施。

2.3　支撑新型电力系统的能源高效利用技术

本节将介绍支撑新型电力系统建设的能源高效利用技术，分为四个部分，包括柔性智能配电网技术、智能用电与供需互动技术、低碳综合能源供能技术、电气化交通与工业能效提升技术。具体而言，各个部分首先对当前技术发展现状、趋势以及国内外研究进展做出总体评价，然后总结目前技术攻克面临的挑战以及未来的战略目标，最后指出各自的技术要点，为新型电力系统建设提出重点研究方向。

智能配电网的关键技术主要围绕如何提高配电系统的可观性、可测性和可控性，目标是把配电网从静态运行结构转变为灵活的、可主动运行的“智能”结构。

近年来，随着全球能源供应向着清洁替代、电能替代方向转型，智能电网蓝图下的新型配电网也承担起愈发重要的责任。受科技进步的推动作用与用户需求的拉动，配电网从当前中级形态向未来高级形态的发展正逐渐加速。在电源侧，分布式发电、电储能及综合能源等技术的应用促进了配电网能源来源的清洁化和多元化；在电网侧，一次电气网络中的电力电子应用、二次信息网络的全覆盖等因素大幅提升了配电网的可观性、可测性和可控性；在负荷侧，智能家居、电动汽车、综合能源等新型负荷终端大量出现，并将在市场环境下形成多利益主体参与的深度博弈，使配电网面临着更加复杂化、互动化的服务需求。在上述因素共同影响与推动下，配电网迎来新一轮变革，正在向新型智能配电网的新形态过渡。

2.3.1　技术现状

美国智能配电网发展迅速，目标是为未来的电网建立一个全面、开放的技术体系，支持电网及其设备间的通信与信息交换。技术特点是配电和用电的研究越来越呈现出相互耦合、密不可分的倾向，采用新技术改造老旧的电力设施，大力发展分布式能源、储能和微电网技术，推动配网自动化的快速发展。

日本电力系统配网自动化发展相对成熟，形成了配电自动化技术、馈线分段开关测控技术、用户负荷控制技术和远程抄表作业系统等组成的一流配电网管理系统。

欧洲配电网以电缆线路为主，与架空线路相比，电缆线路基本上不受外界环境因素的影响，所以即使没有自动化手段的支持，也能获得高供电可靠性。

“十四五”以来，新基建、新业态要求配电网柔性化发展，满足分布式能源及多元负荷“即插即用”需求，实现源网荷储高效互动。早期的配电网配电自动化水平较低，但城市、企业的高速发展以及农村城镇化建设促进了用电负荷迅速增长，供电可靠性要求越来越高，造成我国配电网规划及发展与社会各方面需求不匹配。未来配电网的形态将是多个电压等级构成多层次环网状、交直流混联、具备统一规范的互联接口、基于复杂网络理论、灵活自组网的架构模式。

在实现“双碳”目标、构建新型电力系统背景下，我国柔性智能配电网将迎来前所未有的发展机遇。新时代发展要求下，配电网的智慧化水平将得到快速提升，调节能力和适应能力将大幅度提高，实现电力电量分层分级分群平衡，形成安全可靠、绿色智能、灵活互动、经济高效的智能配电网。

2.3.2 我国柔性智能配电网技术评价

（1）一次网架薄弱问题依然存在。“双碳”目标和整县光伏政策推进下，我国配电网一次网架结构薄弱问题日益突出，城区和农村配电网对电力的需求日趋增大，能源差异化、经济发展不平衡等因素导致农网的网架薄弱问题更加突出。

（2）配电自动化覆盖率低。已建成的配电自动化覆盖区域相对于整个配电网络而言比例很低。配电自动化建设仅仅在城市核心区或有关示范区发挥了较好的作用，但其规模效应尚未体现，影响了配电自动化在提升供电可靠性和构建智能配电网中的贡献度。

（3）新形势下配电网规划能力亟待提升。建设柔性智能配电网需要扎实的专业技术支持，需要深入开展规划方案的技术经济比选和计算分析。然而，目前仍面临诸多挑战。其一，专业力量配置不足。虽然各地市级供电公司均已成立经研所，规划人员到位率低、经验不足现象较为普遍；部分地市级经研所不能自主承担所在地市范围内的配电网规划方案编制、工程可研和接入系统设计评审等工作，对配电网规划工作的支持力度不足。其二，配电网规划业务不精。部分规划人员尚未熟练掌握和运用配电网规划设计平台、配电网规划计算分析软件等信息化工具，仍偏重于传统的规划方法和技术手段，规划设计方案缺少必要的计算分析和优选比较，规划编制质量不高。其三，技术支撑手段不强。部分省、地市、县级供电公司对配电网规划专业人才培养不够重视，缺少专业人才的培养制度、奖励措施和考核机制，规划人员的专业面不宽，业务能力亟待加强，客观上也导致规划工作不深不细。

（4）柔性配电系统灵活资源调控能力不足。柔性配电系统调控资源范围广，全局数据收集任务重，并且数据量的急剧上升给通信和数据处理带来沉重的负担，隐私安全的问题更是加重了全局信息收集的难度。需求侧灵活性资源潜在类型多，但受价格、激励机制、基础设施约束，实施规模偏小，实现方式相对单一。目前，可再生能源接入技术交直流变换环节较多，降低了效率、影响了接入的便捷性。另外，配电网互联互济和柔性调控能力不足，也限制了分布式可再生能源的充分消纳和高效利用，影响了柔性智能配电网的发展。

（5）现有仿真方法难以适应新型配电系统精准建模的要求。我国在配电网建模与分析领域取得了一系列成果，如中国电力科学研究院有限公司依托国家电网有限公司总部科技项目开发了“配电网数模混合仿真平台”“智能配电网运行辅助分析决策系统”等软、硬件工具，掌握了配电网多分辨率建模、小步长实时仿真、数模混合仿真同步等一系列关键技术。但在高比例分布式电源接入下的集群建模、大规模快速仿真、数字孪生体构建与同步技术等方面需要继续开展研究。

（6）设备标准化程度不高。我国智能配电设备来源广泛，不同厂商设备间的数据通信与协调控制、统一的设备监测与评价体系、不同设备间的匹配方式和统一实验方案均需要进一步研究。

（7）智能配电设备管理体系尚未建立。我国智能配电设备的接入、退出、状态管理等方面仍有欠缺，在保证新型电力系统的配电环节正常稳定运行的前提下，形成整体完善的管理体系，从设备层面实现可观。

（8）直流源荷单元比重提升。大型数据中心、电动汽车充换电站、通信设备等直流负荷的日益增长，以及光伏等直流型分布式电源的高比例、大容量分散接入配电网，使构建高效、低耗、可靠的配用电系统成为实现直流型源荷高效匹配的必然发展趋势。

2.3.3 大力发展柔性智能配电网技术

（1）加强改造和完善智能配电网一次网架薄弱环节。改造和完善智能配电网一次网架，建成柔性互联互济的智能配电网新结构与新形态。遵循优化电网结构、合理布局、充分利用已有设备，提高变电设备利用率，提升供电能力和可靠性与配电网经济性。

（2）提升配电自动化水平，统筹电源和负荷发展。配电自动化系统建设需与一次网架协调配合，优先在网架发展成熟、结构清晰的区域应用实施配电自动化，提高配电自动化的实用化程度，切实发挥配电自动化系统状态监测、故障快速定位、故障自动隔离和网络重构自愈的作用，解决配电网盲调问题，提升供电可靠性水平。配电自动化系统还应加强高级功能的深化应用，全面支持生产调度、运维检修及用电管理等业务的闭环，探索配电自动化与用电信息采集系统的互联互通，充分利用智能电表的数据采集功能，依托大数据技术分析判断中低压配电网的设备状态和故障信息，实现配电网的经济优化运行与协同调度。

（3）建立并完善智能配电网规划动态调整机制。坚持智能配电网规划引领，保障智能配电网科学、有序、健康发展。建立并完善配电网规划动态调整机制，统筹考虑新能源、分布式电源发展态势和城乡电网建设改造需求，深入开展适应高比例新能源接入的配电网优化规划研究。

（4）实现适应高比例新能源接入的配电网灵活调度技术。发展高比例新能源接入下的柔性智能配电网协调优化控制，保障智能配电网电能质量。智能配电网面临的电能质量问题，包括电压偏差、双极平衡、直流纹波、电压暂降等，均需开展进一步研究。研究适应高比例新能源接入的配电网灵活调度技术。随着越来越多新型可调度资源的接入，改变传统面向特定局部场景或设备的优化方法，满足复杂不确定性环境下的全局优化调度需求，提高智能配电网的可控性和兼容性。

（5）推动高比例分布式电源接入的配电网数字孪生技术发展。应用数字孪生技术，开发由电网物理空间、电网数字空间和感知控制通道共同构成的新型配电系统数字孪生系统，构建数字仿真＋动模仿真＋真型（实境）平台一体的全景仿真平台，以准确描述新型配电系统内部运行规律和外部运行特性，实现含规模化分布式资源的新型配电系统多元素、多场景、多尺度的多样化仿真分析，有助于精准量化评估新型配电系统对分布式新能源的承载能力。

（6）完善标准体系建设。贯彻落实国家加强智能配电设备标准化工作的总体部署，依托电气设备的工程项目、装备研发、科技创新开展标准化同步建设，及时将先进技术创新成果转化为标准。全面建成一套与我国新型电力系统发展水平相适应的智能配电设备标准体系。加强智能配电设备标准的贯彻实施，推动技术和装备的发展，充分发挥标准对智能配电设备发展的规范、支撑和引领作用。

（7）建立智能配电设备的管理体系。在现有配电环节电气设备管理体系的基础上，吸收相关经验，结合智能配电设备的特点，继续推进智能配电设备的管理和验证工作，并以此发展成一套智能配电设备相关的性能评价、验收准则、主设备更换、法规标准等技术和管理体系。

（8）构建直流配用电系统实现直流源荷高效匹配。依据中低压直流配用电应用区域负荷及电源特点，建立直流配用电系统规划与评估体系和适用于各类应用场景的典型供用电模式。提升关键直流配用电变换及保护装备性能，研发源荷匹配的直流配用电能量优化技术，优化系统运行逻辑，实现直流源荷高效匹配。

2.3.4 技术内容

2.3.4.1 柔性交直流配网技术

（1）配电网的柔性互联互济新结构与新形态技术。面向未来高比例分布式能源接入配电网的需求，完成智能配电网的一次网架改造和完善，建成支撑高比例分布式能源接入的柔性互联互济的智能配电网新结构与新形态，加强电网技术改造，治理电网安全隐患，提高新能源消纳能力。

（2）柔性配电系统灵活高效调控技术。为满足韧性提升策略实现的快速性，通过有限通信实现多区域系统协同，采用去中心化控制架构取代通信负担大的集中式控制方式将成为发展趋势。因此，面向柔性配电系统高灵活性运行，建立支撑柔性配电系统高灵活性运行的去中心化控制架构，是亟待解决的关键科学问题。在分布式控制架构下，需要各分区具备更强的智能化自主决策水平，基于本地信息进行精当决策，支撑系统高灵活性运行，实现柔性配电系统区域自治，实现高韧性供电的目标。

（3）柔性配电系统自适应运行调控技术。在实际配电网复杂运行环境中，精准的配电网络参数往往难以获取，且分布式能源高比例接入，配网用户个体层面的信息收集愈发困难，配电系统精确的数学机理模型很难建立，且其适用性较为有限，给柔性配电系统的精细化运行调控带来新挑战。因此，充分利用多源数据集合并挖掘其蕴含的重要信息，以数据驱动为核心构建柔性配电系统自适应运行调控新模式，成为准确参数匮乏场景下解决电压越限等一系列问题的关键。随着实时量测和通信系统的发展，配电网可以获取海量多源异构的运行数据，利用不断产生的多源数据集合，充分挖掘其中蕴含的重要信息，实质性提升柔性配电系统运行控制在复杂场景下的动态自适应能力。

2.3.4.2 中低压直流配用电技术

（1）电压等级序列及典型供用电模式。考虑源荷分布特性及接入需求等因素，不同区域内规模化直流用户具备同质化特性，系统的供电能力、电能质量、安全性、可靠性、用电能效、运行效率及技术经济性影响系统多目标规划方法与评估体系。多应用场景背景下，对供电能力、交直流互联、配用电安全提出不同要求，研究确定合理的电压等级序列、网架结构、接地方式、接线方式及一二次设备的优化配置方法，是构建典型供用电模式的关键科学问题。

（2）直流配用电变换及开断装备技术。中低压直流配用电系统对设备占地要求苛刻、运行可靠性要求高，重点研究分层分相、背靠背布置的紧凑型柜式换流阀布置方式，有助于实现中低压直流配用电系统的关键变换装备技术。利用磁感应电流转移方法及新型电流注入式直流开断拓扑，提升磁感应转移模块电路及结构参数对电流转移能力，掌握参数配合关系及其适应性规律，有助于实现中低压直流配用电系统的关键开断装备技术。

（3）多电压等级直流配用电系统控制保护技术。多电压等级直流配用电系统运行控制方式灵活，可根据直流母线电压、储能荷电状态等关键运行参数进行状态快速平滑切换，中压侧多换流器协调配合、低压侧快速自治精细控制技术，解决多电压等级直流配用电系统弱阻尼低惯性下快速稳定控制难题，实现源、荷功率波动频率时变性背景下调度成本与能量优化效果之间的矛盾，实现直流配电网多时间尺度多目标优化运行。

多电压等级直流配用电系统各类电力电子装置交互影响导致故障特征复杂，故障特征提取和识别的难度增大。故障电流快速上升时换流阀等电力电子装置在故障时表现出脆弱性。实现基于多特征量综合判别和网络化多点信息的多电压故障定位和限流技术，有助于满足直流配电系统对保护快速性与准确性的更高要求。

2.3.4.3 配电网数字孪生与全景仿真技术

（1）柔性智能配电网精细化在线仿真技术。重点部署中、低压柔性交直流互联的配电网建模与故障分析技术，城市能源互联网全对等网络建模与仿真验证，智能配电网的数字镜像与运行辅助决策分析技术，解决高比例分布式能源接入下新型配电网精准建模、在线仿真、孪生互动同步等难题，从而为配电网规划、运行、检修等全周期业务提供支撑。

（2）配电网数字孪生技术。新型配电系统具有复杂交错的形态特征，是一个高维信息物理系统，具有时变非线性、部分可观测性和随机不确定性。现有仿真方法难以适应新型配电系统精准建模、多样化仿真、快速精准分析、动态规划和运行控制的需求。关键技术主要包括：基于数据驱动的配电系统数字孪生架构及实现技术、数字孪生和全景仿真数据模型及技术规范、配电系统数字孪生数据与全景仿真系统双向交互技术、全景仿真系统多模式多时间周期仿真分析技术、全景仿真分析与孪生数据融合技术等。

2.4 智能用电与供需互动技术

以人工智能、大数据、云计算为代表的新一代信息技术为新型电力系统建设带来了全新的发展机遇与挑战。需求侧用能数据采集、深度挖掘以及供需互动广泛涉及电力系统、信息通信、云计算、人工智能等众多基础理论与关键技术，是新型电力系统未来重要的发展方向。通过攻克用户群体多能信息融合和深度挖掘、多元用户用能形态特征提取和建模等难题，实现用户侧和供给侧双向能源信息交互的精准分析与预测，并结合系统供需信息进行灵活高效调控。智慧用电与供需互动对于建立科学合理的电力能源市场模式、用户侧资源的充分利用和优化配置意义重大，是电力能源生产、消费和管理模式发生重大变革的支撑性技术。

2.4.1 智慧用电与供需互动技术覆盖机制设计、协同调度等关键环节

智慧用电与供需互动技术广泛覆盖市场机制设计、源荷荷储协同调度等关键环节，涵盖智能终端感知技术、虚拟电厂技术、供需对等分散调控技术等新兴方向。其中智慧用电技术包括高精度状态感知关键技术与装备研发、弹性潜力分析与特性挖掘，主要面向新型电力系统供需互动的基础设施建设与用户数据分析。虚拟电厂技术包括低时延的先进信息通信技术研究、自动需求响应技术研究，侧重于区域内各类分布式资源的聚合与协同控制，可直接接受电力系统调度机构的调度指令。而供需对等分散调控技术则包括产消融合互动机制、高并发信息—能量流联合优化研究和进一步探索更加灵活多变的系统控制模式，有利于深度焕发海量用户的灵活性潜力。

2.4.2 国内外正开展前沿研究与实践探索

智能终端感知技术是智慧用电的重要支撑，其底层依赖于以智能电表为代表的一系列基础设施建设及配套机制设计，目前国内外已经开展了一些实践探索工作。美国通过构建以智能电表为主的先进测量基础设施网络，全面提升电网感知能力。截至 2019 年底，全美国共安装 9480 万台智能电表，其中 88%是在居民用户侧安装。英国政府制定了智慧用电服务实施计划，到 2024 年前，每个英国家庭都将安装智能电表，完善用户侧智慧用

电基础设施建设，推行智慧用电业务，鼓励用户将富裕电量输送给电网。我国方面，国网宁夏电力公司开展了《以多环节综合互动为特征的智能电网综合示范工程》，设计了配用电环节互动机制，针对配电网中四种典型用户展开，具体包括专变用户、电动汽车充换电站、微电网和智能社区。而智光电气集团开展了电力需求侧线下用电服务及智慧用电云平台项目、综合能源系统技术研究实验室项目，为用电量较大的工商业用户提供能源接入、能源调度、节能服务以及智慧用电服务一体化的综合能源供应和应用解决方案，打造用电侧的能源传输、能源配置、能源交易、信息交互和智能服务于一体的基础性服务网络。

虚拟电厂通过先进控制技术对可再生能源与需求侧资源进行整体协同，实现类似发电厂的灵活可控模式。虚拟电厂的实践依赖于成熟的需求响应技术与市场环境，这方面国内外已经开展了许多实践。美国电力市场环境相对成熟，是世界上实施需求响应项目最多、种类最齐全的国家。美国已形成政府主导，电网、负荷聚合商、用户参与的实施模式。实施类型包括可中断负荷、尖峰电价、分时电价与实时电价等项目，其中可中断负荷应用较广。我国方面，在用电侧灵活参与电力调峰辅助服务市场方面，国家电网华北分部探索构建源网荷储多元协调调度控制系统，提出了《第三方独立主体参与华北电力调峰辅助服务市场试点方案》。政策提出储能装置、电动汽车（充电桩）、电采暖、负荷侧调节资源等可作为第三方独立主体参与调峰辅助服务市场，因此，电网调峰能力、新能源消纳空间有效提升。目前，国内外也已经出现了一些典型的工程示范项目。2005～2009 年，来自欧盟 8 个国家的 20 个研究机构和组织合作开展了 FENIX 项目，该项目旨在将大量的分布式电源聚合成虚拟电厂，并提升欧盟供电系统的稳定性、安全性和可持续性。2012～2015 年，比利时、德国、法国、丹麦、英国等国家联合推出了 WEB2ENERGY 项目，以虚拟电厂的形式对需求侧资源和分布式能源进行聚合管理。而在我国，国网冀北电力公司结合冀北区位特点和资源禀赋，承担虚拟电厂专项试点示范，完成面向能源互联网的虚拟电厂示范工程初步建设，为进一步开展基于边云协同和清洁能源互动的虚拟电厂管控技术研究奠定了坚实基础。

供需对等分散调控技术能够克服传统集中式控制带来的计算负担，并提供更为灵活多样的运行控制方式。分散调控技术的一个成功应用案例便是能源区块链技术。广义来讲，能源区块链技术是利用块链式数据结构来验证与存储数据、利用分布式节点共识算法来生成和更新数据的一种全新的分布式基础架构与计算范式。这种去中心化与透明化的技术得到世界范围内许多创业公司的青睐，包括 Bankymoon、Grid Singularity、LO3 Energy、SolarCoin 等。这些公司正在将区块链技术融入智能电表，许多公司以以太坊为平台，生成具有各自特色的智能合约。2016 年 4 月，世界上第一笔基于区块链的能源交易由美国 LO3 Energy 公司在纽约州的 Brooklyn 完成。2016 年 11 月，欧洲第一笔基于区块链的能源交易也在 Enerchain 平台上产生。另一个成功应用案例是能源点对点交易，与传统分层调度不同，点对点交易将主体运算配置在节点层，其对通信与计算的精确度与速度都提出了更高的要求。目前产业界已经开展了一些实践，例如澳大利亚的 Power Ledger 交易平台于 2017 年通过点对点交易降低 424 美元的系统用电成本，并使屋顶光伏用户收益翻番。同年，美国纽约初创企业 Drift 则帮助用户节省 10%的能源成本。当然，供需对等分散调控目前仍然面临一些技术难题，比如在现有对等分散调控中难以充分考虑物理约束，亟需学术界与产业界开展更深入的工程实践探索。

2.4.3 新型配电系统建设下的智慧用电与供需互动发展战略

对新型电力系统而言，智慧用电与供需互动技术能够充分利用用户侧资源，优化系统灵活性资源的时空配置，与新能源的不确定性形成高效互补，具有重要价值。我国智慧用电与供需互动的总体战略如下：

（1）研发广域测量、远程校准的智慧能源计量与感知系统，实现亿级计量和测量节点的精确量测。重点研究基于新型材料的先进传感器，基于广域测量、远程校准的智慧能源计量与物联感知技术，形成智慧、精确、高效的先进计量基础设施网络。

（2）研制支撑海量用户与电网供需互动的智慧用电系统与市场机制。研究电网供需互动机制设计，研发满足高耗能工商业用户、大型产业园区、新型城镇用户等协调互动的智慧用电平台，网荷友好互动虚拟电厂系统平台，要求满足千万用户数量级的供需互动需求，具备快速调频与快速智能调控的能力。

2.4.4 大力发展智慧用电与供需互动技术

我国高度重视智慧用电与供需互动技术的发展，大力推广智能表计与智慧用电设备的安装普及，积极实施供需互动试点，促进源网荷储统筹优化。

在电力系统的运行指导方面，我国正推进供需互动融入电力系统平稳优化运行。国家发展改革委在《关于做好 2021 年能源迎峰度夏工作的通知》中指出，应完善能源需求侧管理，加强用电需求侧管理，充分发挥电能服务商、负荷聚集商、售电公司等市场主体资源整合优势，引导和激励电力用户挖掘调峰资源，参与系统调峰，提升市场化需求侧调峰能力。

2021 年 2 月，国家发展和改革委员会、能源局联合发布《关于推进电力源网荷储一体化和多能互补发展的指导意见》，提出源网荷储协同优化和多能互补发展是实现电力系统高质量发展的客观需要，对于促进我国能源转型和经济社会发展具有重要意义。在源网荷储协同优化方面，该意见指出应当通过优化整合本地电源侧、电网侧、负荷侧资源，以先进技术突破和体制机制创新为支撑，探索构建源网荷储高度融合的新型电力系统发展路径，并从区域级、市级、园区级三个层面提出了智慧用电与供需互动在不同规模下的发展模式与重点推进方向。

2.4.5 技术内容

2.4.5.1 智能终端感知技术

（1）高精度状态感知关键技术与装备研发。供需互动的实施依赖于可靠的智慧用电基础设施与装备。目前亟需研发低成本、高可靠、具备即插即用功能的能源交互终端和智能表计。开展自动状态感知技术研究，对用户电、气、热、水等不同能源的使用情况进行精准测量与自动分析。亟需研发支撑终端负荷灵活调控要求的智能控制开关。研发用户侧高密度、长时程储热（蓄冷）与综合能源联产联供技术与装备、电—气—热高效转换和存储技术及装备。亟需研发自主可控、低成本的用户侧能量管理算法、能量管理系统与能量控制装置。

（2）弹性潜力分析与特性挖掘。实现用电侧智能化，必须根据用电数据提取特征模型或用能模式，进而分析其互动潜力。亟需研究海量用户客观用能习惯过往轨迹和用电用能数据信息挖掘技术，自动计量管理技术，基于人工智能的综合能源负荷精准预测技术，数据驱动的用户用能互动特性和建模方法，构建考虑用电行为特性的滚动弹性辨识技术与需求响应决策模型，分析超大规模居民用户集群的需求响应特性和互动潜力。亟需研究典型工商业用户的生产流程，采用数据驱动方法辨识工业用户运行约束和决策机理，分析工商业用户的需求响应潜力与弹性特性。

2.4.5.2 虚拟电厂技术

（1）低时延的先进信息通信技术研究。虚拟电厂内部具有运行与控制特性各异的不同主体，可以接收各个单元发出的状态信息并同时向控制目标发送远程控制指令，因此内部优化调控工作量与难度均较大，亟需建设低时延的信息通信网络。研究专用虚拟网络及其快速协调组网技术，包括互联网协议服务在内的多种互联网技术，电力线载波技术以及包括全球移动通信系统在内的各种无线通信技术。虚拟电厂中，控制中心不仅可以接收各单元当前状态的信息，还能够向控制目标发送控制信号。研究根据不同场景和要求，选取不同通信技术的方法。

（2）自动需求响应技术研究。自动需求响应技术是指根据实时感知的现场环境，对需要调控的设备自动进行“按需”管控。传统的供需互动技术常常依赖人工指令和人工响应，响应的时效性不强，可靠性无法得到保障。亟需研究高时效性的虚拟电厂自动需求响应技术，亟需研究电力辅助服务市场中虚拟电厂的高效自动响应机制与实现技术，提升响应可靠性与灵活性。另外需要特别关注工业用户的调控优化，应研究大型高耗能用户、大型工业园区的制造流程优化、能效管理和友好互动智慧用电技术。研究高能耗行业提供辅助服务、参与辅助服务市场的潜力。基于需求响应需求，对关键生产工艺流程进行改进，研究融合需求响应的生产控制策略。面向产业聚集区，研究多电压多层级多应用场景的微电网（群）规划设计技术。

2.4.5.3 供需对等分散调控技术

（1）产消融合互动机制。新型电力系统中将涌现出大量灵活供用能主体，传统的单向能量流将反正改变，这给系统带来了更多样化的运行方式与优化控制空间。以微电网为典型代表的产消者正是其中的典型案例，由于微电网中存在内部和外部双环优化的可能，研究促进产消融合的互动机制显得尤为重要，具体包括抗干扰的分布式鲁棒协同优化、多态可调的系统控制策略、自动拓扑变换转换器、激励相容的市场机制设计。电动汽车是另一类具备移动特性的典型案例，其灵活性潜力影响因素较多，应用场景比较复杂，需要专门设计互动机制。亟需开展新能源汽车与电网（Vehicle-to-grid，V2G）能量互动技术研究，研究 V2G 市场机制设计。研究新能源汽车与可再生能源高效协同方法，推动新能源汽车与气象、可再生能源电力预测系统信息共享与融合。研究开展新能源汽车智能有序充电、新能源汽车与可再生能源融合发展、城市基础设施与城际智能交通、异构多模式通信网络融合等技术。

（2）高并发信息—能量流联合优化研究。对等分散调控是保障产消融合互动高效性与鲁棒性的关键，其中高并发信息—能量流联合优化是其中的重要前沿技术。亟需研究融合能源流与信息流的双向通信技术，建立能量流与信息流全景仿真平台，其中需要考虑协同算法的高度解耦与并行化，还需要考虑不同主体隐私保护与有限信息交互的实用化场景。技术上需要关注关键信息的辨识与提取方法，建立少迭代甚至零迭代的“预测—决策—协同”智能控制方法。研究支撑海量需求侧资源即插即用、自治协同的高效分布式优化与在线控制算法。亟需研究以价格信号为主体、兼容多种激励形式的响应激励机制，研究支撑多能源形式供需互动的市场机制，研发基于区块链的多元用户能源交易技术。研究综合能源系统中的多主体协同方法，研究考虑弹性负荷的电力系统优化调度方法。研究用户与电网供需互动信息防御技术。研究云计算、边缘计算等技术在智慧用电中的应用。

2.5 其他共性关键支撑技术

2.5.1 数字电网技术

在我国推进碳达峰、碳中和的大背景下，数字化技术是支撑构筑新型电力系统的关键技术体系，数字电网将成为承载新型电力系统的最佳形态。在能源转型的过程中，能源供给从集中式向分布式转变，能源消纳从远距离平衡到就地平衡，负荷侧能量流从单向供给向双向流通转变，正是这一系列细分领域的革命，将推动我国实现“双碳”目标。借助数字技术，电网数字化所拓展的电力能源智慧服务体系可以联动能源上下游产业以及数字技术服务商，这种跨行业、跨产业链的合作有助于电网数字化的不断革新，从而推动能源革命不断前进，最终达到“双碳”目标。

新型电力系统呈现智能互动的特征，要求现代信息通信技术与电力技术深度融合，实现信息化、智慧化、互动化，改变传统能源电力配置方式，由部分感知、单向控制、计划为主，转变为高度感知、双向互动、智能高效。在新型电力系统背景下，电力信息通信及网络安全技术面临新的挑战。

新型电力系统高度感知及双向互动特征对电力通信网络提出更高要求，大量分布式能源、储能、电动汽车、交互式用能设备等大规模接入，用户与电网的互动更为频繁与深入，需要电力通信网络能够提供广泛快速接入、网络实时在线以及时延可控的可靠通信。单一的通信技术无法解决新型电力系统下分布式能源以及用户的广泛通信与互动要求，需构建网络实时在线、网络智能化和服务质量确定的一体化可靠通信网络。

新型电力系统智能高效特征要求人工智能、大数据技术的深度应用，提升源网荷储协同调度以及系统优化运行的能力。传统电力系统调度以及保护控制方式，无法满足新型电力系统安全稳定运行的需要，需要进一步加强人工智能、大数据在电力系统仿真与调度控制领域的应用。

新型电力系统因大量新能源及用户的广泛接入与互动，网络暴露面增加，对传统以边界防护为主体的防护体系带来新的挑战。需要在加强传统边界安全防护的同时，从结构安全、本体安全、应用安全以及数据安全等方面进一步构建更加坚强的网络安全防护体系，既满足网络安全防护的要求，又实现业务的有效运行。

未来新型电力系统的信息通信技术方面，应该进一步从构建"灵活可靠、随需接入"的一体化可靠通信网络、"大云物移智链"新技术对电力系统安全可靠运行以及电力企业经营管理提升以及新型电力系统全场景可信智能网络安全防御体系方面开展研究，实现信息通信技术与电力技术的深度融合，有力支撑新型电力系统的安全稳定高效运行。

为应对新型电力系统中电网数字化技术需求，数字化转型及透明电网发展过程中，应着力开展透明电网关键技术研究，包括智能传感及芯片、先进信息通信技术的科研攻关和示范应用工作。进一步推进大数据、人工智能、区块链与电力行业产业融合。

2.5.1.1 先进信息通信与物联网技术

研究 5G 及更先进的移动通信与智能电网融合应用技术，微纳卫星通信和低轨、中轨、高轨卫星通信应用技术；研究基于 5G 的星地异构通信网与电网融合应用技术，构建电网业务全面覆盖、实时连接与智能化的通信网络和基于"5G+北斗"多链路融合通信、一体化定位定时与遥感监测体系，差分定位精度满足亚米级至毫米级不同应用需求。开发核心算法检测装置，具备微秒级响应速度、高精度宽温度范围电压输出能力，发展基于大数据人工智能技术的全生命周期储能器件模拟仿真与预测技术。研发面向变电站、配电网、微电网等电力场景应用的智能网关，攻克智能网关多频道组网技术、低功耗无线组网、边缘计算及智能网关与电力场景融合技术。研发适合发输变配用等全业务域的海量数据接入和监测控制、基于微服务架构、跨专业的全域物联网平台技术。

2.5.1.2 人工智能与电力行业产业深度融合技术

研究基于数值天气预报、大数据和人工智能技术的新能源高精度功率预测技术和分布式新能源网格预测技术；研究计算机视觉在输变配域的深度融合应用技术，实现电力设备状态和缺陷实时检测与智能分析，构建物理电网—数字电网的孪生镜像；研究电力语音语义、知识图谱构建、决策智能和强化学习技术，实现支持状态实时感知、风险评估、故障识别和发电及负荷精准预测等便捷灵活的数字电网；研究人机混合增强的电网调控智能技术，攻克人机协作，实现电力调控的自主和智能化；研究先进异构的高性能计算技术，构建支撑数据—模型混合驱动的新型电力系统计算新范式。

2.5.1.3 软件定义的边缘计算和云边融合技术

研究新型电力系统下的软件定义和边缘侧灵活可控技术；研究面向新型电力系统典型场景的控制策略软件定义方法及算法；研发面向软件定义的边缘层灵活可控通用硬件平台；研发新型电力系统云边融合与互操作技术；研究基于数据驱动的新型电力系统云边协同智能调控技术。

2.5.1.4 新型电力系统数字化基础平台技术

研制数字电网支撑构建新型电力系统研究示范平台，打造适应百万台级电源和千万台级负荷规模新型电力系统分析的算力技术，构建新型电力系统超大规模数字仿真镜像，研发数字驱动的新型电力系统新能源消纳、电力供应与系统稳定、区域电网/微电网、市场交易、碳监测与碳追踪等方案的高级功能算法，建立数据驱动的新型电力系统分析基础理论和运行机理；研究新型电力系统云平台技术，研究云计算、云存储等资源以及云服务的分配与调度技术，研究云平台管理技术、容器引擎技术、服务网格技术、云服务编排技术、云资源编排技术等；研究新型电力系统统一数据底座技术，包括大数据运维技术、智能数据湖技术、大规模数据存储技术、大规模并行计算技术等。

2.5.1.5 多参量融合智能感知与故障诊断技术

研发多参量融合传感器，实现声、光、电、热、力等多种类型的物理量信息的同时采集，为智能运维提供数据支撑；重点解决不同传感器相互之间的电磁干扰问题、强电磁环境下对弱信号传感器影响问题、传感信号的可靠引出问题等，确保不因传感器的植入而影响一次设备的正常运行；研究不同电力装备重要运行状态特征量的提取和识别方法，提出多参量融合智能感知系统设计方案；研究不同电力装备自身的故障机理、内在机制及影响因素，建立基于机器学习的多参量融合故障诊断模型，依靠数据样本训练优化，使其具有诊断未知样本异常工况的能力，提高电力装备的故障防御能力以及故障的自愈能力。

2.5.1.6 电力装备数字孪生技术

研究电力装备数字孪生统一信息建模技术，记录电力装备从生产组装到安装运行中的数据，满足系统性、可扩展性、兼容性等要求；研究多物理场仿真技术、数字孪生车间技术，实现电力装备物理实体与数字孪生体之间的实时互动，多个电力装备数字孪生体之间的智慧共享；研究多物理场多参数反演技术，构建装备内部状态的高效表征、建模和评估方法，实现对装备内部状态的精确评估；研究复杂多维信息合成与可视分析技术，构建电力装备精细的全空间信息三维模型，实现设备内部可视化分析和诊断。随着数字孪生技术在行业应用的不断深入，电力装备通用化建模方法、海量多源异构数据融合方法、故障发生及演变机理研究等将成为未来研究重点。

2.5.2 高性能仿真计算技术

仿真计算是认知电力系统特性、支撑系统规划和运行控制的重要技术基础。随着电力系统向低碳、高效等目标演进，新能源和直流输电快速发展，系统呈现电力电子化特征，动态过程更加复杂，对仿真规模、模型复杂度、算法精细度和计算性能等方面的需求持续提升，对仿真架构的灵活性和开放性要求也不断增加。

我国自主的电力系统仿真计算技术发展已有近 50 年，伴随着我国交直流混联电网快速发展，自主仿真技术在很多关键指标上超过国外同类产品技术水平，形成了包括机电暂态仿真、电磁暂态仿真、中长期动态仿真等不同时间尺度的仿真技术体系，相关产品在电力系统规划、建设、运行和科研等单位广泛应用。然而，部分底层算法如优化求解器尚高度依赖国外软件产品，存在“卡脖子”风险。

面向新型电力系统，电力系统仿真计算技术呈现新的发展趋势。模型构建方面，提升覆盖源网荷储不同类型设备、不同时间尺度的模型完备性，满足从设备级到大规模系统级暂态仿真需要；仿真求解方面，在现有成熟求解算法基础上，聚焦新能源等电力电子设备开关动态拟合、数值振荡抑制等问题，提升仿真规模和精度；性能提升方面，将高性能并行计算、异构计算等技术与电力系统仿真技术结合，提升仿真效率；接口开放方面，设计代码层级的模型和算法开发接口，提供模型编译导出、多物理场混合仿真、数据后处理等功能；融合应用方面，提供电网在线仿真分析、信息—物理系统联合仿真、多用户协同云仿真等解决方案。

围绕上述技术趋势，国内外相关团队已开展大量研究。然而，现有仿真计算软件和平台大多面向交流同步机主导的传统电力系统，不能完全适应未来发展需求；其设计理念通常针对特定应用场景，通用性和可扩展性不足。为此，急需升级理念、调整路线并积极实践，突破高性能仿真计算技术，保障新型电力系统建设和国家能源转型发展。

围绕新型电力系统仿真计算，需重点研究以下技术内容。

2.5.2.1 电源侧和负荷侧精细化建模技术

电源侧和负荷侧新能源发电机组容量小、数量多、模型复杂，在系统级分析中无法对每台机组详细建模。需研究设计新能源场站内部拓扑和出力不确定性的场站级聚合仿真模型，以及适用于主网仿真分析的高渗透率分布式发电和电力电子负荷模型。更进一步，随着调度自动化技术发展，还应研究电源侧和负荷侧电力电子设备/集群的模型参数在线辨识方法，提升对实际电力系统的建模准确性。

2.5.2.2 大电网全电磁暂态仿真技术

大规模电磁暂态仿真将成为新型电力系统特性认知的基础，并用于校准其他时间尺度仿真模型和算法。为此，需攻克制约大电网全电磁暂态建模精度、仿真规模和计算效率的瓶颈问题，实现含海量电力电子装备的大电网全电磁暂态仿真，提升其工程实用化水平，支撑对新型电力系统的精细化仿真分析。

2.5.2.3 智能高效运行方式构建与分析技术

针对新型电力系统可能存在的海量运行场景以及新型电力系统运行方式分析需求，开展新能源电力系统典型运行方式自动生成、运行方式自动调整、安全边界自动解析，以及基于云平台等先进技术的高效仿真分析等技术研究，通过智能化、数字化满足新型电力系统安全稳定计算分析需求。

2.5.2.4 高性能云计算技术

随着新型电力系统规模扩大、模型复杂度提高、仿真算法更加精细，在单机上完成大电网仿真分析工作越来越困难。为此，需研究基于 CPU、GPU、FPGA 等异构硬件的仿真计算加速方法，构建基于高性能并行计算集群的电力系统仿真计算平台，突破多层级并行仿真技术以提升计算效率，建立支持远程异地协同访问的高性能云仿真平台。

第3章 “双碳”目标下新型配电网结构展望

我国电力系统以交流电网为主体，不同电压等级之间相互配合构成了复杂的电力网络，实现系统中电能的发、输、配等任务。其中，配电网是联系输变电系统或电源系统与用户的重要环节，是实现和保障供电质量和供电能力的重要基础设施。为了限制电力系统的短路容量，避免电磁环网的出现，同地区的高压配电网（主要包括 110、220kV 电压等级）通常采用分区运行的方法，正常运行时，不同区域之间的联络开关处于断开状态。而中压配电网（主要包括 35、10kV 电压等级）采用“闭环设计，开环运行”的方法，正常运行时配电线路间的联络开关处于断开状态。

随着城市的大规模建设，企业的高速发展，以及农村城镇化改造的不断推进，配电网建设不断发展与完善，而与此同时，用户对供电质量、可靠性的要求也日益增长，中压配电网正面临着一系列发展瓶颈：一是配电网用电负荷快速增长，一些区域的配电网出现了配电走廊紧张、配变负载率过高、馈线负荷分布不均衡等问题；二是开环运行影响了中压配电网供电可靠性的提升，统计表明 80%以上的用户停电都是由配电网侧引起的，经配电自动化改造的开环配电网，在故障倒闸操作时仍避免不了短时的停电；三是随着分布式能源的发展和大规模普及，以及高精尖产业的发展，用户对于供电可靠性和供电质量的要求也日益提高，配电网呈现运行方式多样、潮流分布形式复杂等特点，开环运行限制了中压配电网消纳清洁能源的能力，无法满足大规模分布式电源的接入。而对于中压配电网的合环运行，不同电源间的合环互联会显著增加配电网的短路容量，同时由于不同变电站馈线出口处电位差及短路阻抗差的影响，系统中可能出现很大的合环电流，直接影响电网的安全可靠运行。因此，如何实现多电源间的安全合环成为了中压配电网运行调度的新挑战。

近三十年来，电力电子技术的理论研究和制造工艺不断取得突破性进展，促进了柔性直流技术的推广和应用。基于电压源型换流器的柔性直流配电技术因具有传输容量大、传输损耗率小、电缆造价低、供电质量高、灵活友好接入、控制灵活等优势，逐步进入人们的视野，作为目前的热门研究领域和全球能源互联网建设发展的关键技术，可在配电网升级改造、交流系统异步互联、分布式电源并网运行等方面发挥重要作用。

基于上述产业政策和行业技术的背景，建设支持能源互联网及清洁能源高比例接入与消纳的高可靠紧凑型供配电系统，是实现“双碳”目标的物理层基础，是实现和保障供电质量和供电能力的重要环节，符合国家需求和电网发展需要。

从理论研究出发，以“支持高比例清洁能源的高可靠紧凑型多端交直流供电系统”为研究对象，对新型配电网的动态特性、能量管理与控制保护方法、大容量关键直流装备关键技术展开前期研究，以期指有效增强供电系统的可靠性和稳定性，实现功率变换灵活控制和故障快速分断保护，提升负荷容量，提高电网和能源网络的效率，推动节能减排，为打造绿色、环保、节能的新型配电网提供重要的理论支撑。多端柔性直流互联供电系统架构研究。

3.1 交、直流高可靠互联配电架构

3.1.1 交流单环网架构

交流单环网供电即常规的交流环网供电形式。来自多个不同电源点的供电线路两两通过负荷开关构成环网，对任一负荷都有两条线路供电。正常运行时，负荷开关处于分闸状态，开环运行；若某条线路故障，则通过倒闸操作将负荷开关合闸，从另一条输电线路为负荷供电，恢复无故障区域供电，保障负荷供电的可靠性（见图 3-1）。

交流单环网架构方案下，每个负荷有 2 个电源互为备用，相比单一电源的放射式供电大幅提高了供电可靠性；线路故障时，系统中开关装置的保护和转供电逻辑清晰，可靠性高。但实际建设中，双电源仍不能满足数据中心等一些重要敏感负荷的供电可靠性要求；同时，线路故障引起保护跳闸后，负荷开关完成合闸转供的时间较长，非故障区域仍会经历较为明显的停电时间。

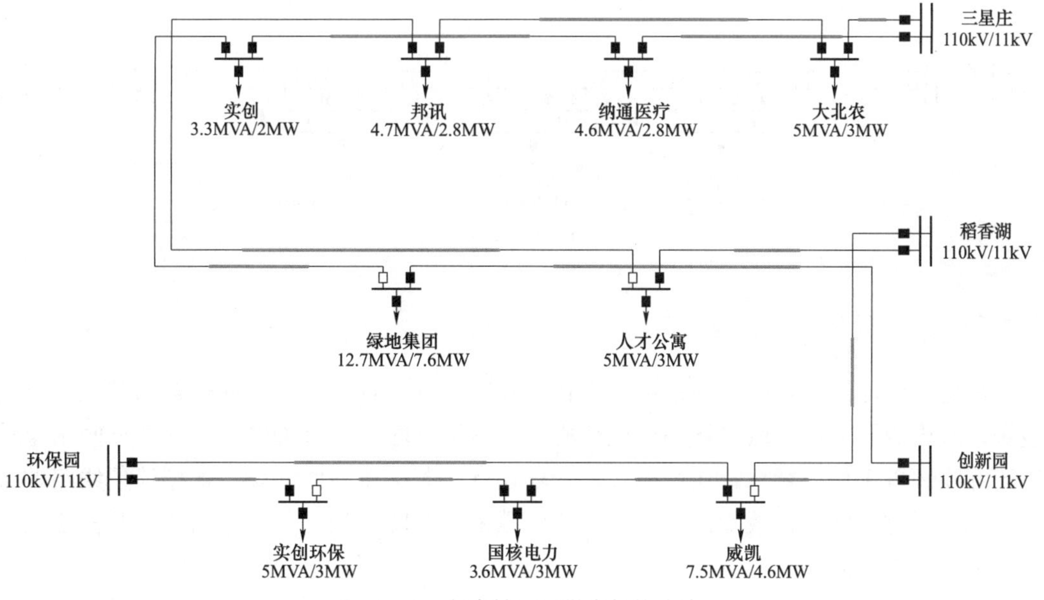

图 3-1 交流单环网供电架构方案

3.1.2　交流双环网架构

对于一个含有多个电源点的配电网络，为保证数据中心等重要敏感负荷的供电可靠，采用交流双环网供电架构，可以进一步提升供电可靠性。交流双环网供电架构下，对于每一个负荷，都有四条来自不同电源点的线路为其供电。正常运行时，环网线路上的负荷开关以及负荷处的负荷开关均处于分闸状态，系统各个负荷由各自分配的电源开环供电；若某条线路故障，非故障区域的负荷可以通过倒闸操作转由其他任一健全线路供电，供电可靠性相比交流单环网供电架构得到了进一步提升（见图 3－2）。

交流双环网架构方案下，每个负荷有 4 个电源互为备用，供电可靠性相比交流单环网供电得到了进一步提升。但由于备用电源负荷开关的数量和位置较多，故障识别、保护控制以及转供电配合等逻辑相对复杂，增加了系统控制和调度的设计难度。同时，与交流单环网供电架构一样，线路故障引起保护跳闸后，负荷开关完成合闸转供的时间同样较长，非故障区域仍会经历较为明显的停电时间。

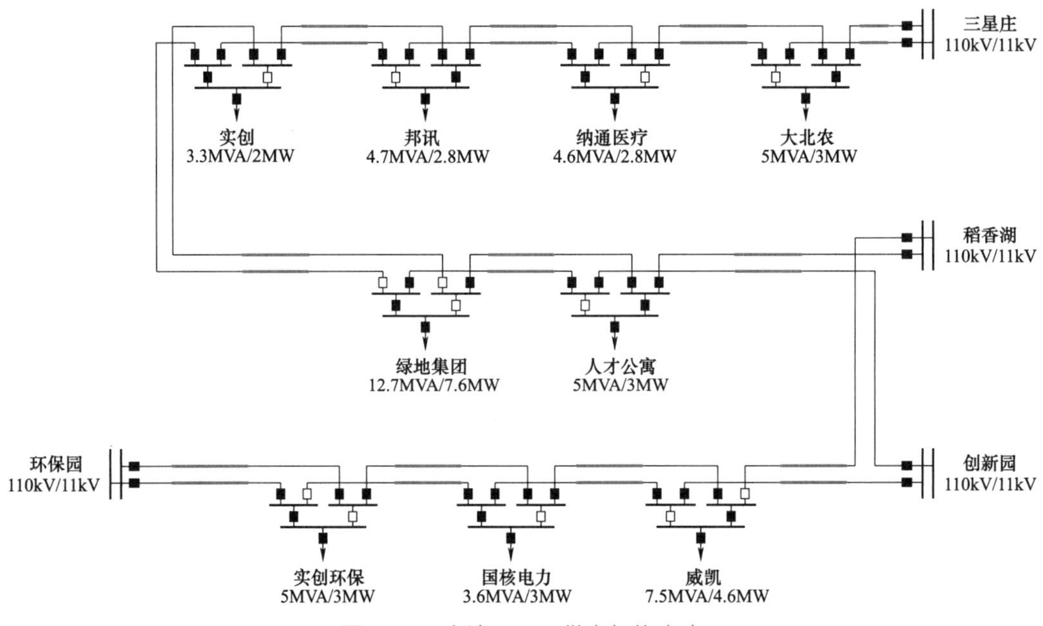

图 3－2　交流双环网供电架构方案

3.1.3　柔性互联单环网架构

在交流单环网的基础上，采用柔性直流互联技术，选取负荷均衡位置加装柔性直流装置，即构成了柔性互联单环网供电架构。正常运行时，负荷处的负荷开关分闸，柔性直流互联装置工作在背靠背运行模式，合环运行；若某条线路故障，连接该条线路的柔直换流器暂时闭锁，待故障清除后，快速解锁恢复故障区域的供电；由负荷开关连接的另一环网则作为后备电源，在主环网逆变电源失效时才经倒闸操作为负荷提供转供电源。同时，2 组柔直环网装置的直流侧经直流线路互联，进一步增加了电源的转供通道（见

图 3-3）。

柔性互联单环网供电架构下，对于柔直互联环路，每个负荷与系统中 4 个电源间均存在转供通道，供电可靠性相比交流单环网再一次提升；线路故障引起保护跳闸后，无需等待交流负荷开关的机械合闸过程，逆变器解锁即可快速恢复非故障区域的供电，减少了非故障区域负荷的停电恢复时间；同时，柔直环网装置在正常运行时工作在背靠背模式，两侧交流线路异步联网，可以实现系统的潮流控制和优化调度，均衡环网内各个电源的负载；由于转供通道的增加和换流器自身的无功补偿功能，也使得系统整体带载能力得到了提高。另外，柔性直流母线的引入，也有利于拓展数据中心、充换电桩的直流接入，引入全新的多站融合能源互联网体系。对于无柔直互联环路，则供电可靠性与带载能力相对较低。

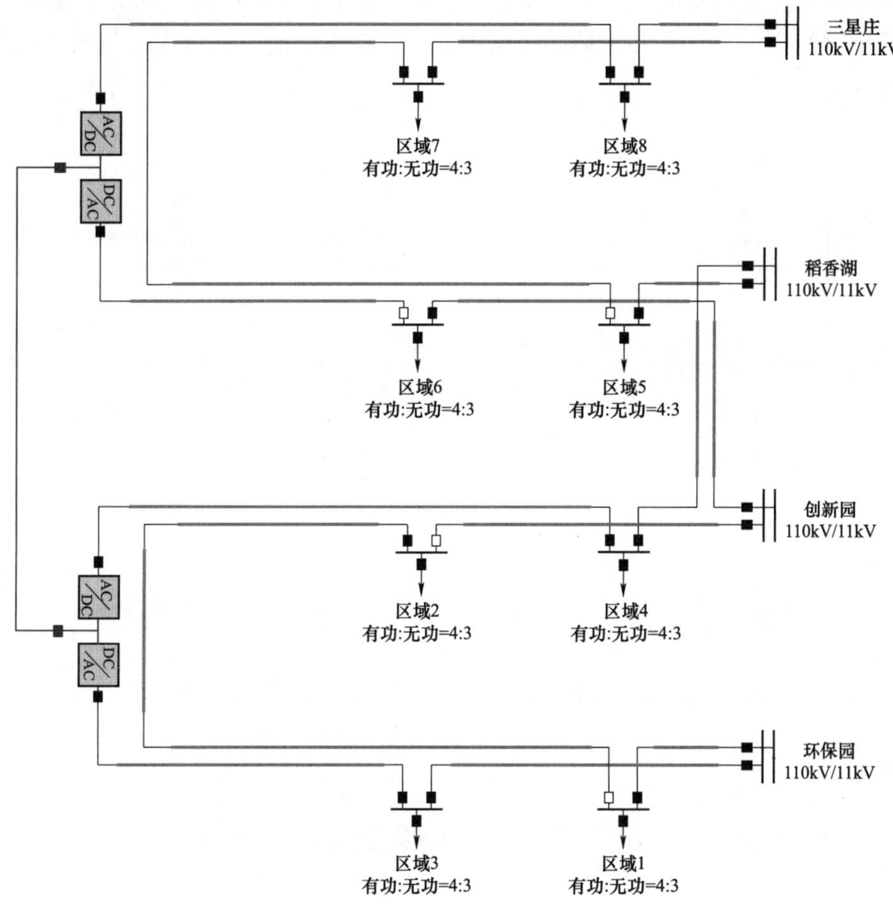

图 3-3 柔性互联单环网供电架构方案

3.1.4 柔性互联双环网架构

在交流双环网的基础上，采用柔性直流互联技术，选取负荷均衡位置的开闭站加装柔性直流装置，代替环网负荷开关完成供电线路的合环，即构成了柔性互联双环网供电架构。正常运行时，负荷处的负荷开关分闸，柔性直流互联装置工作在背靠背运行模式，合环运行；若某条线路故障，连接该条线路的柔直换流器暂时闭锁，待故障清除后，快速解锁恢复故障区域的供电；由负荷开关连接的另一环网则作为后备电源，在主环网逆变电源失效时才经倒闸操作为负荷提供转供电源。同时，4 组柔直环网装置的直流侧经直流线路和直流断路器互联，进一步增加了电源的转供通道（见图 3-4）。

柔性互联双环网供电架构下，每个负荷与系统中 8 个电源间均存在转供通道，供电可靠性相比交流双环网再一次提升；线路故障引起保护跳闸后，无需等待交流负荷开关的机械合闸过程，逆变器解锁即可快速恢复非故障区域的供电，减少了非故障区域负荷的停电恢复时间；同时，柔直环网装置在正常运行时工作在背靠背模式，两侧交流线路异步联网，可以实现系统的潮流控制和优化调度，均衡系统各个电源的负载；由于转供通道的增加和换流器自身的无功补偿功能，也使得系统整体带载能力得到了提高。另外，柔性直流母线的引入，也有利于拓展数据中心、充换电桩的直流接入，引入全新的多站融合能源互联网体系。

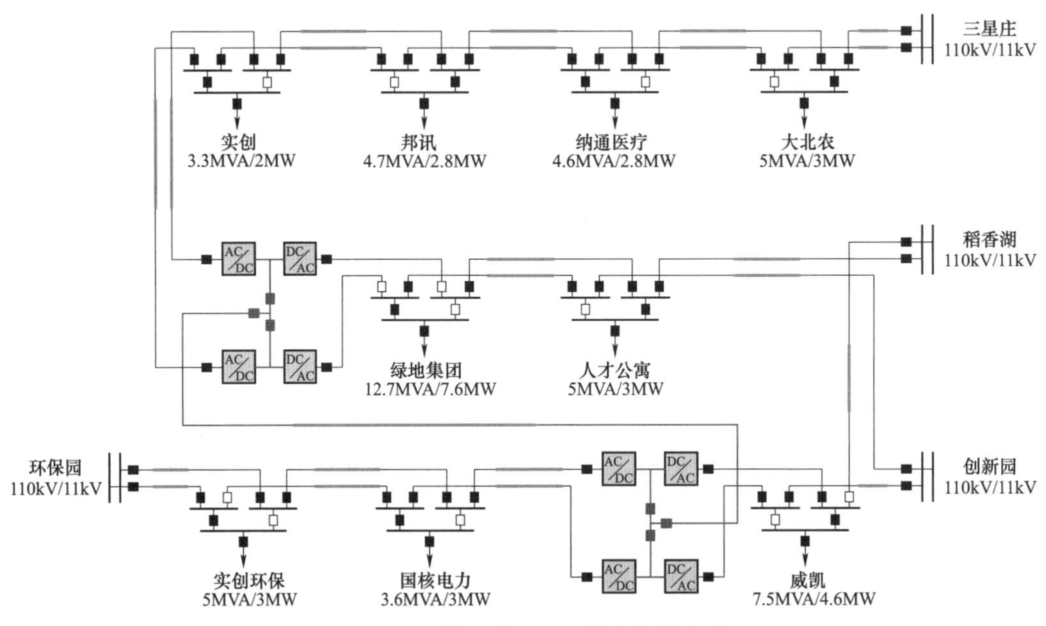

图 3-4　柔性互联双环网供电架构方案

3.2　不同架构系统供电能力分析及对比

3.2.1　配电网供电容量配置与评估方法

3.2.1.1　电力系统 $N-1$ 准则

电力系统的 $N-1$ 准则是指：在正常运行方式下，电力系统中任一元件（如线路、发电机、变压器等）因故障或非故障原因断开后，电力系统应能保持稳定运行和正常供电，系统中其他元件不过负荷，系统电压和频率均在允许范围内。具体到城市配电网的供电规划，相关规划设计导则要求：

（1）高压变电站中失去任何一回进线或一台降压变压器时，不损失负荷。

（2）高压配电网中一条架空线，或一条电缆，或变电站中一台降压变电器发生故障停运时：① 在正常情况下，除故障段外不停电，并不得发生电压过低，以及设备不允许的过负荷；② 在计划停运情况下，又发生故障停运时，允许部分停电，但应在规定时间内恢复供电。

（3）中压配电网中一条架空线，或一条电缆，或配电室中一台配电变电器发生故障停运时：① 在正常情况下，除故障段外不停电，并不得发生电压过低，以及设备不允许的过负荷；② 在计划停运情况下，又发生故障停运时，允许部分停电，但应在规定时间内恢复供电。

（4）低压配电网中，当一台变压器或低压线路发生故障时，允许部分停电，待故障修复后恢复供电。

3.2.1.2 源/荷匹配相关评价指标

为了衡量中压配电网的电源规划配置和有序转供能力，一般采用单一设备或线路的最高负载率 T 和区域供电系统整体的容载比 R_s 进行定量评估。

（1）设备/线路最高负载率。设备/线路的最高负载率 T 描述了设备/线路正常运行时所能达到的最大带载水平，其定义和计算方法如式（3－1）所示。

$$T = \frac{\text{设备实际最大负载}}{\text{设备额定容量}} \times 100\% \tag{3-1}$$

T 越大，说明正常运行时该设备/线路的利用率越高；但 $N-1$ 情况下，该设备/线路可以提供的转供功率在其容量中的占比越低。

（2）系统容载比。容载比 R_s 描述一个区域供电系统中变电设备总容量与系统总负荷的比值，其定义和计算方法如式（3－2）所示。

$$R_s = \frac{\sum \text{区域内变电站容量}}{\text{区域最大预测负荷}} \times 100\% \tag{3-2}$$

其中，同一供电区域不同电压等级的容载比应当分层计算，每一电压等级下同电压等级发电厂的升压变容量及直供负荷不计入，用户专用变电站容量和负荷不计入。

R_s 越大，说明该区域中该电压等级的电源总冗余量越大，$N-1$ 情况下系统的负荷转供能力越强；但正常运行时系统中配变电设备的利用率则相对较低。

3.2.1.3 配电网源/荷配置原则

设备/线路最高负载率 T 和系统容载比 R_s 分别表征了正常运行状态下设备/线路的利用率和 $N-1$ 情况下整个系统的负荷转供能力，显然，两个指标具有反相关的关系。对于具有 N 个电源的配电网络，在不考虑电源/负荷分布、设备/线路过载能力，以及系统负荷增长的情况下，为了满足 $N-1$ 准则的约束，其电源最高负载率和系统容载比至少应满足式（3－3）和式（3－4）要求。

$$T \leqslant \frac{N-1}{N} \times 100\% \tag{3-3}$$

$$R_s \geqslant \frac{N}{N-1} \times 100\% \tag{3-4}$$

考虑到变电站中变压器的过载能力和系统的负荷增长等实际因素，相关规划设计导则对于最高负载率和系统容载比的取值规定如下：

（1）500～35kV 变电站的最终规模应配置 2～4 台变压器，当一台故障或检修停运时，其负荷可自动转移至正常运行的变压器，此时正常运行变压器的负荷不应超过其额定容量，短时允许的过载率不应超过 1.3、过载时间不超过 2h，并应在规定时间内恢复停运变压器的正常运行。

变压器台数 $N=2$ 时，最高负载率 $T=50\% \sim 65\%$；

变压器台数 $N=3$ 时，最高负载率 $T=67\% \sim 87\%$；

变压器台数 $N=4$ 时，最高负载率 $T=75\% \sim 100\%$。

（2）城市配电网作为城市的重要基础设施，应适度超前发展，以满足城市经济增长和社会发展的需要。系统负荷增长率低，网络结构联系紧密，容载比可适当降低；负荷增长率高，网络结构联系不强（如为了控制配电网短路水平，网络必须分区分列运行时），系统容载比应适当提高。根据经济增长和城市社会发展的不同阶段，城市配电网负荷增长速度可分为较慢、中等和较快三种情况。

负荷年增长率小于 7%，增长速度较慢，容载比 $R_s=1.8 \sim 2.0$；

负荷年增长率 7%～12%，增长速度中等，容载比 $R_s=1.9 \sim 2.1$；

负荷年增长率大于 12%，增长速度较快，容载比 $R_s=2.0 \sim 2.2$。

3.2.2 交、直流互联配电架构供电能力分析

由于无法明确预测负荷的分布情况，对交流单环网、交流双环网、柔性互联单环网以及柔性互联双环网架构进行最大供电容量的评估时，按照这四种配电架构的特点将负荷分为区域 1～区域 8 共 8 个区域，假定每个区域内负荷可以理想地在其多个电源线路间平均分配，且各区域中负荷的功率因数均按照 0.8 计算。另外，假定四端配电系统每个独立电源点的电源容量均为 50MVA。在上述条件下，系统的负荷供给能力即由每个区域可带载的最大负荷容量表征。

3.2.2.1 交流单环网供电架构

交流单环网供电架构下，负荷区域 1～区域 8 的分布情况如图 3－5 所示。

每个区域的负荷具有 2 路互为备用的电源，考虑到区域内负荷可以理想地在其各个电源线路间平均分配，按照电源正常运行时最高负载率 $T=50\%$ 计算，各区域内可以供给的最大负荷容量如表 3－1 所示。

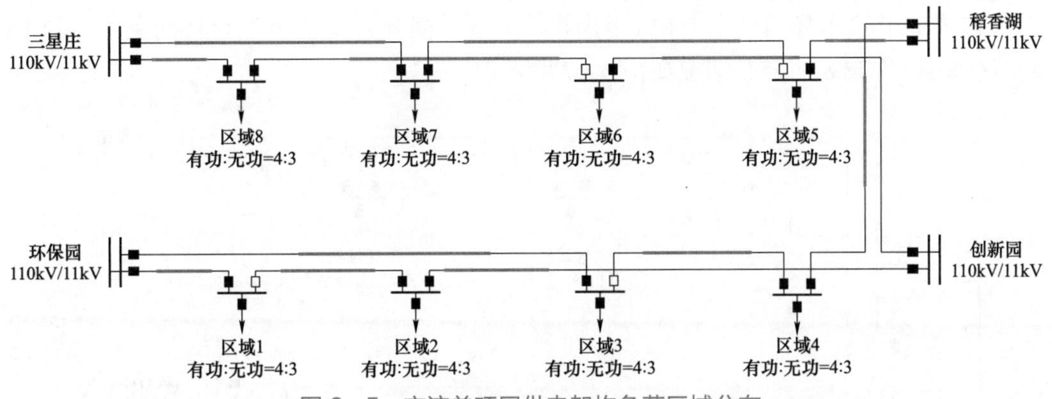

图 3-5 交流单环网供电架构负荷区域分布

表 3-1 交流单环网供电架构负荷供给能力

参数	区域 1	区域 2	区域 3	区域 4	区域 5	区域 6	区域 7	区域 8	总计
容量（MVA）	25.00	25.00	25.00	25.00	25.00	25.00	25.00	25.00	200.00
有功（MW）	20.00	20.00	20.00	20.00	20.00	20.00	20.00	20.00	—
无功（Mvar）	15.00	15.00	15.00	15.00	15.00	15.00	15.00	15.00	—

3.2.2.2 交流双环网供电架构

交流双环网供电架构下，负荷区域 1～8 的分布如图 3-6 所示。

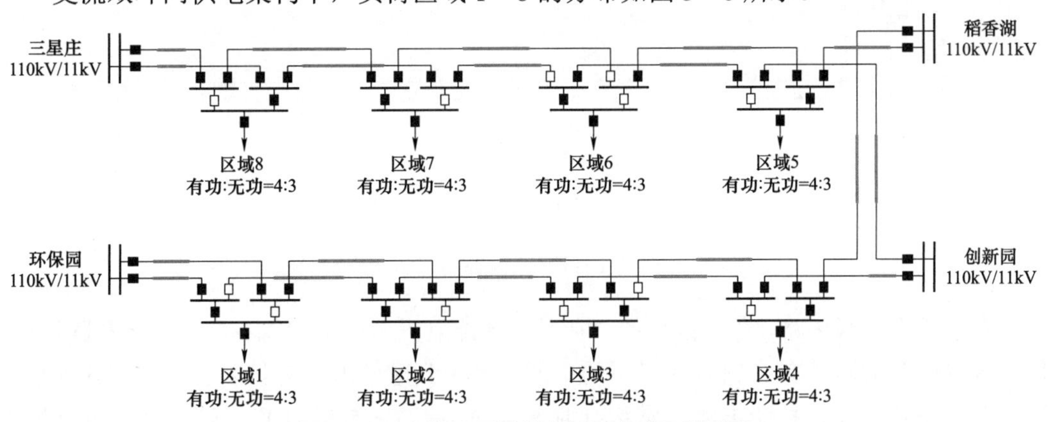

图 3-6 交流双环网供电架构负荷区域分布

每个区域的负荷具有 4 路互为备用的电源，考虑到区域内负荷可以理想地在其各个电源线路间平均分配，按照电源正常运行时最高负载率 $T=75\%$ 计算，各区域内可以供给的最大负荷容量如表 3-2 所示。

表 3-2 交流双环网供电架构负荷供给能力

参数	区域 1	区域 2	区域 3	区域 4	区域 5	区域 6	区域 7	区域 8	总计
容量（MVA）	37.50	37.50	37.50	37.50	37.50	37.50	37.50	37.50	300.00
有功（MW）	30.00	30.00	30.00	30.00	30.00	30.00	30.00	30.00	—
无功（Mvar）	22.50	22.50	22.50	22.50	22.50	22.50	22.50	22.50	—

（1）柔直互联单环网供电架构（考虑换流器容量限制）。柔直互联单环网供电架构下，负荷区域 1～区域 8 的分布情况如图 3-7 所示。

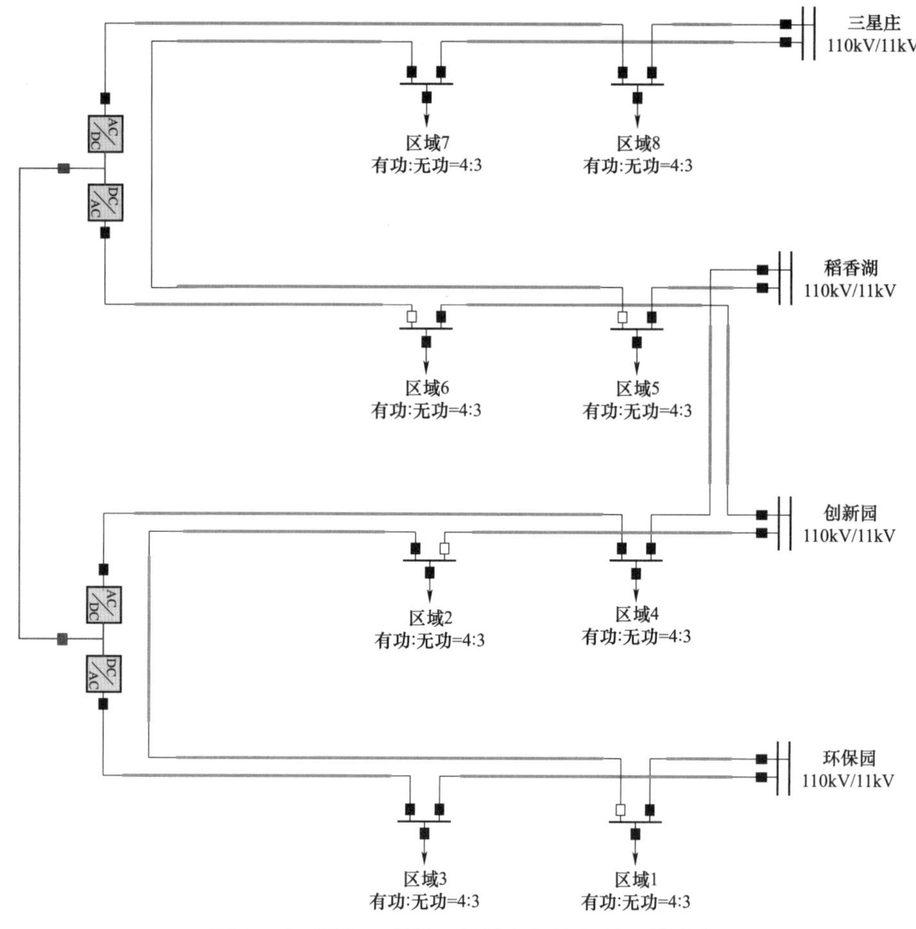

图 3-7　柔直互联单环网供电架构负荷区域分布

对于柔直互联环路，每个区域的负荷具有 4 路互为备用的电源；而对于无互联环路，每个区域的负荷则具有 2 路互为备用的电源。考虑到区域内负荷可以理想地在其各个电源线路间平均分配，按照电源正常运行时最高负载率 $T=50\%$ 计算，各区域内可以供给的最大负荷容量如表 3-3 所示。

表 3-3　柔直互联单环网供电架构负荷供给能力（考虑换流器容量限制）

参数	区域 1	区域 2	区域 3	区域 4	区域 5	区域 6	区域 7	区域 8	总计
容量（MVA）	25.00	25.00	36.00	36.00	25.00	36.00	25.00	36.00	244.00
有功（MW）	20.00	20.00	28.80	28.80	20.00	28.80	20.00	28.80	—
无功（Mvar）	15.00	15.00	21.60	21.60	15.00	21.60	15.00	21.60	—

对应条件下，对柔直互联系统各换流器的容量需求如表 3-4 所示。

表 3－4 柔性互联单环网供电架构换流器容量需求

参数	环保园 1	环保园 2	创新园 1	创新园 2	稻香湖 1	稻香湖 2	三星庄 1	三星庄 2	设计容量
有功（MW）	0.00	28.80	28.80	0.00	28.80	0.00	28.80	0.00	29.00
无功（Mvar）	—	—	—	—	—	—	—	—	6.00
容量（MVA）	—	—	—	—	—	—	—	—	30.00

（2）柔性互联双环网供电架构（不考虑换流器容量限制）。柔性互联双环网供电架构下，负荷区域 1～区域 8 的分布情况如图 3－8 所示。

不考虑柔直互联换流器的容量限制，在柔直互联设备的潮流调度和负载平衡作用下，各区域内的有功负荷在系统 8 个电源间平均分配，电源正常运行时最高负载率 T 可以达到 87.5%。同时，考虑到柔直互联设备的无功补偿功能，每个区域内的无功负荷首先经连接该区域的柔直互联设备补偿后，再由该区域直接相连的交流电源供给，交流电源无功负载能力由此得到提升，正常运行时的最高负载率 T 可在上述基础上进一步提高。因此，不考虑柔直互联换流器容量限制时，柔性互联双环网供电架构下各负荷区域内可供给的最大负荷容量如表 3－5 所示。

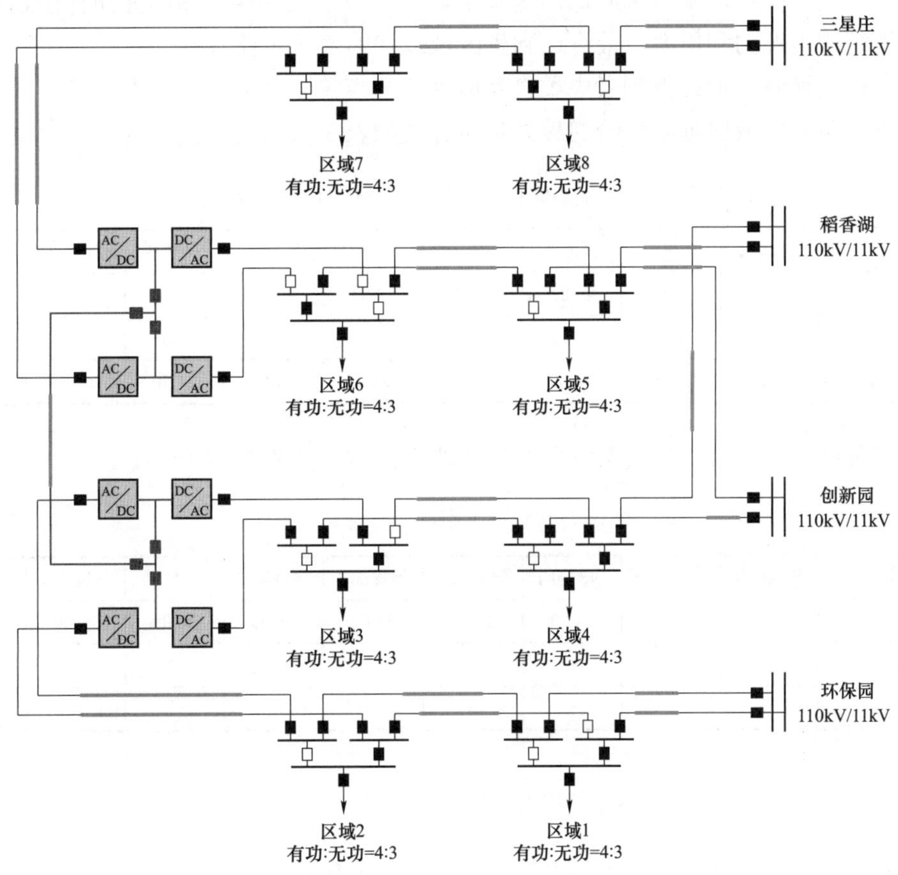

图 3－8 柔性互联双环网供电架构负荷区域分布

表 3-5　柔性互联双环网供电架构负荷供给能力（不考虑换流器容量限制）

参数	区域 1	区域 2	区域 3	区域 4	区域 5	区域 6	区域 7	区域 8	总计
容量（MVA）	48.13	48.13	48.13	48.13	48.13	48.13	48.13	48.13	385.00
有功（MW）	38.50	38.50	38.50	38.50	38.50	38.50	38.50	38.50	—
无功（Mvar）	28.88	28.88	28.88	28.88	28.88	28.88	28.88	28.88	—

（3）柔性互联双环网供电架构（考虑换流器容量限制）。表 3-5 在计算负荷供给能力时未考虑柔直互联换流器的容量限制，实际上，按照表 3-5 确定的区域最大负荷容量，要求柔直互联设备中换流器的容量需要达到 40MVA。而根据现有设计方法和相关工程经验，10kV 电压等级柔直换流器的容量最大设计为 30MVA 左右较为合适。因此，为了更加贴近工程实践，在表 3-5 的基础上，按照柔直换流器的容量为 30MVA 进一步重新计算各区域的最大负荷供给容量。为满足柔直换流器的容量限制，各区域最大负荷供给量的配置主要考虑以下两个方面的调整：

其一，适当降低各区域内最大负荷容量，在相同的功率因数下，区域中有功、无功负荷同比例下降，减小对电源及柔直供电通道的容量需求。

其二，在负荷对电源需求降低的基础上，适当减小柔直换流器的无功补偿容量，以提高对系统中电源的利用率，最终达到各区域最优的最大负荷容量。

基于以上调整，最终得到考虑柔直互联换流器容量限制条件后，柔性互联双环网供电架构下各负荷区域内可以供给的最大负荷容量如表 3-6 所示。

表 3-6　柔性互联双环网供电架构负荷供给能力（考虑换流器容量限制）

参数	区域 1	区域 2	区域 3	区域 4	区域 5	区域 6	区域 7	区域 8	总计
容量（MVA）	40.83	40.83	40.83	40.83	40.83	40.83	40.83	40.83	326.67
有功（MW）	32.67	32.67	32.67	32.67	32.67	32.67	32.67	32.67	—
无功（Mvar）	24.50	24.50	24.50	24.50	24.50	24.50	24.50	24.50	—

对应条件下，对柔直互联系统各换流器的容量需求如表 3-7 所示。

表 3-7　柔性互联双环网供电架构换流器容量需求

参数	环保园 1	环保园 2	创新园 1	创新园 2	稻香湖 1	稻香湖 2	三星庄 1	三星庄 2	设计容量
有功（MW）	28.00	28.00	28.00	28.00	28.00	28.00	28.00	28.00	28.00
无功（Mvar）	—	—	—	—	—	—	—	—	10.00
容量（MVA）	—	—	—	—	—	—	—	—	30.00

3.2.3 不同互联配电架构供电能力对比

在相同的电源条件下，各个供电架构的供电能力指标对比如表 3-8 所示。

表 3-8　不同供电架构供电能力指标

供电架构	交流单环网	交流双环网	柔性互联单环网（换流器容量 30MVA）	柔性互联双环网（不考虑换流器容量限制）	柔性互联双环网（换流器容量 30MVA）
系统总供电容量（MVA）	200.00	300.00	244.00	385.00	326.67

对比四种不同供电架构及两种不同换流器设计约束条件下相同的总负荷供给能力，可以得出以下结论：

（1）不考虑柔直互联换流设备的容量限制，在相同电源配置条件下，采用交流单环网供电架构时各个负荷区域中可供给的负荷容量最小；采用柔直互联单环网架构次之，并小于采用交流双环网供电架构时供电容量；采用柔性互联双环网供电架构时各个负荷区域中可供给的负荷容量最大。

（2）考虑柔直互联换流设备的容量限制为 30MVA 后，柔性互联双环网供电架构系统中各个供电区域内可供给的负荷容量相比不考虑柔直互联换流设备容量限制时有所减小，但仍比采用交流双环网供电架构时大。

3.3　不同架构系统供电可靠性分析及对比

3.3.1　配电网供电可靠性计算评估方法

3.3.1.1　供电可靠性评估指标

配电网的供电可靠性指标包含范围很广，既包括配电设备的可靠性指标，也包括负荷点的可靠性指标，更常用的则是整个配电网的可靠性指标。上述三种可靠性指标呈递进关系，通过对下层可靠性指标进行数学计算，可以得到上层可靠性指标。

配电设备作为配电网的构成元件，可以分为两大类：可修复元件和不可修复元件。其中，除熔断器等个别类型的设备外，其余大多数设备在损坏后经过修复均能够再次使用，属于可修复元件。对于可修复元件，其常用的可靠性指标有年故障率和故障修复时间。

年故障率λ_e：一个设备每年发生故障次数的期望。

故障修复时间 T_e：修复一次故障所需要的平均小时数。

负荷点的供电可靠性指标主要体现在：年平均停电率、平均停电持续时间和年平均停电时间。

年平均停电率λ_u：负荷点每年发生停电次数的期望。

平均停电持续时间 T_u：负荷点每次停电的平均持续小时数。

年平均停电时间 U_u：负荷点平均每年的总停电小时数。

整个配电系统的供电可靠性指标有：系统平均停电频率（system average interruption frequency index，SAIFI）、系统平均停电持续时间（system average interruption duration index，SAIDI）、系统平均供电可用率（average service availability index，ASAI），以及

系统平均供电不可用率（average service unavailability index，ASUI）等。我国制定配电网供电分区发展目标时，主要参考的指标为 SAIDI 和 ASAI。

$$\mathrm{SAIFI}=\frac{\sum\lambda_{ui}N_i}{\sum N_i} \tag{3-5}$$

$$\mathrm{SAIDI}=\frac{\sum U_{ui}N_i}{\sum N_i} \tag{3-6}$$

$$\mathrm{ASUI}=\frac{\sum U_{ui}N_i}{8760\sum N_i} \tag{3-7}$$

$$\mathrm{ASAI}=1-\mathrm{ASUI} \tag{3-8}$$

3.3.1.2 配电系统整体供电可靠性计算

根据上述公式，只要确定了配电网中各个负荷点的供电可靠性指标，即可计算得到整个配电系统的供电可靠性指标。

目前常用的配电系统负荷点可靠性指标计算方法总体上可以分为模拟法和解析法两类。模拟法中的典型方法为蒙特卡罗模拟法，该方法通过建立配电元件的概率模型来模拟元件的寿命过程和配电网的运行过程，用统计的方法获得相关参数，进而得到配电网的可靠性指标。蒙特卡罗模拟法可计算关联事件对系统的影响，且系统规模对计算复杂性的影响较小，适合于求解复杂系统的可靠性；但对于可靠性高的系统，计算精度与计算时间之间存在较大矛盾，要保证高计算精度必然会消耗大量计算时间。解析法又可分为状态空间法、网络法和系统状态枚举法。状态空间法通过建立状态空间图，求解马尔可夫状态方程得到可靠性指标，理论上可以精确计算各状态的故障频率和持续时间，但计算十分烦琐，不适于大系统；网络法以配电系统拓扑结构为基础，包括故障模式后果分析法、网络等值法、最小路法、最小割集法和故障扩散法等；系统状态枚举法直接枚举系统状态，忽略状态之间的转移，比起状态空间法可节省大量计算，但不能精确计算故障频率和持续时间指标。相比模拟法，解析法原理简单、计算方法清晰，且便于针对不同元件性能对配电网可靠性的影响进行分析，故解析法在配电系统可靠性评估中应用更加广泛。

本文基于解析法中的最小割集法，计算西北某地区中压配电网的供电可靠性指标。下面对最小割集法的基本计算原理进行说明。

（1）可靠性指标之间的数学关系。根据各个可靠性指标的定义，不管是对于设备还是负荷点，其年故障率/停电率、故障修复/停电持续时间、年平均故障/停电时间之间满足下式所示的关系。

$$U=\lambda T \tag{3-9}$$

$$\eta=\frac{U}{8760} \tag{3-10}$$

式中，λ 为年故障率或年平均停电率；T 为故障修复时间或平均停电持续时间；U 为年平均故障时间或年平均停电时间；η 为故障/停电发生的概率，其定义见式（3-11）。

$$\eta = \frac{\text{故障(停电时间)}}{\text{总运行时间}} \tag{3-11}$$

（2）串、并联系统的可靠性计算。复杂系统总是可以通过其组成元件或子系统间的串、并联得到，已知各元件或子系统的可靠性指标，如何求取其串、并联系统的可靠性指标是计算系统整体可靠性的关键。

串联系统是由元件或子系统相互串联形成的系统，组成系统的任一元件或子系统故障，均会导致整个系统不可用。串联系统的可靠性模型如图 3-9 所示。

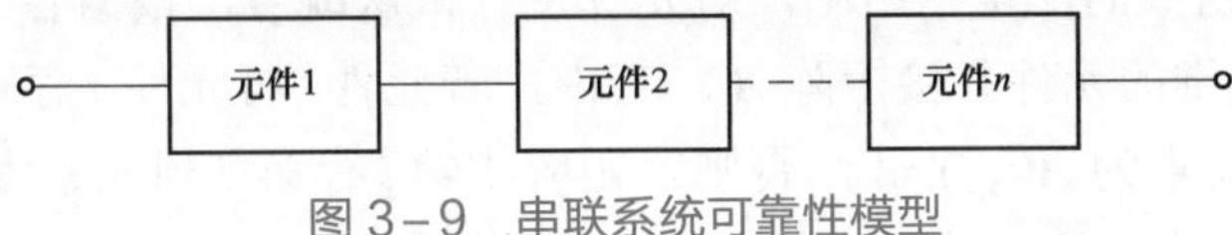

图 3-9　串联系统可靠性模型

将元件 1～元件 n 的故障率记为 $\lambda_1 \sim \lambda_n$，单次故障持续时间记为 $T_1 \sim T_n$，故障概率记为 $\eta_1 \sim \eta_n$，则其串联系统可靠性指标的计算方法如下：

$$\lambda = \sum_{i=1}^{n} \lambda_i \tag{3-12}$$

$$\eta = \sum_{i=1}^{n} \eta_i \tag{3-13}$$

其中，λ、η 分别为串联系统的故障率和故障概率。

并联系统是由元件或子系统相互并联形成的系统，组成系统的全部元件或子系统均故障，才会导致整个系统不可用。并联系统的可靠性模型如图 3-10 所示。

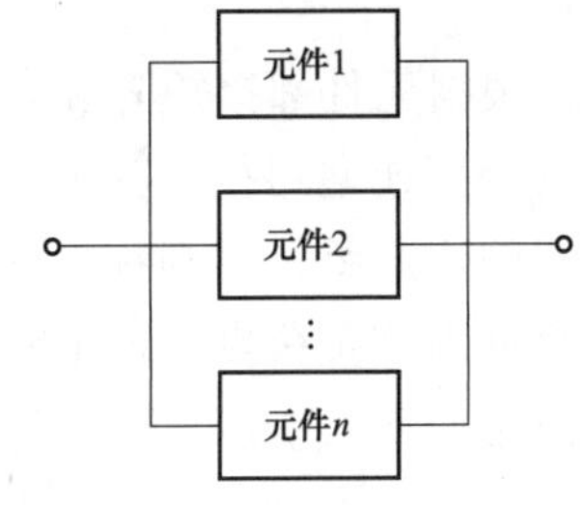

图 3-10　并联系统可靠性模型

将元件 1～元件 n 的故障率记为 $\lambda_1 \sim \lambda_n$，单次故障持续时间记为 $T_1 \sim T_n$，故障概率记为 $\eta_1 \sim \eta_n$，则其并联系统可靠性指标的计算方法如下：

$$\eta = \prod_{i=1}^{n} \eta_i \tag{3-14}$$

$$T = \frac{1}{\sum_{i=1}^{n} \frac{1}{T_i}} \tag{3-15}$$

其中，T、η 分别为并联系统的单次故障持续时间和故障概率。

（3）连通系统的最小割集理论。配电网络中负荷点的供电可靠性问题可以等效为由电源到负荷点的连通性问题。配电系统中可能存在多个电源和多个负荷点，从电源到每个负荷点可能存在多个通路，每个通路都是该负荷点的一条供电路径。在任何情况下，只要存在一条连通的供电路径，负荷点即可正常供电；当负荷点的所有供电路径全部无法连通，负荷点才失去供电。因此，判断负荷点与电源之间的连通性，即可确认该负荷点的供电是否有效。在图 3－11 中，使用最小割集理论描述影响网络中两点之间连通性的关键因素。

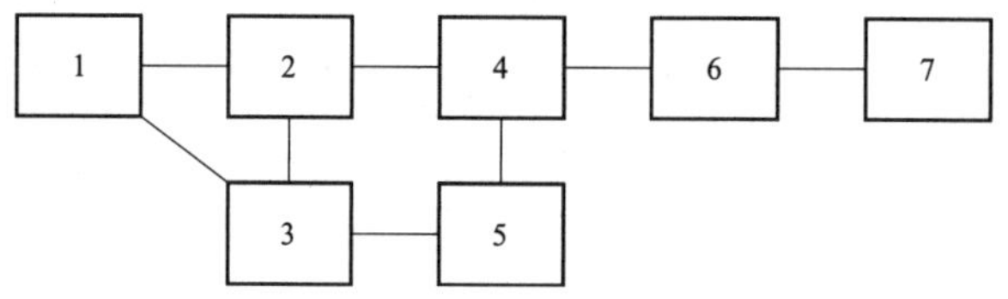

图 3－11　配电网络连通性模型示意图

在由 n 个元件组成的配电网络中，对元件进行依次编号，根据各元件之间的互联关系，可以建立 $n\times n$ 维的元件邻接矩阵 $\boldsymbol{A}$ 。其中，若元件 i 与元件 j 存在连接关系，则矩阵中第 i 行第 j 列元素为 $\boldsymbol{A}(i,j)=1$，否则，矩阵中第 i 行第 j 列元素为 $\boldsymbol{A}(i,j)=0$ 。以图 3－11 所示的配电网络为例，其元素邻接矩阵如下式。

$$\boldsymbol{A}=\begin{bmatrix}1&1&1&0&0&0&0\\1&1&1&1&0&0&0\\1&1&1&0&1&0&0\\0&1&0&1&1&1&0\\0&0&1&1&1&0&0\\0&0&0&1&0&1&1\\0&0&0&0&0&1&1\end{bmatrix}\tag{3-16}$$

根据元件邻接矩阵 $\boldsymbol{A}$ ，采用搜索算法进行遍历，可以得到各个电源与各个负荷点之间的全部连通路径。其中，对于一个负荷点的任一连通路径，若其不包含任何其他该负荷点的连通路径，则称为该负荷点的最小连通路径。负荷点的全部最小连通路径构成的集合称为该负荷点的最小路集 $\boldsymbol{T}$ 。例如图 3－11 所示配电网络中，元件 1 到元件 7 的最小路集如下式所示，式中每一列为一个最小连通路径。

$$\boldsymbol{T}=\begin{bmatrix}1&1\\1&0\\0&1\\1&1\\0&1\\1&1\\1&1\end{bmatrix}\tag{3-17}$$

在负荷点的最小路集中，一些元件或元件组合决定了所有最小连通路径的连通性（如图 3－11 中，元件 6 出现在所有元件 1 到元件 7 的连通路径中，若元件 6 故障，则元件 1 到元件 7 的所有连通路径均失去连通性），这些元素或元素组合构成了该负荷点的割集。而在此之中，负荷点的最小割集是指：当移除配电网的多个元件使得负荷点停电，放回任一元件负荷点即可恢复供电时，这些元件构成的集合称为该负荷点的最小割集，集合内元件数量即为最小割集的阶数（如上述元件 6 构成元件 7 相对于元件 1 的 1 阶最小割集)。在配电系统可靠性计算中，通常考虑到 2 阶最小割集即可得到较为准确的计算结果。本研究分析交流双环网供电架构与柔性互联双环网供电架构，负荷点连通的电源数量较多，供电路径也较多，因此最高考虑到 3 阶最小割集。其中，第 k 阶最小割集的搜索方法为：从元件 1～元件 n 中任取 k 个元件，若其在最小路集 $\boldsymbol{T}$ 中对应的行向量组取或运算后得到的结果为全 1 向量，则该元件组合为一个 k 阶最小割集。

前文所示配电网络中，元件 7 相对于元件 1 的全部 1～3 阶最小割集所组成的集合如图 3-11 所示，式（3-18）中每一列为一个最小割集。

$$\boldsymbol{G}=\begin{bmatrix} 1 & 0 & 0 & 0 & 0 & 0 \\ 0 & 0 & 0 & 0 & 1 & 1 \\ 0 & 0 & 0 & 0 & 1 & 0 \\ 0 & 1 & 0 & 0 & 0 & 0 \\ 0 & 0 & 0 & 0 & 0 & 1 \\ 0 & 0 & 1 & 0 & 0 & 0 \\ 0 & 0 & 0 & 1 & 0 & 0 \end{bmatrix} \tag{3-18}$$

（4）基于最小割集的连通可靠性计算。由最小割集的定义可知，当负荷点的一个最小割集中包含的所有元件均发生故障或者失效，则该负荷点失去供电，因此最小路集中元件的可靠性表现为并联关系。另外，一个负荷点的任一最小割集故障或失效，都将导致该负荷点失去供电，因此同一负荷点的多个最小割集之间，可靠性表现为串联关系。

由此，即可基于对配电网络的拓扑分析和对串、并联系统的可靠性计算，确定配电网中各个负荷点的供电可靠性指标，进而计算整个配电系统的供电可靠性指标（见图 3-12）。

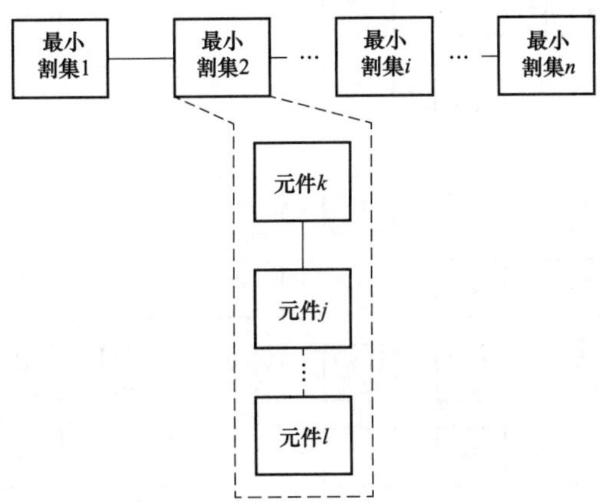

图 3-12　配电系统可靠性计算示意图

3.3.2　交、直流互联配电架构供电可靠性分析

不失一般性地假设互联配电系统中，8 个供电区域每个供电区域均包含负荷 50 户，其中直流负荷 1 户。为了明确交流单环网、交流双环网、柔性互联单环网以及柔性互联双环网供电架构的供电可靠性，对四种供电架构下各供电区域中负荷的供电可靠

性指标及系统整体供电可靠性指标进行计算，计算中系统各类元件的故障率假设如表 3－9 所示。

表 3－9　　10kV 中压配电系统各类元件故障率假设

设备	故障率（次/年）	单次故障修复时间（小时/次）
交流母线	0.001	1
交流断路器	0.005	1
直流母线	0.001	1
直流断路器	0.01	2
换流器	0.05	5
电缆线路（/km）	0.05	10

3.3.2.1　交流单环网供电架构

根据交流单环网供电架构的拓扑结构，其配电可靠性计算模型如图 3－13 所示。

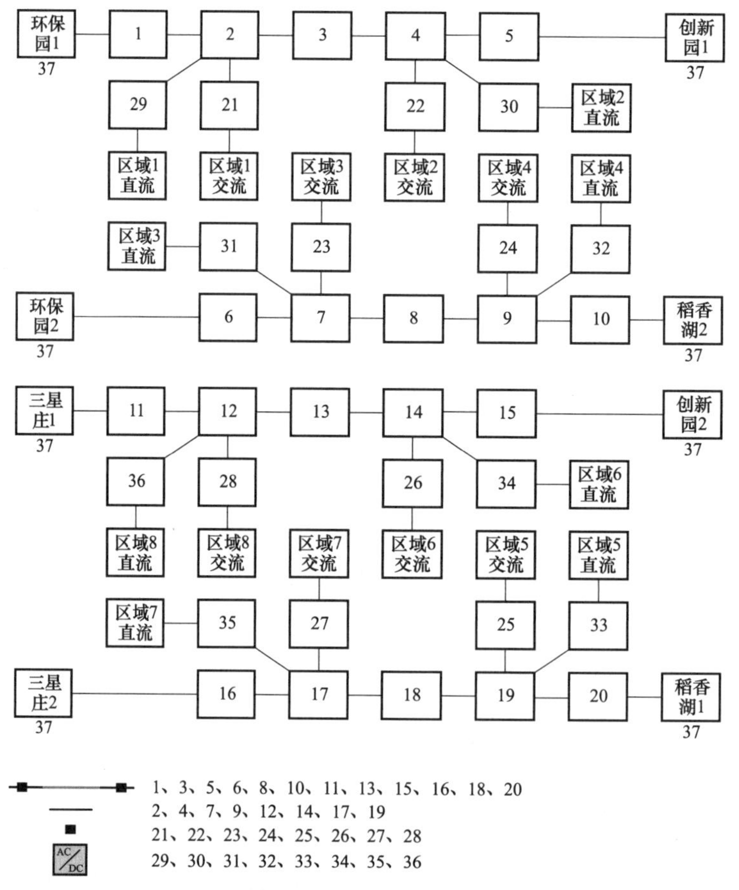

图 3－13　交流单环网供电架构可靠性计算模型

系统中 8 个交流负荷点和 8 个直流负荷点的供电可靠性计算结果见表 3－10。

表 3－10　　交流单环网供电架构负荷点供电可靠性

编号	负荷点	户数	年平均停电率［次/（户·年）］	平均停电持续时间（小时/次）
1	区域 1 交流	49	0.007 167	1.636 753
2	区域 2 交流	49	0.007 167	1.636 753
3	区域 3 交流	49	0.007 167	1.636 753
4	区域 4 交流	49	0.007 167	1.636 753
5	区域 5 交流	49	0.007 167	1.636 753
6	区域 6 交流	49	0.007 167	1.636 753
7	区域 7 交流	49	0.007 167	1.636 753
8	区域 8 交流	49	0.007 167	1.636 753
9	区域 1 直流	1	0.052 168	4.921 298
10	区域 2 直流	1	0.052 168	4.921 298
11	区域 3 直流	1	0.052 168	4.921 298
12	区域 4 直流	1	0.052 168	4.921 298
13	区域 5 直流	1	0.052 168	4.921 298
14	区域 6 直流	1	0.052 168	4.921 298
15	区域 7 直流	1	0.052 168	4.921 298
16	区域 8 直流	1	0.052 168	4.921 298

基于该计算结果进行统计，得到交流单环网供电架构下，西北某地区配电网整体可靠性指标为：

系统平均停电频率 SAIFI＝0.008 067 次/（户·年）

系统平均停电持续时间 SAIDI＝0.016 631 小时/（户·年）

系统平均供电可用率 ASAI＝99.999 810 14%

系统平均供电不可用率 ASUI＝0.000 189 86%

3.3.2.2　交流双环网供电架构

根据交流双环网供电架构的拓扑结构，其配电系统可靠性计算模型如图 3－14 所示。

系统中 8 个交流负荷点和 8 个直流负荷点的供电可靠性计算结果如表 3－11 所示。基于该计算结果进行统计，得到交流双环网供电架构下，西北某地区配电网整体可靠性指标如下：

系统平均停电频率 SAIFI＝0.006 900 次/（户·年）

系统平均停电持续时间 SAIDI＝0.010 900 小时/（户·年）

系统平均供电可用率 ASAI＝99.999 875 57%

系统平均供电不可用率 ASUI＝0.000 124 43%

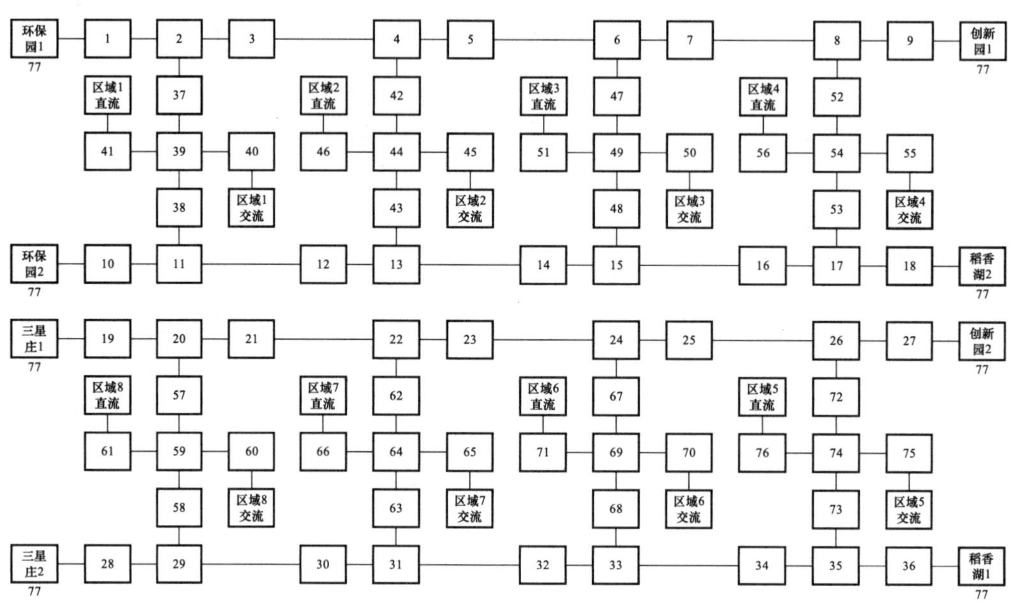

1、3、5、7、9、10、12、14、16、18、19、21、23、25、27、28、30、32、34、36

2、4、6、8、11、13、15、17、20、22、24、26、29、31、33、35、39、44、49、54、59、64、69、74

37、38、40、42、43、45、47、48、50、52、53、55、57、58、60、62、63、65、67、68、70、72、73、75

AC/DC 41、46、51、56、61、66、71、76

图 3-14　交流双环网供电架构可靠性计算模型

表 3-11　　交流双环网供电架构负荷点供电可靠性

编号	负荷点	户数	年平均停电率［次/（户·年）］	平均停电持续时间（小时/次）
1	区域 1 交流	49	0.006 000	0.999 999
2	区域 2 交流	49	0.006 000	0.999 999
3	区域 3 交流	49	0.006 000	0.999 999
4	区域 4 交流	49	0.006 000	0.999 999
5	区域 5 交流	49	0.006 000	0.999 999
6	区域 6 交流	49	0.006 000	0.999 999
7	区域 7 交流	49	0.006 000	0.999 999
8	区域 8 交流	49	0.006 000	0.999 999
9	区域 1 直流	1	0.051 000	4.921 565
10	区域 2 直流	1	0.051 000	4.921 565
11	区域 3 直流	1	0.051 000	4.921 565
12	区域 4 直流	1	0.051 000	4.921 565
13	区域 5 直流	1	0.051 000	4.921 565
14	区域 6 直流	1	0.051 000	4.921 565
15	区域 7 直流	1	0.051 000	4.921 565
16	区域 8 直流	1	0.051 000	4.921 565

3.3.2.3 柔性互联单环网供电架构

根据柔性互联单环网供电架构的拓扑结构，其配电系统可靠性计算模型如图 3–15 所示。

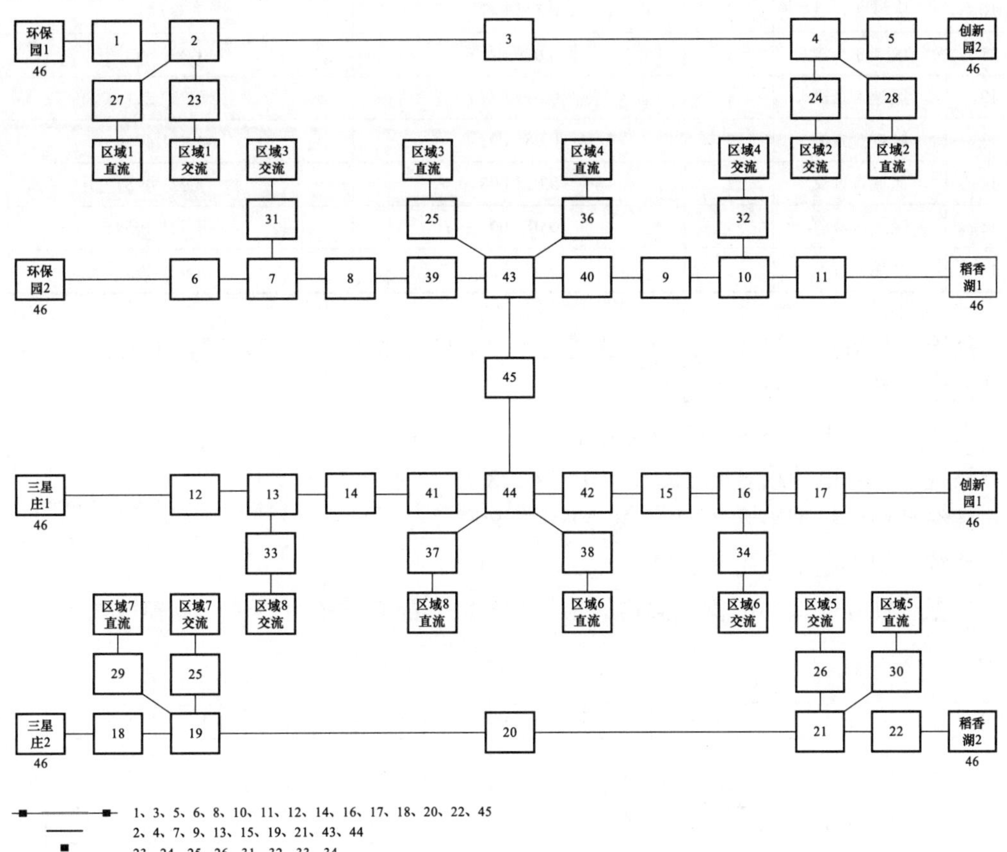

图 3–15 柔性互联单环网供电架构可靠性计算模型

系统中 8 个交流负荷点和 8 个直流负荷点的供电可靠性计算结果如表 3–12 所示。

表 3–12 柔性互联单环网供电架构负荷点供电可靠性

编号	负荷点	户数	年平均停电率［次/（户·年）］	平均停电持续时间（小时/次）
1	区域 1 交流	49	0.007 167	1.636 753
2	区域 2 交流	49	0.007 167	1.636 753
3	区域 3 交流	49	0.007 167	1.636 753
4	区域 4 交流	49	0.007 167	1.636 753
5	区域 5 交流	49	0.052 168	4.921 298
6	区域 6 交流	49	0.052 168	4.921 298
7	区域 7 交流	49	0.052 168	4.921 298

续表

编号	负荷点	户数	年平均停电率［次/（户·年）］	平均停电持续时间（小时/次）
8	区域 8 交流	49	0.052 168	4.921 298
9	区域 1 直流	1	0.006 628	1.359 683
10	区域 2 直流	1	0.515 047	9.737 291
11	区域 3 直流	1	0.006 628	1.359 683
12	区域 4 直流	1	0.515 047	9.737 291
13	区域 5 直流	1	0.051 003	4.921 495
14	区域 6 直流	1	0.051 003	4.921 495
15	区域 7 直流	1	0.051 003	4.921 495
16	区域 8 直流	1	0.051 003	4.921 495

基于各负荷点的可靠性计算结果进行统计，得到柔性互联双环网供电架构下，西北某地区配电网整体可靠性指标如下：

系统平均停电频率 SAIFI＝0.032 193 次/（户·年）

系统平均停电持续时间 SAIDI＝0.159 178 45 小时/（户·年）

系统平均供电可用率 ASAI＝99.998 182 89%

系统平均供电不可用率 ASUI＝0.001 817 11%

根据柔性互联双环网供电架构的拓扑结构，其配电系统可靠性计算模型如图 3－16 所示。

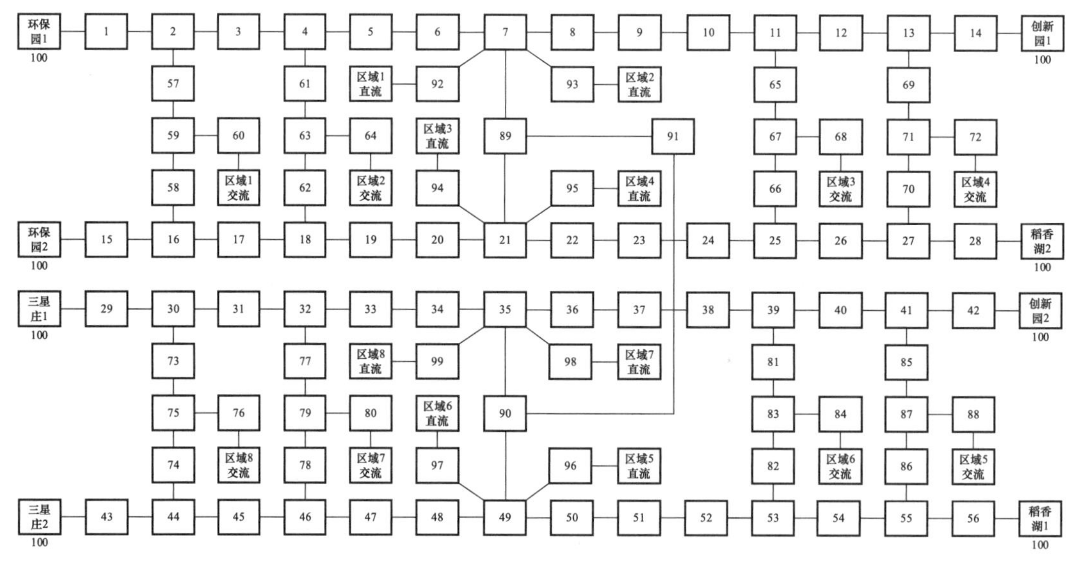

图 3－16　柔性互联双环网供电架构可靠性计算模型

系统中 8 个交流负荷点和 8 个直流负荷点的供电可靠性计算结果如表 3－13 所示。

表 3－13　　柔性互联双环网供电架构负荷点供电可靠性

编号	负荷点	户数	年平均停电率［次/（户·年）］	平均停电持续时间（小时/次）
1	区域 1 交流	49	0.006 000	0.999 999
2	区域 2 交流	49	0.006 000	0.999 999
3	区域 3 交流	49	0.006 000	0.999 999
4	区域 4 交流	49	0.006 000	0.999 999
5	区域 5 交流	49	0.006 000	0.999 999
6	区域 6 交流	49	0.006 000	0.999 999
7	区域 7 交流	49	0.006 000	0.999 999
8	区域 8 交流	49	0.006 000	0.999 999
9	区域 1 直流	1	0.011 000	1.909 087
10	区域 2 直流	1	0.011 000	1.909 087
11	区域 3 直流	1	0.011 000	1.909 087
12	区域 4 直流	1	0.011 000	1.909 087
13	区域 5 直流	1	0.011 000	1.909 087
14	区域 6 直流	1	0.011 000	1.909 087
15	区域 7 直流	1	0.011 000	1.909 087
16	区域 8 直流	1	0.011 000	1.909 087

基于各负荷点的可靠性计算结果进行统计，得到柔性互联双环网供电架构下，西北某地区配电网整体可靠性指标如下：

系统平均停电频率 SAIFI＝0.006 100 次/（户·年）

系统平均停电持续时间 SAIDI＝0.006 300 小时/（户·年）

系统平均供电可用率 ASAI＝99.999 928 08%

系统平均供电不可用率 ASUI＝0.000 071 92%

3.3.2.4　柔性互联架构交流线路故障的快速恢复

除了静态运行方式下供电可靠性指标的提升，相比交流单环网和交流双环网供电架构，柔性互联双环网供电架构由于采用柔直互联设备作为环网装置，还具备在交流配电线路故障时快速闭锁和恢复供电的能力。交流线路故障时，该线路连接的柔直换流器首先快速闭锁，待交流系统故障隔离完毕后，无需等待交流负荷开关的机械合闸过程，换流器快速解锁即可恢复非故障区域的供电，缩短负荷转供过程所花费的时间，有利于负荷点单次停电时间的进一步缩短和供电可靠性的进一步提升。

如图 3－17 所示给出了采用柔性互联双环网供电架构下，柔直互联系统连接的一侧交流配电线路发生故障时，柔直换流设备响应过程的仿真波形。柔直互联系统检测到一侧交流故障时，首先闭锁故障侧换流器。待交流配电网分布式馈线自动化完成故障隔离后，若该侧换流器交流出口断路器未分闸，且换流器交流母线失去电压，则判定故障位置为交流配电干线。此时该侧换流器切换到定交流电压运行模式解锁，恢复交流线路非故障区域的供电。整个过程中，柔直互联系统的其他换流器保持各自原有运行状态不变。

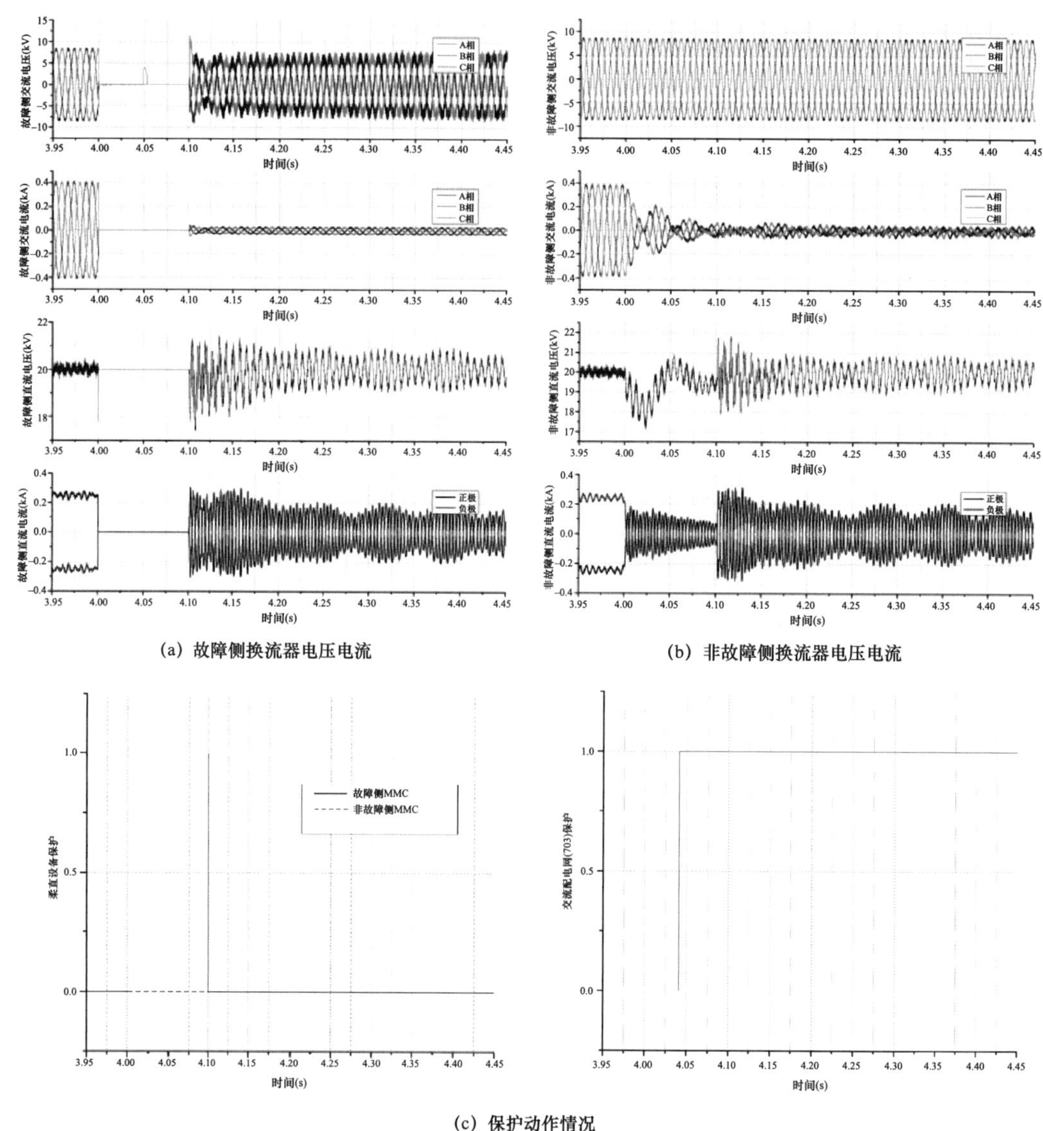

(a) 故障侧换流器电压电流

(b) 非故障侧换流器电压电流

(c) 保护动作情况

图 3－17　交流配电线路故障时柔直互联系统响应过程仿真波形

根据图 3－17 可以看出：柔直设备中故障一侧的换流器在故障发生后 0.58ms 保护动作于闭锁，该侧交流配电线路上故障点两侧的断路器在故障发生后 40.94ms 因交流配电分布式自动化保护动作于跳闸。此后，柔直互联系统检测到换流器出口断路器未动作且换流器交流母线失去电源，判定故障位于交流配电干线，因此控制该侧换流器在故障后 100.56ms 解锁并切换到定该侧交流电压模式，恢复了该侧非故障区域的供电。从故障发生到非故障区域恢复供电仅用时 100ms 左右，而采用交流负荷开关倒闸完成电源转供所需要的时间尺度一般在 1s 左右，因此柔性互联双环网供电架构实现了交流线路故障的快速恢复。

3.3.3 不同供电架构供电可靠性对比

对交流单环网、交流双环网，以及柔性互联双环网等供电架构的供电可靠性进行对比可以得出以下结论：

交流单环网供电架构下，西北某地区配电网系统整体的供电可用率约为 99.999 810 14%；采用交流双环网供电架构后，各负荷点供电可靠性均有所提高，系统供电可用率提升到约 99.999 875 57%；而采用柔性互联双环网供电架构后，交流负荷点的供电可靠性与交流双环网供电架构一致，但直流负荷点的供电可靠性大幅提高，系统总体供电可用率提升到约 99.999 928 08%。柔性互联双环网供电架构的供电可靠性指标明显优于前两种供电架构。

在柔性互联双环网供电架构下，交流配电线路故障时，该侧柔性互联设备闭锁和恢复供电的整个过程可在 100ms 左右完成，无需等待故障隔离完成后交流负荷开关倒闸转供的机械过程（1s 左右），缩短了负荷转供过程所花费的时间，有利于负荷点单次停电时间的进一步缩短和供电可靠性的进一步提升。

3.4 直流接入方法及系统稳定性分析

3.4.1 直流接入方法

考虑到直流负荷、储能以及新能源的电压等级一般较低，本文中通过直流变压器连接中压直流母线与低压直流母线，直流负荷、储能以及新能源等通过相应的变换器接入低压直流母线，接入拓扑如图 3-18 所示。

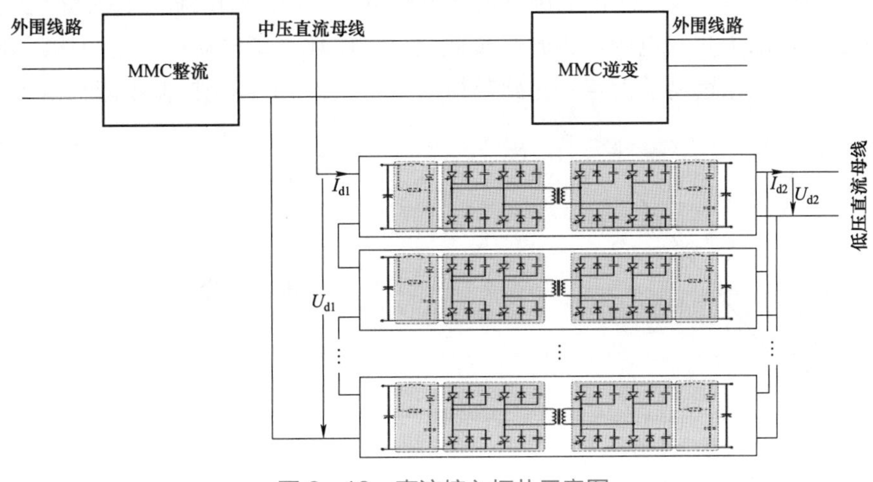

图 3-18 直流接入拓扑示意图

3.4.2 直流配电系统稳定性评估方法

3.4.2.1 直流配电系统不稳定机理分析

当电源、负载通过电力电子变换器接入直流母线时，即在直流母线上出现变换器级联连接，此时若后级变换器采用闭环控制，则后级变换器表现为前级变换器的恒功率负载，如图 3－19 所示为两级 Buck 变换器级联示意图。恒功率负载是一种典型的非线性负载，工作期间功率基本保持不变。恒功率负载在电网电压降低时吸收更大的电流，呈现负阻抗特性。

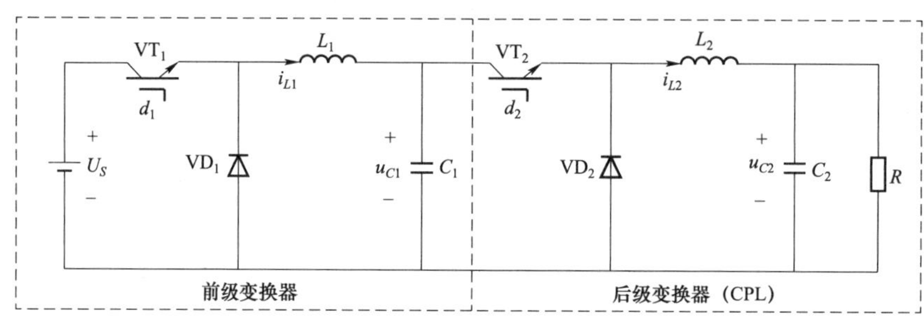

图 3－19 Buck 变换器级联示意图

大多数情况下，变换器所带负载均为正阻负载，这类负载在额定电压、额定电流下工作，阻值为正值，其 $U-I$ 曲线如图 3－20 所示。

恒功率负载的 $U-I$ 特性曲线（如图 3－21 所示），根据曲线可知，系统运行期间若输入电压由于某种原因增大，则输入电流必减小，反之则反。其功率 $P=UI$ 为常数，小信号阻抗 $\Delta U/\Delta I<0$，此即为恒功率负载的负阻特性。

恒功率负载稳定工作时，若由于系统受到扰动或者别的原因，造成电流下降 ΔI 。当扰动消除后，会出现负载电压高于电源电压的现象，为降低负载电压，闭环系统自动减小占空比，则电流进一步下降，工作点远离平衡点；同理，若电流由于扰动上升 ΔI ，恢复后电压源电压高于负载电压，为升高负载电压，闭环系统自动增大占空比，则电流进一步上升，工作点也远离平衡点。因此带恒功率负载的 Buck 变换器不能稳定工作。

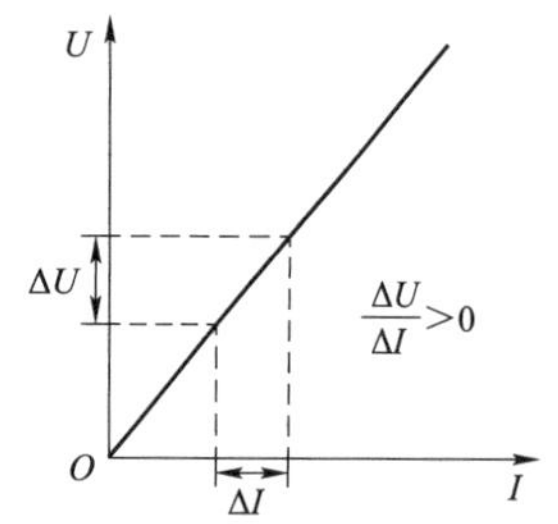

图 3－20 正阻负载 $U-I$ 曲线

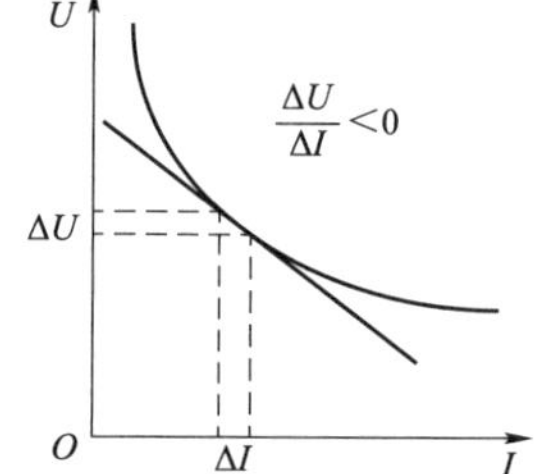

图 3－21 恒功率负载 $U-I$ 特性曲线

恒功率负载系统的稳定性问题，归根结底就是闭环传递函数的特征根分布在复平面的左半平面与右半平面的问题。分析和解决问题的思路通常是首先建立系统的小信号模型，并得出闭环传递函数，根据闭环传递函数的零极点分布图，利用经典控制理论进行分析与研究。其存在的主要问题为，由于恒功率负载的负阻抗特性，常常使得系统闭环传递函数的特征根位于复平面的右半平面，从而对系统的稳定运行产生了不利影响。

其次，可通过计算级联系统前级变换器的输出端口阻抗与后级变换器输入端口阻抗，根据阻抗匹配关系判断级联系统的稳定性。

3.4.2.2 直流配电系统阻抗匹配稳定性评估

利用阻抗关系来判定级联系统的稳定性最早是由 Middlebrook 提出的，指出若分布式电源输出阻抗和负载总输入阻抗之比 Z_o/Z_i 的 Nyquist 曲线在单位圆内则级联系统稳定；F. C. Lee 后来对此判据进行了改进，得到了更为通用的 GMPM 判据，即若阻抗比 Z_o/Z_i 的 Nyquist 曲线在图中所示的阴影区域之外，即可判定级联系统是稳定的，且可保证 6dB 的幅值裕量和 60° 的相角裕量；同时要求负载总输入阻抗满足：当 $A_{Z_i} > A_{Z_o} + 6\text{dB}$，$\varphi_{Z_i}$ 无约束；$A_{Z_i} \le A_{Z_o} + 6\text{dB}$，$\varphi_{Z_i} \in (\varphi_{Z_o} - 120°, \varphi_{Z_o} + 120°)$，则级联系统稳定。阻抗比禁止区如图 3－22 所示，负载阻抗设计原则如图 3－23 所示。

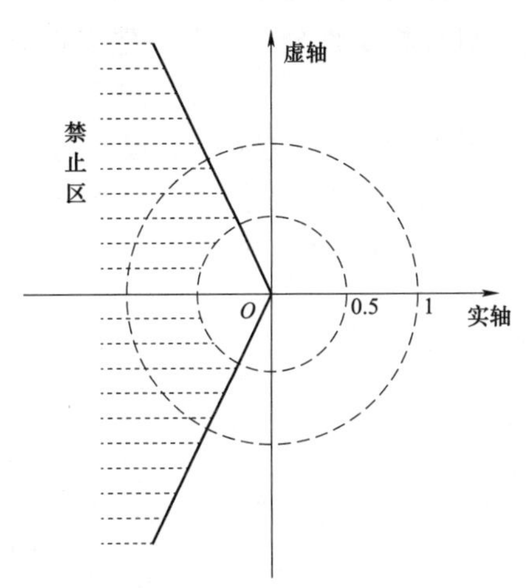

图 3－22 阻抗比禁止区

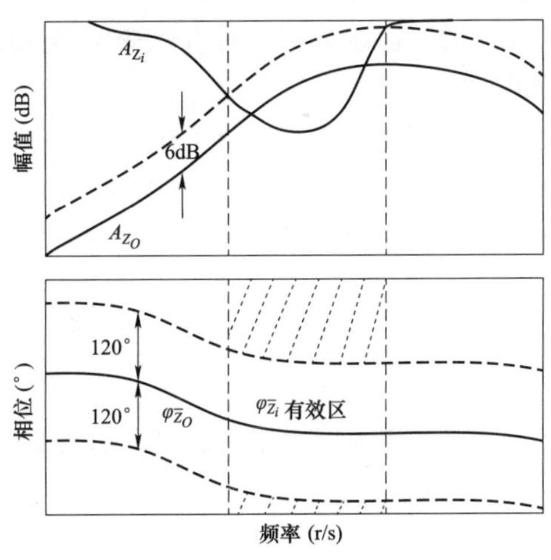

图 3－23 负载阻抗设计原则

由于多端柔直系统的拓扑结构以及端口容量均对称，所以本文中主要针对其中一端 MMC 的直流接入系统稳定性展开分析，以一侧 MMC 工作于整流，另一侧 MMC 工作于逆变的工况为例，具体将应用场景分为直流负荷接入、储能接入、分布式能源（光伏）接入，如图 3－24 所示为直流接入示意图。分别计算三种场景中的 Z_O/Z_i，根据阻抗匹配原则即可分析 MMC 系统直流接入后的稳定性。

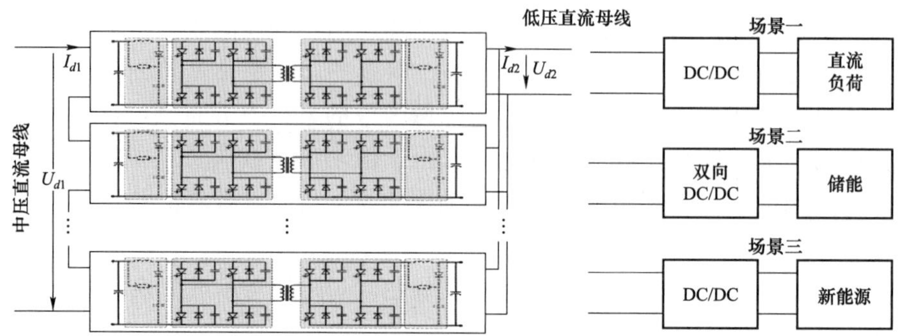

图 3-24　MMC 系统直流接入场景示意图

3.4.3　直流负荷、新能源与储能接入对柔性直流互联系统稳定性影响

直流负荷、新能源以及储能均通过电力电子变换器接入直流变压器低压直流母线，在与直流母线交换能量的同时有可能出现振荡现象。本小节通过阻抗分析法分析直流接入时整个接入系统的稳定性。

3.4.3.1　直流变压器建模

直流变压器为本柔性互联系统的重要组成部分，其稳定性关系到整个柔性互联系统的稳定性与可靠性，当直流变压器低压直流母线有直流接入时其稳定性分析显得至关重要。本文通过阻抗分析法对直流变压器低压直流接入进行稳定性分析。首先建立直流变压器的阻抗模型。

根据直流变压器拓扑及工作原理，逆变桥输出电压 V_{AB} 波形为方波，其幅值为 V_{in}，隔离变压器一次电压 V_R 波形也为方波，高频隔离变压器的一次侧电流 i_t 与一次侧电压 v_R 同相位，其幅值用 I_{tm} 表示，二次侧整流桥的输出电流 i_R 幅值为 I_{rm}，则

$$\dot{V}_R = \frac{4}{\pi} n V_{dcl} \angle -\varphi_t \tag{3-19}$$

$$\dot{I}_t = I_{rm} \angle -\varphi_t \tag{3-20}$$

稳态时，整流器输出电流平均值等于负载电流，即

$$I_R = \frac{V_{dcl}}{R_{ld}} \tag{3-21}$$

由以上两式解得

$$I_{rm} = \frac{\pi V_{dcl}}{2nR_{ld}} \tag{3-22}$$

由于输出电压 V_R 与输出电流 i_t 为同相位，二次侧整流网络可以等效出一个纯阻性负载 R_e，将其折算到一次侧，其表达式可以表述为

$$R_e = \frac{\frac{4}{\pi} n V_{dcl}}{I_{rm}} = \frac{8n^2}{\pi^2} R_{ld} \tag{3-23}$$

高频隔离变压器一次侧电流 i_t 的基波向量 $\dot{I}_t$ 表示为

$$\dot{I}_t = I_{rm}\angle -\varphi_t \tag{3-24}$$

当变换器在稳态运行时，向稳态表达式加入相应小信号扰动，有

$$\dot{V}_{AB} + \dot{v}_{AB} = \frac{\pi}{4}(V_{in} + \dot{v}_{in})\angle 0^\circ \tag{3-25}$$

$$I_{in} + \hat{i}_{in} = \frac{2}{\pi}R_e(\dot{I}_L + \hat{i}_L) \tag{3-26}$$

$$\dot{V}_R + \hat{v}_R = \frac{\pi}{4}n\left(V_{dcl} + \dot{\hat{v}}_{dcl}\right)\frac{\dot{I}_t + \hat{i}_t}{\left|\dot{I}_t + \hat{i}_t\right|} \tag{3-27}$$

$$\dot{I}_R + \hat{i}_R = \frac{2}{\pi}n\left|\dot{I}_t + \hat{i}_t\right| \tag{3-28}$$

式中：

$$\dot{I}_L = \frac{\dot{V}_{AB}}{\dfrac{1}{j\omega_s C} + j\omega_s L + \dfrac{j\omega_s L R_e}{j\omega_s L + R_e}} \tag{3-29}$$

$$\dot{I}_t = \frac{\dot{V}_{AB}}{\dfrac{1}{j\omega_s C} + j\omega_s L + \dfrac{j\omega_s L R_e}{j\omega_s L + R_e}}\frac{j\omega_s L}{j\omega_s L + R_e} \tag{3-30}$$

$$\dot{V}_R = \frac{\dot{V}_{AB}}{\dfrac{1}{j\omega_s C} + j\omega_s L + \dfrac{j\omega_s L R_e}{j\omega_s L + R_e}}\frac{j\omega_s L R_e}{j\omega_s L + R_e} \tag{3-31}$$

对上式消去稳态分量并忽略小信号二阶项，得

$$\dot{\hat{v}}_{AB} = \frac{\pi}{4}\dot{\hat{v}}_{in}\angle 0^\circ \tag{3-32}$$

$$\hat{i}_{in} = \frac{2}{\pi}\hat{i}_L \tag{3-33}$$

$$\hat{v}_R = R_r\hat{i}_{t-r} + r\hat{i}_{t-i} + 2k_r\dot{\hat{v}}_{dcl} + j(R_r\hat{i}_{t-i} + r\hat{i}_{t-r} + 2k_i\dot{\hat{v}}_{dcl}) \tag{3-34}$$

$$\hat{i}_R = k_r\hat{i}_{t-r} + k_i\hat{i}_{t-r} \tag{3-35}$$

式中：

$$\hat{i}_L = R_e(\hat{i}_{Ls}) \tag{3-36}$$

$$\hat{i}_{t-r} = R_e(\hat{i}_t) \tag{3-37}$$

$$\hat{i}_{t-i} = R_e(\hat{i}_i) \tag{3-38}$$

进一步计算可得

$$\dot{I}_L = \frac{\dot{V}_{AB}}{\dfrac{j\omega_s L R_e}{j\omega_s L + R_e} + j\omega_s L + \dfrac{1}{j\omega_s C}}\frac{R_e}{j\omega_s L + R_e} \tag{3-39}$$

$$\dot{V}_C=\frac{\dot{V}_{AB}}{\dfrac{j\omega_s LR_e}{j\omega_s L+R_e}+j\omega_s L+\dfrac{1}{j\omega_s C}}\frac{1}{j\omega_s C} \tag{3-40}$$

根据小信号模型，分别列写 KVL、KCL 方程：

$$L\frac{d\hat{i}_{t-r}}{dt}=R_e\hat{i}_{t-i}-2k_r\dot{\hat{v}}_{dcl}+\frac{\pi}{4}\hat{v}_{in} \tag{3-41}$$

$$L\frac{d\hat{i}_{t-i}}{dt}=-R_e\hat{i}_{t-r}-2k_i\dot{\hat{v}}_{dcl} \tag{3-42}$$

$$\hat{i}-\frac{2}{\pi}\hat{i}_{t-r}=C_1\frac{d\hat{v}_{in}}{dt} \tag{3-43}$$

对上式进行拉式变换可得

$$sL\hat{i}_{t-r}=R_e\hat{i}_{t-i}-2k_r\dot{\hat{v}}_{dcl}+\frac{\pi}{4}\hat{v}_{in} \tag{3-44}$$

$$sL\hat{i}_{t-i}=-R_e\hat{i}_{t-r}-2k_i\dot{\hat{v}}_{dcl} \tag{3-45}$$

$$\hat{i}-\frac{2}{\pi}\hat{i}_{t-r}=sC\hat{v}_{in} \tag{3-46}$$

对以上公式进行化简，因此可得映射模型为

$$\hat{i}_{t-i}=A_1\dot{\hat{v}}_{dcl}+B_1\hat{i} \tag{3-47}$$

$$\hat{i}_{t-r}=A_2\dot{\hat{v}}_{dcl}+B_2\hat{i} \tag{3-48}$$

$$\hat{v}_{in}=A_3\dot{\hat{v}}_{dcl}+B_3\hat{i} \tag{3-49}$$

其中

$$A_1=\frac{2k_rR_e-2k_i\left(sL+\dfrac{8}{\pi^2 sC}\right)}{sL\left(sL+\dfrac{8}{\pi^2 sC}\right)+R_e^2} \tag{3-50}$$

$$B_1=\frac{-4R_e}{\pi sC\left[sL\left(sL+\dfrac{8}{\pi^2 sC}\right)+R_e^2\right]} \tag{3-51}$$

$$A_2=\frac{-2k_r sL-2k_iR_e}{sL\left(sL+\dfrac{8}{\pi^2 sC}\right)+R_e^2} \tag{3-52}$$

$$B_2=\frac{4sL}{\pi sC\left[sL\left(sL+\dfrac{8}{\pi^2 sC}\right)+R_e^2\right]} \tag{3-53}$$

$$A_3=-\frac{-2A_2}{\pi sC} \tag{3-54}$$

$$B_3 = -\frac{\pi - 2B_2}{\pi s C} \tag{3-55}$$

基于以上推导，在映射模型的基础上，分别列写 KCL、KVL 方程，并将高压侧电压源小信号置零，可得

$$sL\hat{i}_L = \hat{v}_{dch} - NM_1\hat{v}_{dcl} - NM_2\hat{d} - r\hat{i}_L \tag{3-56}$$

$$NM_3I_L\hat{d} + NM_3D\hat{i}_L - g\hat{v}_{dcl} - s(NC + C)\hat{v}_{dcl} = \frac{\hat{v}_{dcl}}{R} - \hat{i}_0 \tag{3-57}$$

$$\left(\hat{v}_{dcl}^{ref} - \hat{v}_{dcl}\right)\left(k_{vp} + \frac{k_{vi}}{s}\right) = \hat{i}_L^{ref} \tag{3-58}$$

$$-\left(\hat{i}_L^{ref} - \hat{i}_L\right)\left(k_{ip} + \frac{k_{ii}}{s}\right) = \hat{d} \tag{3-59}$$

整理上式，可得直流变压器输出阻抗为

$$z = \frac{\hat{v}_{dcl}}{\hat{i}_0} = \frac{1}{s(NC + C) - NM_3I_LG_v(s)G_i(s) - NM_3I_LA_4G_i(s) - NM_3DA_4 + g + 1/R_e} \tag{3-60}$$

其中，

$$M_1 = A_3D \tag{3-61}$$

$$M_2 = DB_3I_L + nV_{dcl} \tag{3-62}$$

$$M_3 = k_rB_2 + k_iB_1 \tag{3-63}$$

$$A_4 = \frac{-NDB_3I_LG_v(s)G_i(s) - NnV_{dcl}G_v(s)G_i(s) - NA_3}{sL + NnV_{dcl}G_i(s) + NB_3D^2 + NDB_3I_LG_i(s)} \tag{3-64}$$

场景一：直流负荷接入对柔性直流互联系统稳定性的影响分析

直流负荷通过降压变换器接入直流母线。图 3-25 为 Buck 变换器主电路图。

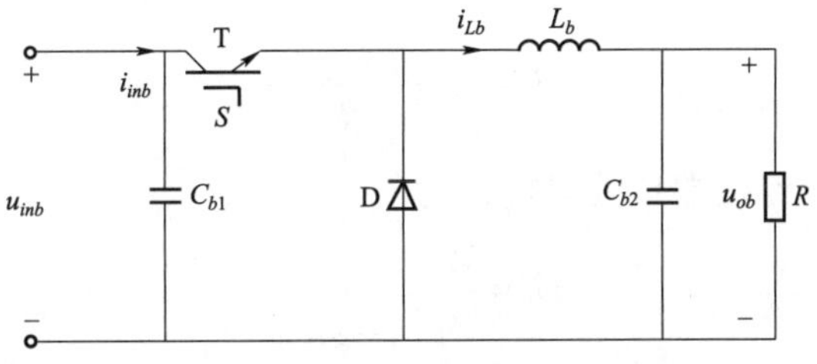

图 3-25 Buck 变换器主电路图

根据图 3-25 列写 KVL、KCL 方程，有

$$L_b\frac{di_{Lb}}{dt} = d_bu_{inb} - u_{ob} \tag{3-65}$$

$$\begin{cases} C_{b1}\dfrac{du_{inb}}{dt} = i_{inb} - di_{Lb} \\ C_{b2}\dfrac{du_{ob}}{dt} = i_{Lb} - \dfrac{u_{ob}}{R} \end{cases} \tag{3-66}$$

向上式添加小信号扰动并忽略扰动二次项，得

$$L_b \frac{d\hat{i}_{Lb}}{dt} = D_b \hat{u}_{inb} + U_{inb} \hat{d}_b - \hat{u}_{ob} \tag{3-67}$$

$$\begin{cases} C_{b1} \dfrac{d\hat{u}_{inb}}{dt} = \hat{i}_{inb} - D_b \hat{i}_{Lb} - \hat{d}_b I_{Lb} \\ C_{b2} \dfrac{d\hat{u}_{ob}}{dt} = \hat{i}_{Lb} - \dfrac{\hat{u}_{ob}}{R} \end{cases} \tag{3-68}$$

对式进行拉式变换后可得小信号模型为

$$L_b \hat{i}_{Lb} s = D_b \hat{u}_{inb} + U_{inb} \hat{d}_b - \hat{u}_{ob} \tag{3-69}$$

$$\begin{cases} C_{b1} \hat{u}_{inb} s = \hat{i}_{inb} - D_b \hat{i}_{Lb} - \hat{d}_b I_{Lb} \\ C_{b2} \hat{u}_{ob} s = \hat{i}_{Lb} - \dfrac{\hat{u}_{ob}}{R} \end{cases} \tag{3-70}$$

Buck 变换器采用电压外环/电流内环双闭环控制，其小信号模型为

$$\begin{cases} (\hat{u}_{obref} - \hat{u}_{ob}) G_{ub} = \hat{i}_{Lbref} \\ (\hat{i}_{Lbref} - \hat{i}_{Lb}) G_{ib} = \hat{d}_b \end{cases} \tag{3-71}$$

式中，$G_{ub} = k_{ubp} + k_{ubi}/s$、$G_{ib} = k_{ibp} + k_{ibi}/s$。

根据以上公式，计算 Buck 变换器输入阻抗为

$$Z_{Buck\_in} = \frac{\hat{u}_{inb}}{\hat{i}_{inb}} = \frac{1}{sC_{b1} - B_b[I_{Lb}G_{ib}(s) - D_b] - I_{Lb}G_{ub}(s)G_{ib}(s)A_b} \tag{3-72}$$

式中，

$$A_b = \frac{D_b R_b}{R_b[U_{inb}G_{ub}(s)G_{ib}(s)+1] + (sR_bC_{b2}+1)[sL_b + U_{inb}G_{ib}(s)]} \tag{3-73}$$

$$B_b = A_b \frac{sR_bC_{b2}+1}{R_b} \tag{3-74}$$

在此应用场景下，连接端口处阻抗比为

$$G_1 = \frac{Z_o}{Z_i} = \frac{z}{Z_{Buck\_in}} \tag{3-75}$$

分析阻抗比 G_1，根据其奈奎斯特曲线图即可分析直流负载接入后系统稳定性。

3.4.3.2 场景二：储能接入对柔性直流互联系统稳定性的影响分析

储能通过双向 DC/DC 接入柔性互联系统。采用典型双管双向 Buck/Boost DC/DC 拓扑，当 DC/DC 正向工作时为 Buck 变换器，反向工作时为 Boost 变换器。由于 Buck 变换器阻抗模型已经计算得出，所以本节计算双向 DC/DC 反向工作即 Boost 变换器阻抗模型。

图 3－26 为 Boost 变换器主电路图，根据主电路图，列写方程并求得 Boost 变换器状态空间平均值模型为

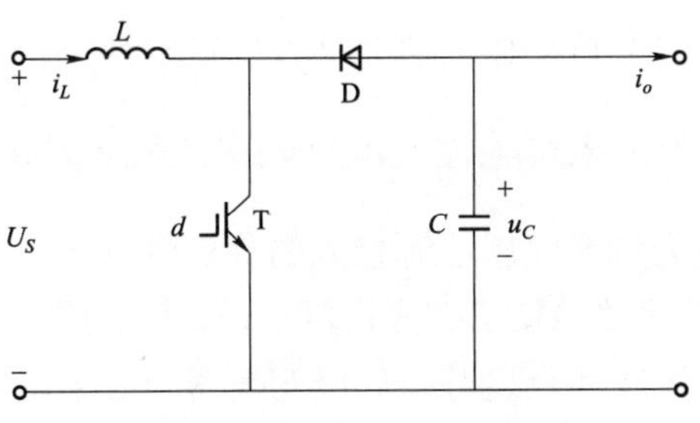

图 3-26 Boost 变换器主电路图

$$\begin{cases} L\dfrac{di_L}{dt}=(d-1)u_C+U_S \\ C\dfrac{du_C}{dt}=(1-d)i_L-i_o \end{cases} \tag{3-76}$$

添加小信号扰动项，并忽略二次扰动项，有

$$\begin{cases} L\dfrac{d\hat{i}_L}{dt}=(D+\hat{d}-1)U_C+(D-1)\hat{u}_C+U_S \\ C\dfrac{d\hat{u}_C}{dt}=(1-D-\hat{d})I_L+(1-D)\hat{i}_L-I_o+\hat{i}_o \end{cases} \tag{3-77}$$

求拉式变换并整理后，有

$$\begin{cases} U_S=L\hat{i}_Ls-(D+\hat{d}-1)U_C-(D-1)\hat{u}_C \\ \hat{i}_o=C\hat{u}_Cs-(1-D-\hat{d})I_L-(1-D)\hat{i}_L+I_o \end{cases} \tag{3-78}$$

储能双向变换器工作于升压模式时采用电压/电流双闭环控制，因此控制部分的小信号模型为

$$\begin{cases} (\hat{u}_{cref}-\hat{u}_C)G_{u\_Bt}=\hat{i}_{oref} \\ (\hat{i}_{oref}-\hat{i}_o)G_{i\_Bt}=\hat{d} \end{cases} \tag{3-79}$$

联立式中可得 Boost 变换器输出端口的阻抗为

$$Z_{Boost\_out\_Bat}=\frac{\hat{u}_C}{\hat{i}_o}=\frac{[U_S-U_C(1-D-\hat{d})](D-1)}{(1-D-\hat{d})(LC\hat{i}_Ls^2-Es+F)} \tag{3-80}$$

并且，$\hat{d}=[(\hat{u}_{cref}-\hat{u}_C)G_{u\_Bt}-\hat{i}_o]G_{i\_Bt}$，式中，$E=[U_S+(D-1+\hat{d})U_C]C$，$F=(D-1)^2\hat{i}_L+(D-1)I_o-(D-1)(1-D-\hat{d})I_L$。

当双向 DC/DC 变换器工作于 Boost 模式时，储能为放电状态，因此连接端口处阻抗比为

$$G_2=\frac{Z_O}{Z_i}=\frac{z}{Z_{Boost\_out\_Bat}} \tag{3-81}$$

分析阻抗比 G_2，根据其奈奎斯特曲线图即可分析储能接入后系统稳定性。当双向 DC/DC 变换器工作于 Buck 模式时，储能为充电状态，可根据公式给出的 Buck 变换器小信号模型，计算阻抗模型并分析其稳定性，并与工作于 Boost 模式时的稳定性相比较，

选择稳定性较差的一种工况分析，作为储能接入的稳定性分析结果。

3.4.3.3 场景三：新能源接入对柔性直流互联系统稳定性的影响分析

本研究中以光伏发电为例研究新能源接入的稳定性问题。光伏组件（阵列）在以直流的方式汇集时，通常采用两级 DC/DC 变换器实现，其中前级变换器通过 MPPT 控制实现光伏组件（阵列）的最大功率点追踪，后级变换器一般采用 Boost 变换器先升压后汇集。对于后级变换器的控制部分，利用 PI 控制器实现对电压的稳定控制。

已经给出 Boost 变换器的小信号模型。对于其控制部分，有

$$(\hat{u}_{cref}-\hat{u}_C)G_{PV\_Bt}=\hat{d}_{PV} \tag{3-82}$$

已经给出 Boost 变换器小信号模型，则此时输出端口阻抗为

$$Z_{Boost\_out\_PV}=\frac{\hat{u}_C}{\hat{i}_o}=\frac{[U_S-U_C(1-D-\hat{d}_{PV})](D-1)}{(1-D-\hat{d}_{PV})[LC\hat{i}_L s^2-Es+F]} \tag{3-83}$$

并且，$\hat{d}_{PV}=(\hat{u}_{cref}-\hat{u}_C)G_{PV\_Bt}$，式中，$E=[U_S+(D-1+\hat{d}_{PV})U_C]C$，$F=(D-1)^2\hat{i}_L+(D-1)I_o-(D-1)(1-D-\hat{d}_{PV})I_L$。

则光伏接入时连接端口的阻抗比为

$$G_3=\frac{Z_O}{Z_i}=\frac{z}{Z_{Boost\_out\_PV}} \tag{3-84}$$

分析阻抗比 G_3，根据其奈奎斯特曲线图即可分析光伏接入后系统稳定性。

3.5 直流接入系统配电效率分析

随着用电负荷的日益密集，城市配电网正面临着线路走廊紧张、供电容量不足、供电半径较短等问题，直流配电方式的出现为城市配电网的扩容改造提供了一个新的思路和方法。相比于交流配电网，直流配电网的供电容量更大、供电距离更远。虽然低压直流配电网网络结构复杂、人为因素、环境因素等不确定因素较多，且小容量分布式电源及储能通过电力电子设备接入低压母线，可靠性及电能质量问题更加突出，但是相比于交流系统仍然存在一定的优势。以下通过各类损耗分析直流接入系统的配电效率。

3.5.1 发电损耗

常见的分布式电源主要有光伏电源、燃料电池、风力发电机和燃气轮机等，而这些电源产生的电能均为直流电或可经过简单整流后变为直流电。如此分布式电源并入直流配电网将可以节省大量的换流环节。例如：光伏发电等产生的是直流电，通常需经过 DC－DC 和 DC－AC 两级变换才能并入传统的交流配电网；而风力发电机等虽然是以交流形式产生电能，但通常并不稳定，通常也需要经过 AC－DC 和 DC－AC 两级变换才能并入交流配电网。此外在交流配电网中，按照国家电网有限公司要求光伏电站建设需配

置无功补偿装置，配置容量在主变压器容量的 15%～25%之间，如 20MW 光伏电站，配无功补偿装置容量 3～5Mvar，其有功损耗一般按照配置容量的 1%计算。而如果这些分布式电源接入直流配电网，则可以省略上述的 DC－AC 环节及无功补偿装置，减小成本的同时也可降低有功损耗。

3.5.2 线路损耗

在线损方面，由于电缆中集肤效应的存在，交流电缆的电阻损耗通常高于直流电缆，对于单芯中压电缆 YJV－300，单位长度直流电阻 $r_{DC}=0.060\,1\Omega/km$，单位长度交流电阻 $r_{AC}=0.079\,7\Omega/km$；仍以双极接线方式为例，对交、直流配电方式的线路损耗进行对比分析。

对于三相交流配电网，其线路损耗为

$$\Delta P_{AC}=3{I_{AC}}^2R_{AC}=3\left(\frac{P_{AC}}{\sqrt{3}U_{AC}\cos\varphi}\right)^2R_{AC}=\frac{P_{AC}^2}{{U_{AC}}^2}\frac{r_{AC}l_{AC}}{\cos^2\varphi} \tag{3-85}$$

对于直流配电网，其线路损耗为

$$\Delta P_{DC}=2{I_{DC}}^2R_{DC}=2\frac{P_{DC}^2}{(2U_{DC})^2}r_{DC}l_{DC}=\frac{P_{DC}^2}{2{U_{DC}}^2}r_{DC}l_{DC} \tag{3-86}$$

在输送的有功功率、供电距离相同的情况下，直流配电网与交流配电网的线路损耗之比为

$$\frac{\Delta P_{DC}}{\Delta P_{AC}}=\frac{{U_{AC}}^2}{{U_{DC}}^2}\frac{r_{DC}}{r_{AC}}\frac{\cos^2\varphi}{2} \tag{3-87}$$

当取 $U_{DC}=\sqrt{2/3}U_{AC}$ 时，有

$$\frac{\Delta P_{DC}}{\Delta P_{AC}}=0.458\,1$$

考虑操作过电压水平，取 $U_{DC}=1.25U_{AC}$ 时，则

$$\frac{\Delta P_{DC}}{\Delta P_{AC}}=0.195\,5$$

直流配电方式的线路损耗明显小于交流配电方式的线路损耗，且直流配电电压越高，则直流的线路损耗越小。此外，考虑到交流电缆存在介质损耗及磁感应损耗等，直流配电网在降低线路损耗方面更具优势。

3.5.3 用电损耗

近几年，电力电子技术的快速发展导致用电方式发生了较大变化。例如电力电子变频技术在冰箱、空调、洗衣机等产品中得到了广泛的应用。在交流配电网中，则需经过 AC－DC－AC 转换才能达到变频的目的。而对于直流配电网，只需进行 DC－AC 转换，从而省略了 AC－DC 环节，降低了变换损耗。

此外，部分用电设备本质上便是采用直流驱动，例如 LED 照明灯、电动车、个人电脑、手机等。在交流配电网中，电能必须通过 AC－DC 转换才能供给电器使用。而对于直流配电网，不需要转换就可以直接给这些设备供电，节约了成本，也降低了损耗。

3.5.4 变流损耗

直流配电网效率提高的制约因素主要体现在变流损耗方面，传统的交流变压器变流效率可达 98%，而直流配电网所采用的基于 IGBT 的 VSC 和直流变压器，通态损耗和开关损耗较大，其效率约为 95%，亦即换流器和直流变压器的电能转换效率低于交流变压器。但随着 SiC 等新材料及优化控制技术的发展，直流变流损耗有望降低。

3.6 小 结

本章基于考虑 $N-1$ 约束的配电网电源配置方法，对西北某地区配电网在给定负荷条件下的电源配置需求，以及在给定电源条件下的负荷供给能力进行了分析。分析结果表明，在相同的负荷条件下，柔性互联双环网供电架构所需配置的电源容量最小，电源利用率最高；在相同的电源条件（8×50MVA）下，柔性互联双环网可以供给的负荷容量最大，即使考虑换流器容量较小的限制，仍能达到 326.67MVA，大于交流单环网供电架构的 200.00MVA 和交流双环网供电架构的 300.00MVA。

柔性互联双环网供电架构在交流双环网配电的基础上，采用柔性直流互联技术，选取负荷均衡位置的开闭站加装柔性直流装置，代替环网负荷开关完成供电线路的合环。正常运行时，负荷处的负荷开关分闸，柔性直流互联装置工作在背靠背运行模式，合环运行；若某条线路故障，连接该条线路的柔直换流器暂时闭锁。

第 4 章　新型配电网故障协同恢复与韧性提升研究

世界各国均将提升电力系统的韧性、构建更具韧性的能源基础设施作为重要的发展战略。美国能源部牵头组织阿贡国家实验室等围绕电力系统韧性特别是配电网韧性开展了一系列研究和探索。日本通过了第四版《战略性能源政策》，旨在建立更具韧性的能源结构，有效应对极端灾害、能源危机等问题。欧盟成立了战略性能源联盟合作框架，以协同应对极端天气事件对能源系统的新挑战。在我国 2022 年发布的《“十四五”能源领域科技创新规划》中，明确提出要开展电力系统遭受严重自然灾害、物理攻击、网络攻击等非常规安全风险识别及防范研究，提高非常规状态电网安全稳定防御和应急处理能力。

电力系统对极端灾害的抵御能力和恢复能力是衡量系统在出现严重扰动或故障情况下，是否可以通过改变自身状态以减少故障过程系统损失，并在极端灾害结束后尽快恢复到原有正常状态的能力。配电网对极端灾害的抵御能力和恢复能力主要衡量配电网在极端灾害中对关键负荷的支撑和恢复能力，即是否可以采取主动措施保证灾害中的关键负荷供电，并迅速恢复断电负荷的能力。其中，关键负荷是指对于社会正常运转或是抗灾救灾十分重要的用户负荷，例如政府、救灾应急机构等行政机关，以及医院、自来水厂、信号基站、照明和取暖设备等生命线设施。

4.1　严重故障下配电网多阶段故障恢复过程建模与分析

在配电网元件方面，建立配电网元件与极端天气相关模型，对形成极端灾害应对决策有着重要作用。电力系统元件受到的影响因素具有不确定性和随机性，很难给出十分精确的测量数据，建立完善的配电网元件与极端天气相关模型，可以更准确并且及时地完成故障定位，根据所建立模型生成极端天气下预想故障场景，能够更好地与灾前电网预重构与灾后故障隔离与电网恢复形成配合，极大程度提高电网应对极端天气灾害的能力。

4.1.1　可再生能源出力和负荷需求预测方法

4.1.1.1　构建马尔可夫链转移矩阵

系统调研分析西北某地区风电、光伏等可再生能源出力和负荷需求的历史数据情况，例如：不同季节月份的区域日风力数据及光照强度数据、不同季节月份的片区用户功耗数据等。充足的历史数据对马尔可夫链转移矩阵精确度的提高具有重要的作用，因此，应当有足够的样本用于构建马尔可夫链转移矩阵。

在构建马尔可夫链转移矩阵步骤，本节将可再生能源出力和负荷需求状态转移矩阵一同讨论，基于西北某地区可再生能源出力和负荷需求历史数据，以某一可再生能源电站或某一用户为例，假设该电站/用户的出力/需求额定的最大值为 $P_{\max}$，最小值为 $P_{\min}$。

步骤 1：根据随机功率的变化范围，将该出力/需求功率等间隔划分为 S 个区间，每个区间长度为（$P_{\max}-P_{\min}$）/S。

步骤 2：用每个区间的平均值代表各个区间内的出力/需求功率，至此，曲线出力/需求功率被离散为 S 个值，即为 S 个状态。

步骤 3：根据可再生能源或负荷的历史数据，统计不同离散状态间的转移情况，计算马尔可夫链状态转移矩阵 P，如下所示：

$$P=\begin{bmatrix} p_{11} & p_{12} & \cdots & p_{1S} \\ p_{21} & p_{22} & \cdots & p_{2S} \\ \cdots & \cdots & \cdots & \cdots \\ p_{S1} & p_{S2} & \cdots & p_{SS} \end{bmatrix} \tag{4-1}$$

其中，在该矩阵的每一行对应随机变量当前时刻状态，而列对应随机变量下一时刻的状态，p_{ij} 表示状态 i 转移至状态 j 的概率，元素 p_{ij} 依照如下公式计算：

$$p_{ij}=\frac{n_{ij}}{\sum_{j} n_{ij}} \tag{4-2}$$

其中，n_{ij} 表示历史数据中，从随机变量从状态 i 转移到状态 j 的个数。

步骤 4：建立如下 $S\times$（$S+1$）的状态转移累积概率矩阵 P_{cum}：

$$P_{\text{cum}}=\begin{bmatrix} p_{\text{cum},11} & p_{\text{cum},12} & \cdots & p_{\text{cum},1(S+1)} \\ p_{\text{cum},21} & p_{\text{cum},22} & \cdots & p_{\text{cum},1(S+1)} \\ \cdots & \cdots & \cdots & \cdots \\ p_{\text{cum},S1} & p_{\text{cum},S2} & \cdots & p_{\text{cum},S(S+1)} \end{bmatrix} \tag{4-3}$$

其中，P_{cum} 中的第 i 行代表当前状态为 i 时，下一次状态转移的离散型累积概率分布函数（Cumulative Distribution Function，CDF），因此矩阵元素 $p_{\text{cum,il}}$ 可定义如下：

$$p_{\text{cum,il}}=\begin{cases} 0, & l=1 \\ \sum_{j\leqslant l} p_{ij} & 2\leqslant l\leqslant S+1 \end{cases} \tag{4-4}$$

4.1.1.2 新能源出力/负荷场景构建

在构建预测曲线步骤，本节将可再生能源出力和负荷需求预测曲线一同讨论。

步骤 1：随机产生一个在区间[1, S]内的整数作为初始时刻的功率状态。

步骤 2：设当前时刻的功率状态为 i，产生一个在[0, 1]区间内的随机数 u，将 u 与状态转移累积概率矩阵 P_{cum} 对第 i 行元素组成的表达式进行比较，假设 u 落在 $p_{\mathrm{cum},ij} < u \leqslant p_{\mathrm{cum},i(j+1)}$ 范围内时，则认为下一时刻，随机变量状态为 j。

步骤 3：重复步骤 2 直到生成的时间序列满足指定时间长度的要求。至此，生成了离散功率状态序列，每个功率状态均代表功率的一个取值范围。

步骤 4：在每个离散功率状态所代表取值范围内，抽取该区间上下限平均数作为该功率状态对应功率的具体值。

4.1.1.3　曲线抽样与聚类

步骤 1：对预测曲线依照 4.1.1.2 中方法重复抽样若干次，生成预测曲线集合。

步骤 2：采用 AP 聚类方法对预测曲线集合进行聚类，得到若干簇曲线。

AP（Affinity propagation）聚类算法是一种新的无监督聚类算法。该算法无需事先定义类数，在迭代过程中不断搜索合适的聚类中心，自动从数据点间识别类中心的位置及个数，使所有的数据点到最近的类代表点的相似度之和最大。算法开始时把所有的数据点均视作类中心，通过数据点间的“信息传递”来实现聚类过程。与传统的 K 均值算法对初始类中心选择的敏感性相比，AP 算法是一种确定性的聚类算法，多次独立运行的聚类结果一般都十分稳定。其具体描述如下。

假设 $\{x_1, x_2, \cdots, x_n\}$ 为数据样本集，数据间没有内在结构的假设。令 S 是一个刻画点之间相似度的矩阵。$S(i,j) > S(i,k)$ 当且仅当 x_i 与 x_j 的相似性程度要大于其与 x_k 的相似程度。

AP 算法进行交替以下两个消息传递的步骤，以更新以下两个矩阵：

吸引信息（Responsibility）矩阵 R：$R(i,k)$ 描述了数据对象 k 适合作为数据对象 i 的聚类中心的程度，表示的是从 i 到 k 的消息；

归属信息（Availability）矩阵 A：$A(i,k)$ 描述了数据对象 i 选择数据对象 k 作为其聚类中心的适合程度，表示从 k 到 i 的消息。

具体步骤为：

（1）将矩阵 A 和矩阵 R 初始化为 0 矩阵。

（2）按式（4－5）更新吸引度矩阵。

（3）
$$R_{t+1}(i,k) = \begin{cases} S(i,k) - \max\limits_{j \neq k}\{A_t(i,j) + R_t(i,j)\}, i \neq k \\ S(i,k) - \max\limits_{j \neq k}\{S(i,j)\}, i = k \end{cases} \tag{4-5}$$

（4）按式（4－6）更新归属度矩阵。

（5）
$$A_{t+1}(i,k) = \begin{cases} \min\left\{0, R_{t+1}(k,k) + \sum\limits_{j \neq i,k} \max\{0, R_{t+1}(j,k)\}\right\}, i \neq k \\ \sum\limits_{j \neq k} \max\{0, R_{t+1}(j,k)\}, i = k \end{cases} \tag{4-6}$$

（6）根据衰减系数 λ 对两个公式进行衰减：

$$R_{t+1}(i,k) = \lambda R_t(i,k) + (1-\lambda) R_{t+1}(i,k) \tag{4-7}$$

$$A_{t+1}(i,k) = \lambda A_t(i,k) + (1-\lambda) A_{t+1}(i,k) \tag{4-8}$$

重复步骤直至矩阵稳定或者达到最大迭代次数，算法结束。

4.1.1.4 算例分析

本算例以 A 地可再生能源出力数据为基础，着重分析可再生能源出力预测方法，负荷需求预测曲线的计算方法同可再生能源出力预测曲线计算方法相同，因此不再重复举例。

（1）基于获取的历史数据曲线，将该曲线划分为 S 个区间，假设 $S=10$。

其中，算例数据取自 A 地 2014 年全年的可再生能源出力数据。某日可再生能源出力的数据如表 4-1 所示。

表 4-1　　A 地负荷需求/可再生能源出力的历史数据

时刻	功率标幺值	时间	功率标幺值	时间	功率标幺值	时间	功率标幺值
0:00	0.633 3	6:00	0.268 9	12:00	0.623 3	18:00	0.132 2
0:30	0.465 6	6:30	0.347 8	12:30	0.546 7	18:30	0.000 0
1:00	0.423 3	7:00	0.335 6	13:00	0.586 7	19:00	0.000 0
1:30	0.351 1	7:30	0.323 3	13:30	0.495 6	19:30	0.000 0
2:00	0.525 6	8:00	0.540 0	14:00	0.555 6	20:00	0.140 0
2:30	0.504 4	8:30	0.666 7	14:30	0.628 9	20:30	0.154 4
3:00	0.393 3	9:00	0.500 0	15:00	0.466 7	21:00	0.273 3
3:30	0.500 0	9:30	0.484 4	15:30	0.558 9	21:30	0.186 7
4:00	0.663 3	10:00	0.476 7	16:00	0.668 9	22:00	0.238 9
4:30	0.496 7	10:30	0.622 2	16:30	0.612 2	22:30	0.000 0
5:00	0.275 6	11:00	0.721 1	17:00	0.484 4	23:00	0.051 1
5:30	0.303 3	11:30	0.754 4	17:30	0.183 3	23:30	0.192 2

A 地该日可再生能源出力的历史数据曲线如图 4-1 所示，将其划分为 10 个区间。

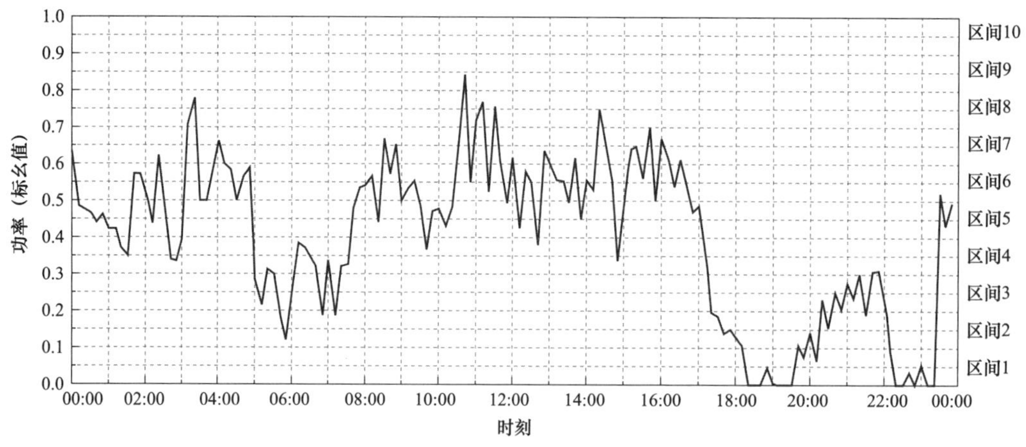

图 4-1　A 地可再生能源出力的历史数据曲线

（2）统计 S 个状态相互转移的信息，$S=10$ 个状态的相互转移数量如表 4－2 所示，该表数据取自 A 地整年可再生能源出力数据。

表 4－2　　　　　　　$S=10$ 个状态的相互转移数量

nij	ni1	ni2	ni3	ni4	ni5	ni6	ni7	ni8	ni9	ni10
n1j	643	447	173	59	25	9	4	2	0	1
n2j	463	656	463	171	66	29	12	5	2	0
n3j	179	459	591	406	179	51	30	10	2	2
n4j	55	199	402	444	296	164	53	21	10	6
n5j	16	66	179	312	354	223	116	44	22	13
n6j	11	19	78	155	229	243	135	78	29	17
n7j	2	7	24	63	122	146	138	82	49	33
n8j	2	2	11	23	47	74	80	74	64	58
n9j	3	2	3	13	12	32	58	64	47	75
n10j	0	0	0	2	6	22	36	56	81	288

（3）计算状态转移矩阵 P，得到的结果如下所示：

$$P=\begin{bmatrix} 0.4718 & 0.3280 & 0.1269 & 0.0433 & 0.0183 & 0.0066 & 0.0029 & 0.0015 & 0 & 0.0007 \\ 0.2480 & 0.3514 & 0.2480 & 0.0916 & 0.0354 & 0.0155 & 0.0064 & 0.0027 & 0.0011 & 0 \\ 0.0938 & 0.2404 & 0.3096 & 0.2127 & 0.0938 & 0.0267 & 0.0157 & 0.0052 & 0.0010 & 0.0010 \\ 0.0333 & 0.1206 & 0.2436 & 0.2691 & 0.1794 & 0.0994 & 0.0321 & 0.0127 & 0.0061 & 0.0036 \\ 0.0119 & 0.0491 & 0.1331 & 0.2320 & 0.2632 & 0.1658 & 0.0862 & 0.0327 & 0.0164 & 0.0097 \\ 0.0111 & 0.0191 & 0.0785 & 0.1559 & 0.2304 & 0.2445 & 0.1358 & 0.0785 & 0.0292 & 0.0171 \\ 0.0030 & 0.0105 & 0.0360 & 0.0946 & 0.1832 & 0.2192 & 0.2072 & 0.1231 & 0.0736 & 0.0495 \\ 0.0046 & 0.0046 & 0.0253 & 0.0529 & 0.1080 & 0.1701 & 0.1839 & 0.1701 & 0.1471 & 0.1333 \\ 0.0097 & 0.0065 & 0.0097 & 0.0421 & 0.0388 & 0.1036 & 0.1877 & 0.2071 & 0.1521 & 0.2427 \\ 0 & 0 & 0 & 0.0041 & 0.0122 & 0.0448 & 0.0733 & 0.1141 & 0.1650 & 0.5866 \end{bmatrix}$$

（4）计算状态转移累积概率矩阵 P_{cum}，得到的结果如下所示：

$$P_{cum}=\begin{bmatrix} 0 & 0.4718 & 0.7997 & 0.9266 & 0.9699 & 0.9883 & 0.9949 & 0.9978 & 0.9993 & 0.9993 & 1 \\ 0 & 0.2480 & 0.5994 & 0.8473 & 0.9389 & 0.9743 & 0.9898 & 0.9963 & 0.9989 & 1 & 1 \\ 0 & 0.0938 & 0.3342 & 0.6438 & 0.8565 & 0.9502 & 0.9770 & 0.9927 & 0.9979 & 0.9990 & 1 \\ 0 & 0.0333 & 0.1539 & 0.3976 & 0.6667 & 0.8461 & 0.9455 & 0.9776 & 0.9903 & 0.9964 & 1 \\ 0 & 0.0119 & 0.0610 & 0.1941 & 0.4260 & 0.6892 & 0.8550 & 0.9413 & 0.9740 & 0.9903 & 1 \\ 0 & 0.0111 & 0.0302 & 0.1087 & 0.2646 & 0.4950 & 0.7394 & 0.8753 & 0.9537 & 0.9829 & 1 \\ 0 & 0.0030 & 0.0135 & 0.0495 & 0.1441 & 0.3273 & 0.5465 & 0.7538 & 0.8769 & 0.9505 & 1 \\ 0 & 0.0046 & 0.0092 & 0.0345 & 0.0874 & 0.1954 & 0.3655 & 0.5494 & 0.7195 & 0.8667 & 1 \\ 0 & 0.0097 & 0.0162 & 0.0259 & 0.0680 & 0.1068 & 0.2104 & 0.3981 & 0.6052 & 0.7573 & 1 \\ 0 & 0 & 0 & 0 & 0.0041 & 0.0163 & 0.0611 & 0.1344 & 0.2485 & 0.4134 & 1 \end{bmatrix}$$

（5）根据所得状态转移累积概率矩阵，生成如图所示可再生能源出力预测曲线，依此来表征可再生能源出力的不确定性。其中，图 4－2 中的纵坐标为可再生能源出力的预测功率标幺值。

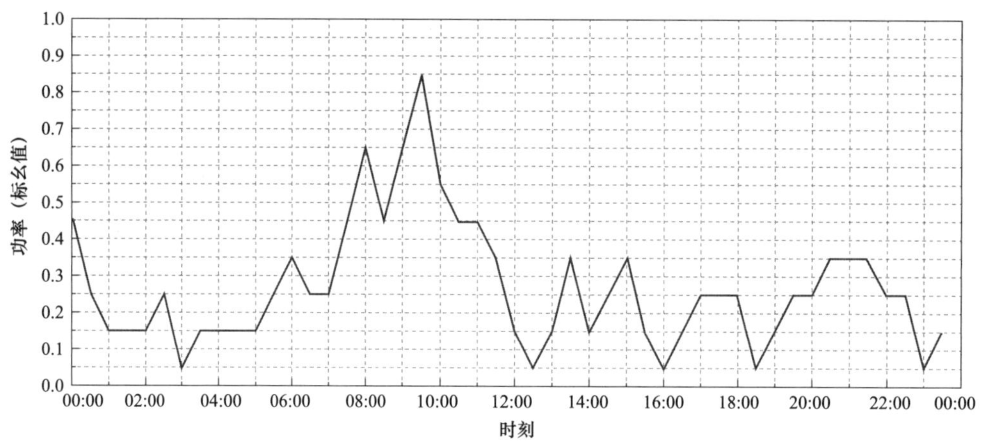

图 4－2　可再生能源出力预测曲线

（6）以相同的初始时刻功率为起点，重复抽样 10 000 次，得到可再生能源出力预测曲线集合。其中，以抽样 100 条曲线为例，抽样结果如图 4－3 所示。

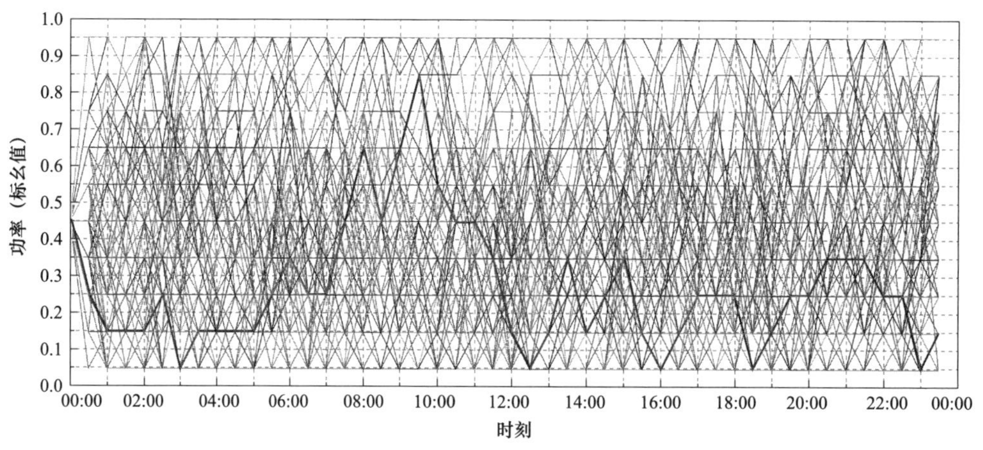

图 4－3　100 条可再生能源出力预测曲线抽样结果

（7）采用 AP 聚类方法对所有曲线进行聚类，得到特征相似的若干簇预测曲线与其概率，在每簇曲线中选取一条曲线表征该簇曲线，其中所选取曲线的概率为该簇所有曲线的概率加和。

如图 4－4 所示为 B 地区某年日负荷曲线聚类结果。

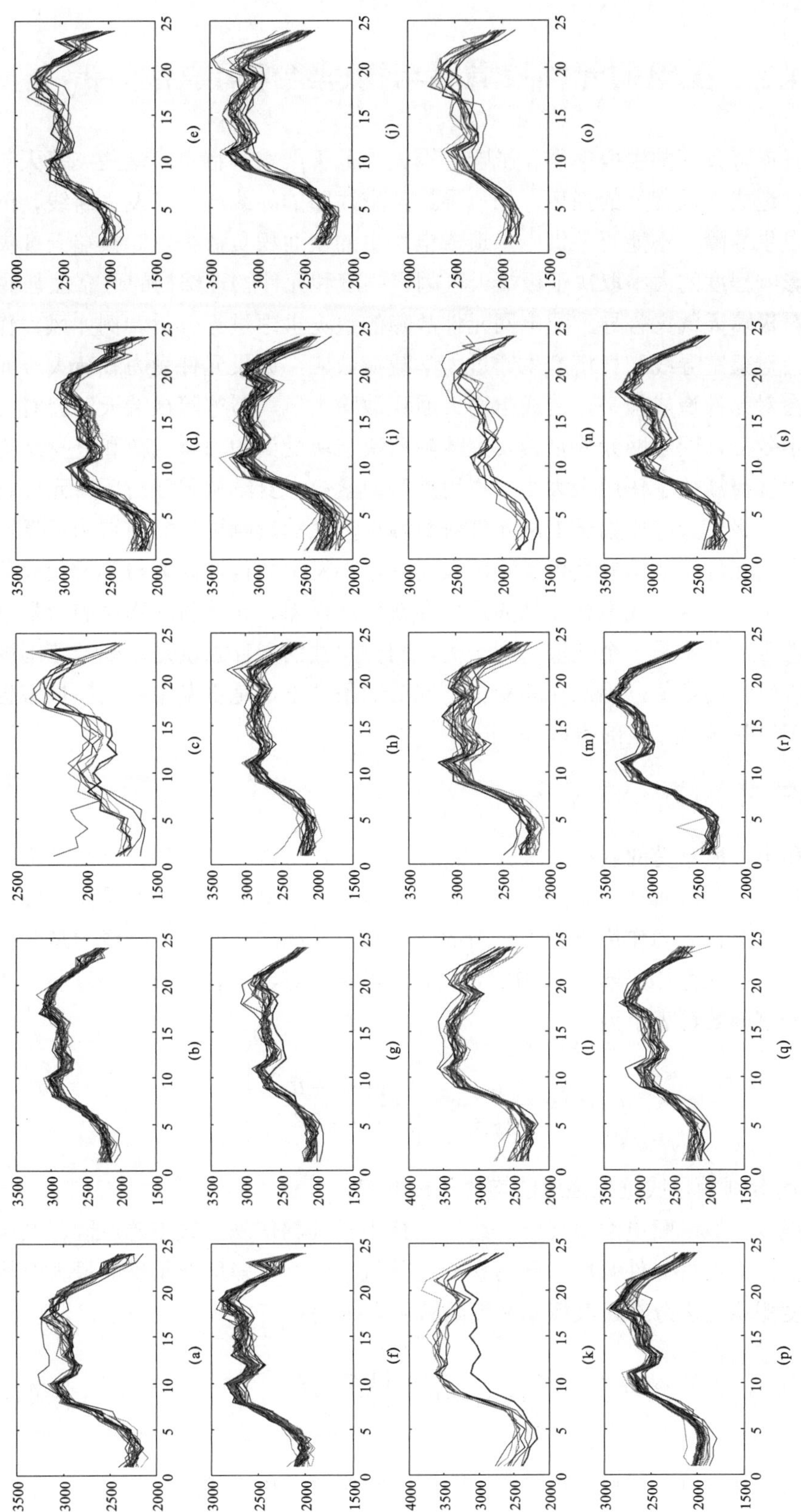

图 4-4　B 地区某年日负荷曲线聚类结果

4.2 配电网元件故障率与物理结构可靠性分析

极端天气灾害具有发生概率小、影响范围大、危害严重等特点，这些灾害天气会对配电网的元件造成不同程度的损坏，如：导致架空线路的导线或杆塔发生断线、倒杆，导致配电网发生故障，不能正常供电，造成电网中的大面积负荷失电。极端天气灾害对配电网造成影响程度的大小取决于极端天气因素强度和元件物理结构的可靠性强弱。

本小节对极端天气灾害导致配电网元件故障的致灾机理进行分析。例如风力作用、覆冰和降雨会对架空导线和杆塔产生通过力学载荷效应，如果元件受力载荷大于元件自身强度，则会对元件造成损害，造成电网大面积故障大风、覆冰等极端天气会对配电网元件产生力学效应，配电网元件是否发生故障取决于所受到的力学载荷和自身结构的大小关系。受力载荷涵盖了作用力大小、作用点等因素；自身结构强度与所用元件材料、尺寸型号有关。极端天气作用于电网元件对故障率产生的影响可以利用结构可靠性理论进行分析。电网元件这些结构是否能够可靠运行，不发生结构性破坏与其所受载荷和元件自身强度有关，因为导线电杆元件的尺寸存在生产误差、元件材料本身的力学性能等因素，元件的强度并不是一个定值，同一类、同一尺寸的元件强度是在某一范围内分布的、具有不确定性的数值，因此在承受一定载荷的条件下，是否发生结构性损害也不一定，元件损害发生服从一定的概率。

4.2.1 元件强度分析

当导线和电杆所承受的载荷效应大小超过了元件自身强度，元件将会遭到损害，而导线和电杆的元件强度服从一定的概率分布。导线强度随机变量：架空导线一般由钢芯铝绞线制成，其会在外力作用下发生拉断故障，因此导线的强度主要考量的是其抗拉强度，即断线时承受的最大综合应力。IEC 60826 标准指出导线材料的抗拉强度服从正态分布，其概率密度函数可表示为

$$f_R(\sigma_i)=\frac{1}{\sqrt{2\pi}\sigma_i}\exp\left[-\frac{1}{2}\left(\frac{\sigma_i-\mu_i}{\sigma_i}\right)^2\right] \tag{4-9}$$

式中，μ_i 和 σ_i 分别为导线抗拉强度的均值和标准差。

与电杆强度类似，配电网中架空导线的电杆由于其制作施工误差等原因，其强度也具有不确定性，而电杆元件强度主要考察的是其抗弯强度，即所能承受的最大弯矩。通常，抗弯强度服从正态分布，其概率密度函数可表示为：

$$f_R(\sigma_P)=\frac{1}{\sqrt{2\pi}\sigma_P}\exp\left[-\frac{1}{2}\left(\frac{\sigma_P-\mu_P}{\sigma_P}\right)^2\right] \tag{4-10}$$

式中，可通过实际运行经验得到抗弯强度的均值和标准差 μ_P、σ_P。

4.2.2 天气因素基本模型

大风等极端天气对元件产生的载荷主要是风力载荷，风力载荷的大小与风速和风向有关。受大风影响区域内，各点的风速与风向常用 Batts 模型来模拟：

$$V=\begin{cases}V_{R_{\max}},r\leqslant R_{\max}\\ V_{R_{\max}}\left(\dfrac{r}{R_{\max}}\right)^{0.7},r>R_{\max}\end{cases}\tag{4-11}$$

式中，V 为风速，风向为模拟圆上逆时针切向方向；r 为配电线路距大风中心的距离；$R_{\max}$ 为大风中心与最强烈风带之间的距离即最大风速半径，$V_{R_{\max}}$ 为该位置的风速。

覆冰：当降雪（雨）与低温天气共同作用时，可能导致线路发生覆冰现象，同时在风力作用的影响，线路覆冰情况加剧，覆冰平均厚度甚至可达 30～60mm，远远超过导线的承载强度。覆冰对线路的影响包括两方面：一是使线路总半径显著增大，线路所受风力载荷效应显著增强；二是增加线路重量，增加重力载荷，所以计算覆冰对线路故障率影响的主要参数是覆冰质量和覆冰后的导线直径。覆冰受各种气象因素包括温度、湿度、风速大小方向等综合影响，空气中垂直和水平方向碰撞导线的雪（水）质量为

$$m_{\text{ice}}=\sqrt{{p_w}^2{\rho_w}^2+0.033k^2W_\beta^2(t)V_{\text{ver}}^2{p_w}^{0.88}}\tag{4-12}$$

式中，p_w 为降雪（雨）率；ρ_w 为水（雪）密度；k 为地形对风速的影响系数；$W_\beta(t)$ 风速与垂直方向的夹角；V_{ver} 为线路垂直方向上的最大风速。

撞击到导线上的雪（水）只有一部分结冰，引进覆冰系数 $\beta=\left(1+\dfrac{1.64}{VD_i}\right)^{-1}$ 表示最终在导线上形成覆冰的质量和撞击到导线上雪（水）质量之比。将覆冰的过程离散化计算，单位时间内导线覆冰的质量增量和第 i 时刻的覆冰后导线直径为

$$\Delta M_{i+1}=\beta D_i L m_{\text{ice}}\tag{4-13}$$

$$D_{\text{i}}=\sqrt{\frac{4M_i}{\pi L\rho}+d^2}\tag{4-14}$$

式中，L 为导线长度；M 为覆冰重量；ρ 为覆冰密度；d 为不考虑覆冰厚度的导线实际直径。

强降雨：降雨对电网元件的冲击力可分为 2 个方向，竖直方向和顺风方向，各个方向作用力的大小与该方向上雨滴撞击元件时的速率 v_{rain} 直接相关，竖直方向的 v_{rain} 为雨滴的自由落体速度，顺风向 v_{rain} 为平均风速。由文献可知，雨滴对单位长度的元件产生的作用力为

$$F_r(t)=\frac{2}{9}\pi d_1^3 n_{\text{rain}}S_{\text{rain}}v_{\text{rain}}^2\tag{4-15}$$

式中，d_1 为雨滴直径；S_{rain} 元件迎雨面的面积；n_{rain} 单位体积内的雨滴个数。根据观测数据可知直径为 d_1 的雨滴个数可表示为

$$n(d_1) = n_0 \exp(-\Lambda d_1) \tag{4-16}$$

式中，系数 $n_0 = 8\times10^3$ 个/(m^3□mm)；Λ 为斜率因子，且 $\Lambda = 4.1S_r^{-0.21}$；S_r 为降雨强度（mm/h）。

降雨可按降雨强度分为 7 个等级，如表 4-3 所示，一般小雨对线路的冲击较小，主要考虑强降雨和暴雨的冲击。

表 4-3　降雨的分类

等级	小雨	中雨	大雨	暴雨	大暴雨（弱）	大暴雨（中）	大暴雨（强）
降雨强度（mm/h）	2.5	8	16	32	64	100	300

4.2.3　元件载荷效应分析

载荷指的是使结构或构件产生内力和变形的外力及其他因素，线路元件的载荷效应是元件受到外力载荷的作用产生内力或形变，出现的变形和裂缝。受极端天气力学作用影响的元件主要包括导线和电杆，二者受力情况略有差别。导线应力：导线是否发生断线取决于应力大小，定义为张力 T_g 与截面积 S_l 的比值

$$\sigma_g = \frac{T_g}{S_l}$$

最容易发生断线的位置一般在导线悬挂点，该处切线方向综合张力 T_g 可根据架设时已知的导线弧垂的最低点张力 T 和导线悬挂情况得到，表达式为

$$T_g^{\ 2} = T^2 + \frac{N^2 l_{gv}^2}{\cos^2\beta}$$

式中，导线悬挂情况的示意图如图 4-5 所示，β 和 l_{gv} 参量的意义标注在图中，N 为线路上的综合荷载。

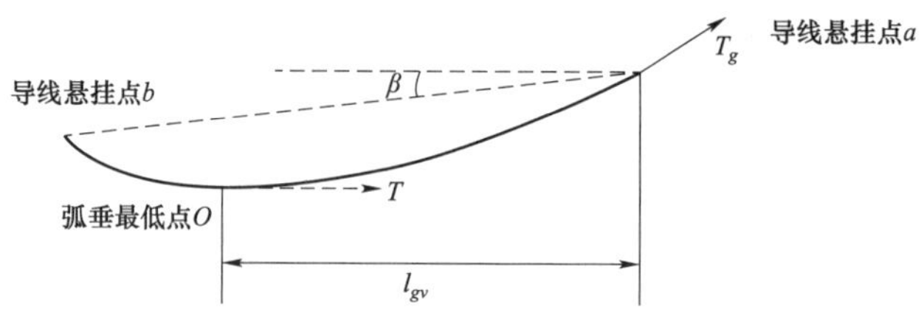

图 4-5　导线悬挂点示意图

单位长度导线所受综合荷载 N 为水平垂直两个分量的矢量和：导线悬挂中作用其上的风引起的水平风荷载 N_1，自身质量和覆冰雨水等外加作用引起的垂直重力荷载 N_2，图 4-6 为导线不同截面的荷载示意图。

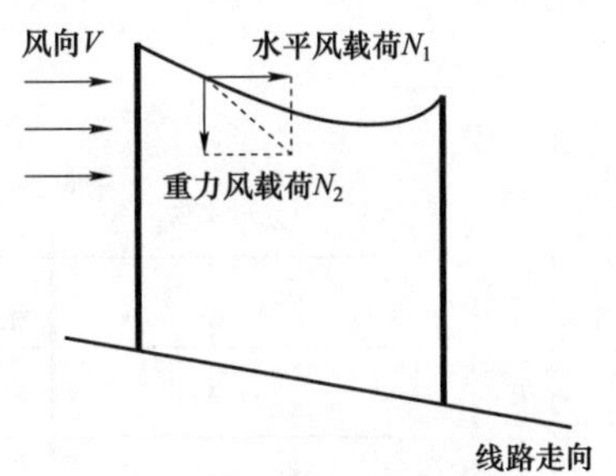

(a) 风向与导线挂线示意图

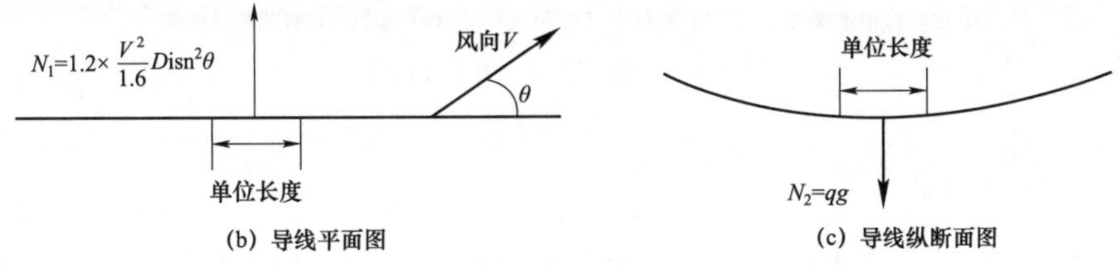

(b) 导线平面图　　(c) 导线纵断面图

图 4-6　导线承受载荷示意图

水平方向的风载荷只需要计及与导线方向垂直的风载荷，其计算表达式为

$$N_1 = 1.2 \times \frac{V^2}{1.6} D \sin^2 \theta \tag{4-17}$$

式中，θ 为风向与线路的夹角。

导线垂直方向上重力荷载为

$$N_2 = m_\Sigma g \tag{4-18}$$

式中，m_Σ 为导线单位长度的总质量［即图 4-6（c）中的 q］；g 为重力加速度。

杆根弯矩：电杆是否发生断杆取决于弯矩大小，杆根弯矩来自两部分，为二者的矢量和，一是杆身受到风载荷 N_{p} 引起的弯矩 M_1，方向与风速一致；二是由导线张力引起的弯矩，由于两侧水平张力分量通常相等，因此只计算导线受到的水平风载荷作用间接对电杆引起的弯矩 M_2，方向与线路方向垂直，电杆载荷效应示意图如图 4-7 所示。这两部分弯矩的计算方法分别为

$$M_1 = N_p Z \tag{4-19}$$

$$M_2 = \sum_{k=1}^{n} N_1 l h_k \tag{4-20}$$

式中，Z 为电杆中心高度；h 为第 k 根导线垂直高度；n 为电杆上悬挂的导线根数；l 为档距。

杆身受到风载荷计算表达式如下：

$$N_p = 0.7 \times \frac{V^2}{1.6} \times \frac{D_0 + D_p}{2} h_p \tag{4-21}$$

式中，D_0、D_p 分别为电杆顶径和底径；h_p 为电杆杆高。

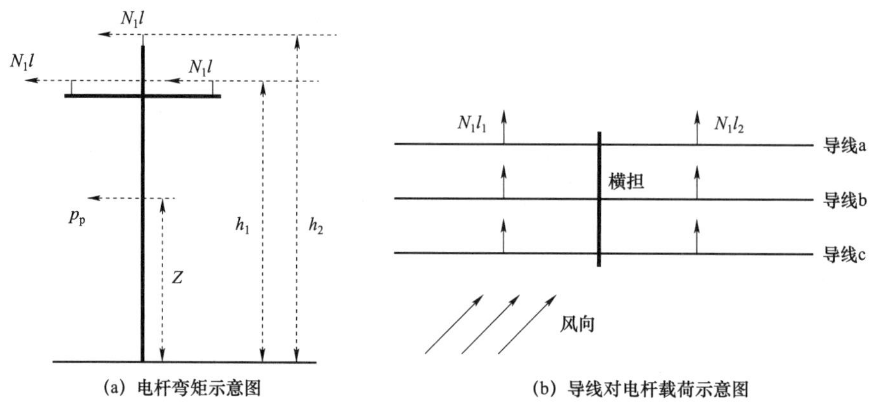

图 4-7 电杆载荷效应示意图

4.2.4 元件可靠状态概率

由元件强度和元件所受载荷之间的大小关系可得到元件处于可靠状态、不发生损害、保持其结构功能的概率，定义元件功能函数为

$$Z = R - S \tag{4-22}$$

式中，R 为元件的强度，S 为载荷效应，如导线的应力和电杆的弯矩。由功能函数的取值可以判断元件所处的状态：① $Z>0$ 为可靠状态；② $Z=0$ 为极限状态；③ $Z<0$ 为失效状态。因为元件强度并不是一个定值，因此元件是否可靠运行也是一个不确定量，满足一定的概率。因此元件能够可靠运行不发生损坏的概率表示为

$$P_r = P\{Z>0\} \tag{4-23}$$

载荷为确定数值。此时认为元件所受载荷是可预测的，是某一确定的数，而元件强度 R 是随机变量，其概率密度函数为 $f_R(r)$，二者关系如图 4-8 所示，图中阴影部分指元件不可靠运行的概率。

图 4-8 中元件强度大于荷载效应的区域即表示元件可靠运行的概率：

$$P_r = P\{R - S>0\} = \int_s^{+\infty} f_R(r)\mathrm{d}r \tag{4-24}$$

载荷为随机变量。当需要考虑不同天气强度时，相应的载荷效应也变成了随机变量，其概率密度函数为 $f_s(s)$，则元件强度与荷载效应的关系如图 4-9 所示，图中阴影部分指元件可靠运行的概率。

图 4-9 中元件强度大于荷载效应的区域即表示元件可靠运行的概率：

$$P_r = \int_s^{+\infty} f_s(s)\left[\int_s^{+\infty} f_R(r)\,\mathrm{d}r\right]\mathrm{d}s \tag{4-25}$$

4.2.5 脆弱性曲线分析

通过相关性分析，可以确定影响元件故障的最相关因素，从而为脆弱性曲线建模提供基础。

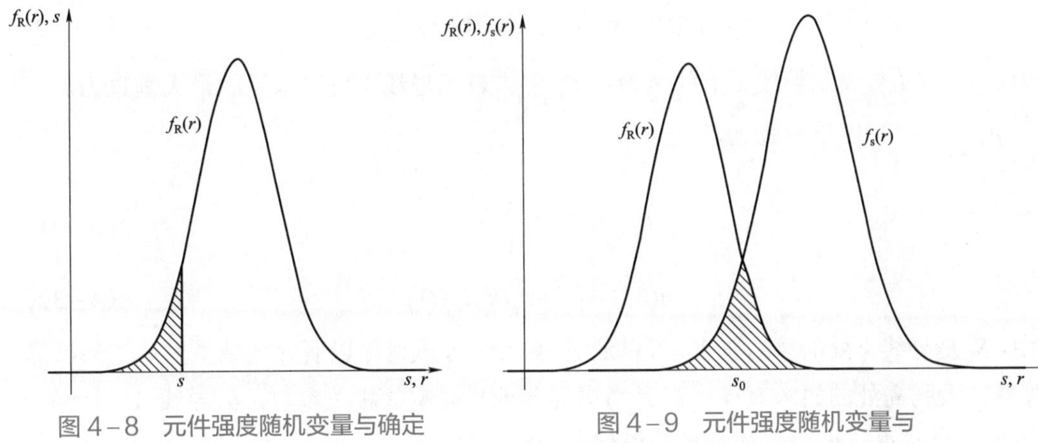

图 4－8　元件强度随机变量与确定载荷效应的关系示意图

图 4－9　元件强度随机变量与载荷效应随机变量的关系示意图

4.2.5.1　架空线路脆弱性曲线

以架空线路为例，对于架空线路，大多数停电是由于电力线路被吹倒的树木损坏，或在大风、暴风雨和暴风雪期间，高强度的大风直接吹倒了电线杆。架空线由杆塔、导线和其他类型的元件设备组成，杆塔或线路的故障会导致整个线路断开。

因此，架空线路的脆弱性可以建模为串联系统，并对该条线路内的每个杆塔和每条线路进行脆弱性分析。假定架空线不同元件的脆弱性是相互独立的，架空线在极端天气前损坏的概率可以表示为

$$p_{l,ij}(v(t)) = 1 - \prod_{k=1}^{m}\left(1 - p_{l_k}(v(t))\right)\prod_{k=1}^{m}(1 - p_{f_{c,k}}(v(t))) \tag{4-26}$$

式中，$p_{l,ij}(v(t))$ 是线路(i,j)的损坏概率；m 是线路 V 的杆塔数；m 是线路(i,j)上相邻两个杆塔之间的导线数量；p_{l_k} 是用风速函数定义的线路(i, j)上第 k 个杆塔损坏的条件概率；$p_{f_{c,k}}(v(t))$ 表示导线 k 在两杆塔之间的故障概率，可将其建模为对数累积正态分布函数：

$$p_{l_k}(v(t)) = \Phi[\ln(v(t)/m_R/\xi_R)] \tag{4-27}$$

式中，$v(t)$ 是当地 3s 阵风风速；m_R 是中位强度值；ξ_R 是强度测量的对数标准差。

配电网杆塔脆弱性曲线数学模型也可以表示为

$$p_{l_k}(v(t)) = \min\{0.000\,1e^{v(t)}, 1\} \tag{4-28}$$

式中，$p_{l_k}(v(t))$ 表示杆塔的故障率；$v(t)$ 表示杆塔 i 处的风速，m/s。

$$p_{f_{c,k}}(v(t)) = (1 - f_u)\max(p_{f_{w,k}}(v(t)), ap_{f_{tr,k}}(v(t))) \tag{4-29}$$

式中，$p_{f_{w,k}}(v(t))$ 表示风直接导致导线 k 故障的概率；$p_{f_{tr,k}}(v(t))$ 表示风吹倒树干导致导线 k 故障的概率；f_u 表示导线 k 埋入地下的概率；a 表示架空线因植被引起的平均故障概率。

$p_{f_{w,k}}(v(t))$ 可以用下式表示：

$$p_{f_{w,k}}(v(t)) = \min\{F_{f_{w,k}}(v(t) / F_{f_{o,k}(v(t))}, 1)\} \tag{4-30}$$

式中，$F_{f_{w,k}}(v(t))$ 表示导线 k 上的风力；$F_{f_{o,k}(v(t))}$ 表示导线 k 可以承受的最大垂直力。

$p_{f_{tr,k}}(v(t))$ 可以用下式表示：

$$p_{f_{tr,k}}(v(t)) = \frac{e^{h(S_k)}}{1+e^{h(S_k)}} \tag{4-31}$$

$$h(S_k) = a_s + c_s(k_s S_k) D_H^{b_s} \tag{4-32}$$

式中，S_k 是导线 k 处的风力强度，可以通过将当地 3s 风速除以研究区域最大风速来计算；$D_H^{b_s}$ 是在人胸高处的树木直径；k_s 是考虑局部地形影响的相关参数，由导线 k 附近的土地覆盖信息决定；a_s、b_s 和 c_s 是与树种有关的参数。

4.2.5.2 地下线路脆弱性曲线

以地下线缆为例，当洪水或内涝发生时，地下电缆和其他元件会因暴露于水、碎屑和盐丘残留而受损。当前，关于洪水的数据不足，无法确定洪水引起破坏的最佳数学模型。但是，下面的线性函数可用于根据大风和洪水的类别来估算地下电缆的破坏。

$$P_{\text{ung},ij,t} = [a + b(H - S_z)] \cdot I(H - S_z) \tag{4-33}$$

$$I(H - S_z) = \begin{cases} 1 & H - S_z \geqslant 0 \\ 0 & H - S_z < 0 \end{cases} \tag{4-34}$$

式中，$P_{\text{ung},ij,t}$ 是地下线缆(i, j)的故障概率；H 是大风类别；S_z 是洪水类别；a 和 b 是调整参数。

4.3 基于配电系统自动化的配电网故障处理分析

配电自动化是智能电网的重要组成部分，对于提高供电可靠性、扩大供电能力和实现电网的高效经济运行具有重要意义。配电网故障处理是配电自动化的核心内容。

一些供电企业选择采用断路器作为馈线开关，期望在故障发生时，故障点上游离故障区域最近的断路器能够立即跳闸遮断故障电流，从而尽量避免整条线路受到故障的影响。但是在实际当中，故障发生后往往由于各级开关保护配合问题造成发生越级跳闸和多级跳闸等现象，而且往往对于永久性故障和瞬时性故障判别也带来困难。为了避免上述现象，一些供电企业采用负荷开关作为馈线开关，虽然解决了多级跳闸问题并为永久性故障和瞬时性故障判别提供了方便。但是无论馈线任何位置发生故障都引起全线短暂停电，因此存在用户停电频率高的问题。随着馈线主干线电缆化和绝缘化比例的提高，主干线发生故障的机会显著减少，故障大多发生在用户支线。因此，一些供电企业在用户支线入口处配置了具有过电流跳闸和单相接地跳闸功能的开关，目的在于实现用户侧故障的自动隔离，防止用户侧事故波及电力公司的配电线路，并确立事故责任分界点。

中压配电网各个开关之间保护与配电自动化系统的协调配合是解决上述实际问题的核心。本节即简要分析探讨配电网多级保护配合的可行性、配合方法以及与集中式故障处理的协调等关键技术问题。

4.3.1　配电网多级保护配合的基本原理和可行性

对于供电半径较长、分段数较少的开环运行农村配电线路，在线路发生故障时，故障位置上游各个分段开关处的短路电流水平差异比较明显时，可以采取电流定值与延时级差配合的方式实现多级保护配合，有选择性地快速切除故障。

对于供电半径较短的开环运行城市配电线路或分段数较多的开环运行农村配电线路，在线路发生故障时，故障位置上游各个分段开关处的短路电流水平往往差异比较小，无法针对不同的开关设置不同的电流定值，此时仅能依靠保护动作延时时间级差配合实现故障有选择性地切除。

多级级差保护配合是指：仅通过对变电站 10kV 出线开关和 10kV 馈线开关设置不同的保护动作延时时间来实现保护配合。

为了减少短路电流对系统造成的冲击，变电站变压器低压侧开关（也即 10kV 母线进线开关）的过流保护动作时间最小仅设置为 0.5s，为了不影响上级保护的整定值，需要在此 0.5s 内安排多级级差保护的延时配合。

目前，馈线断路器（弹簧储能操动机构）开关的机械动作时间一般为 30～40ms，熄弧时间 10ms 左右，保护的固有响应时间 30ms 左右，因此，馈线开关可以设置 0s 保护动作延时，在 100ms 内快速切断故障电流。若在馈线分支开关或用户开关配置过流脱扣断路器或熔断器，考虑到励磁涌流较主干线开关小得多，适当加大脱扣动作电流阈值就可躲过励磁涌流而不必采取延时措施，因此过流脱扣分支断路器或熔断器具有更快的故障切除时间，但是分支线或用户侧熔断器需要人工恢复，不利于瞬时性故障处理，因此在实施配电自动化的馈线上不推荐采用。考虑一定的时间裕度，变电站 10kV 出线开关可以设置 200～250ms 的保护动作延时时间，与变电站变压器低压侧开关仍留有 250～300ms 的级差，能够确保选择性，从而实现两级级差保护配合。

下面分析多级级差保护配合的可行性。

科学技术的飞速发展带动了开关技术的迅速进步，永磁操动机构和无触点驱动技术使得保护的动作时间显著缩短。永磁操动机构通过工作参数的设计和配合，其分闸时间可以做到 10ms 左右。无触点电子式分合闸驱动电路分合闸延时时间可以小于 1ms。快速保护算法可以在 10ms 左右完成故障判断。

结合上述先进技术的快速保护断路器可以在 30ms 内将故障电流切除。若馈线开关设置 0s 保护动作延时，则在 30ms 内可以快速切断故障电流。考虑一定的时间裕度，上一级馈线开关可以设置 100～150ms 的保护动作延时时间，变电站 10kV 出线开关可以设置 250～300ms 的保护动作延时时间，与变电站变压器低压侧开关仍留有 200～250ms 的级差能够确保选择性，从而实现多级级差保护配合。

考虑到对于变压器、断路器、负荷开关、隔离开关、线路以及电流互感器在设计选型时是根据后备保护（即变电站变压器低压侧开关的过流保护）的动作时间来进行热稳定校验的，而所建议的多级级差保护配合方案并没有改变后备保护的定值，因此不会对这些设备的热稳定造成影响。

综上所述，采用弹簧储能操动机构至少可以实现两级级差保护配合而不影响上级保护配合，采用永磁操动机构和无触点驱动技术至少可以实现多级级差保护配合而不影响上级保护配合。在系统的抗短路电流承受能力较强的情况下，也可以适当延长变电站变压器低压侧开关的过流保护动作延时时间，并实现更多级保护配合。

4.3.2 多级级差保护与集中式故障处理的协调配合

4.3.2.1 两级级差保护的配置原则

两级级差保护配合下，线路上开关类型组合选取及保护配置的原则为：

（1）主干馈线开关全部采用负荷开关。

（2）用户开关或分支开关采用断路器。

（3）变电站出线开关采用断路器。

（4）用户断路器开关或分支断路器开关保护动作延时时间设定为0s；变电站出线断路器保护动作延时时间设定为200～250ms。

采用上述两级级差保护配置后，具有下列优点：

（1）分支或用户故障发生后，相应分支或用户断路器首先跳闸，而变电站出线开关不跳闸，因此不会造成全线停电，有效解决了全负荷开关馈线故障后导致停电用户数多的问题。

（2）不会发生开关多级跳闸或越级跳闸的现象，因此故障处理过程简单，操作的开关数少，瞬时性故障恢复时间短，有效克服了全断路器开关馈线的不足。

（3）主干线采用负荷开关相比全断路器方式降低了造价。

4.3.2.2 两级级差保护下的集中式故障处理策略

在主干线路上发生故障后，根据主干线线路类型的不同，集中式故障处理的策略建议如下：

（1）若主干线为全架空馈线，则集中式故障处理步骤为：

1）馈线发生故障后，变电站出线断路器跳闸切断故障电流。

2）经过0.5s延时后，变电站出线断路器重合，若重合成功则判定为瞬时性故障；若重合失败则判定为永久性故障。

3）主站根据收集到的配电终端上报的各个开关的故障信息判断出故障区域。

4）若是瞬时性故障，则将相关信息存入瞬时性故障处理记录；若是永久性故障，则遥控故障区域周边开关分闸以隔离故障区域，并遥控相应变电站出线断路器和联络开关合闸恢复健全区域供电，将相关信息存入永久性故障处理记录。

（2）若主干线为全电缆馈线，则集中式故障处理步骤为：

1）馈线发生故障后即认定是永久性故障，变电站出线断路器跳闸切断故障电流。

2）主站根据收集到的配电终端上报的各个开关的故障信息判断出故障区域。

3）遥控相应环网柜中的故障区域周边开关分闸隔离故障区域，并遥控相应变电站出线断路器和相应环网柜的联络开关合闸恢复健全区域供电，将相关信息存入永久性故障处理记录。

（3）在分支线路或用户处发生故障后，集中式故障处理步骤为：

1）相应分支断路器或用户断路器跳闸切断故障电流。

2）若跳闸分支断路器或用户断路器所带支线为架空线路，则快速重合闸控制开放，经过 0.5s 延时后相应断路器重合，若重合成功则判定为瞬时性故障；若重合失败则判定为永久性故障。若跳闸分支断路器或用户断路器所带支线为电缆线路，则直接认定为永久性故障而不再重合。

4.3.2.3　多级级差保护与电压时间型馈线自动化的配合

电压时间型馈线自动化是基于重合器和电压时间型分段器相互配合实现故障隔离与健全区域恢复的技术。

电压时间型馈线自动化的不足之一在于：即使是分支线故障也会导致变电站出线断路器跳闸而造成全线短暂停电。两级级差保护与电压时间型馈线自动化配合，可以解决上述问题，其配置原则为：

（1）变电站 10kV 出线开关采用重合器，并设置 200～250ms 保护动作延时。

（2）主干馈线开关采用电压时间型分段器。

（3）用户开关或分支开关采用断路器，并配有 0s 保护动作延时时间和一次快速重合闸（延时时间为 0.5s）。

采用上述配置后，当主干线发生故障后的处理过程仍与常规电压时间型馈线自动化的处理步骤相同；在分支或用户故障发生后，相应分支或用户断路器首先跳闸（而变电站出线不跳闸），经过 0.5s 延时后重合，若是暂时性故障则恢复供电，若是永久性故障则再次跳开并闭锁于分闸状态以隔离故障。可见，在两级级差保护与电压时间型馈线自动化配合方式下，分支或用户故障发生后不会造成全线停电。

当然，也可以实现变电站出线开关、分支开关和用户开关多级级差保护与电压时间型馈线自动化配合，当主干线发生故障后的处理过程仍与常规电压时间型馈线自动化的处理步骤相同；在某一用户故障发生后，不影响其他用户；在某一分支发生故障后，不影响其他分支和主干线。

4.4　基于序贯蒙特卡洛方法的配电网严重故障场景生成方法

4.4.1　序惯蒙特卡洛法模型

序贯蒙特卡洛模拟法是一种在一定时间跨度中进行的模拟方法，其主要原理是根据元件的状态持续时间的概率分布进行抽样。该方法主要包含以下几个步骤：

（1）抽样前，设定所有系统元件的初始状态为正常运行。

（2）对于所有元件，其状态持续时间服从指数分布。

（3）假设系统中的元件采用两状态模型，即停运与正常运行两种工作状态。每次系统抽样时，根据元件的状态持续时间的概率分布，对每一个元件维持当前运行状态的持续时间进行抽样。不同工作状态的持续时间概率分布可以由元件的强迫停运率与修复率推导出。即：

$$D_i = \frac{1}{\lambda_i}\ln\xi_i \tag{4-35}$$

式中，对于元件 i，ξ_i 为均匀分布中产生的随机数。如果元件 i 当前处于正常运行状态，则 λ_i 为元件 i 的强迫停运率；如果元件 i 当前处于停运状态，则 λ_i 为元件的修复率。

（4）在设定的时间限度内，按第（3）步对系统进行重复抽样，组合模拟极端天气下严重元件故障的持续时间和修复时间，生成每个元件的时序状态转移过程，如图 4－10 所示。

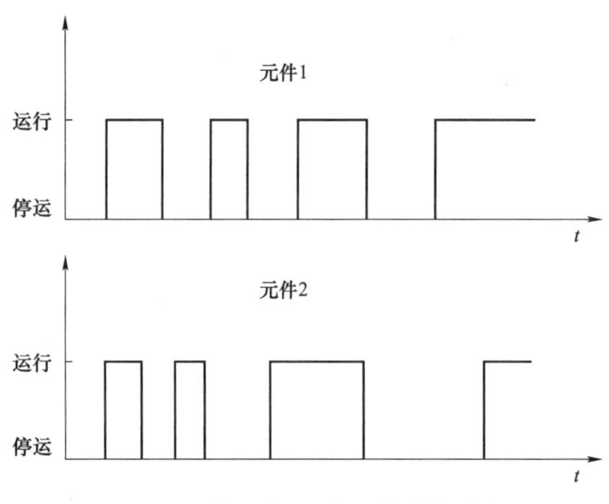

图 4－10　元件 1 与元件 2 状态转移序列图

（5）根据步骤（4）得到每个元件的状态转移序列，对系统中所有元件的状态转移过程进行组合，得到整个系统的状态转移过程，从而生成配电网的严重故障场景，如图 4－11 所示。

4.4.2　实现方法

4.4.2.1　过程概述

首先，输入风速、降雨量、降雪量等极端天气因素，与元件故障率进行相关性分析确定影响元件故障率的最相关天气因素；其次，通过拟合方法，形成元件故障率与最相关影响因素的脆弱性曲线，从而建立配电网元件与极端天气强度的相关性模型；再次，基于配电网元件与极端天气强度的相关性模型，利用马尔可夫链建立极端天气下元件故

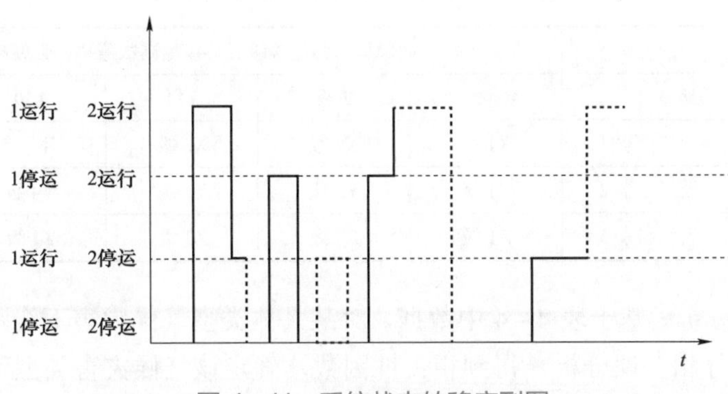

图 4-11　系统状态转移序列图

障状态与正常运行状态的转换模型；然后，采用序贯蒙特卡洛法，模拟极端天气下严重元件故障的持续时间和修复时间，生成不同元件的时序的状态转移过程；最后，对系统中所有元件的状态转移过程进行组合，得到整个系统的状态转移过程，生成配电网的严重故障场景。实现方法如图 4-12 所示。

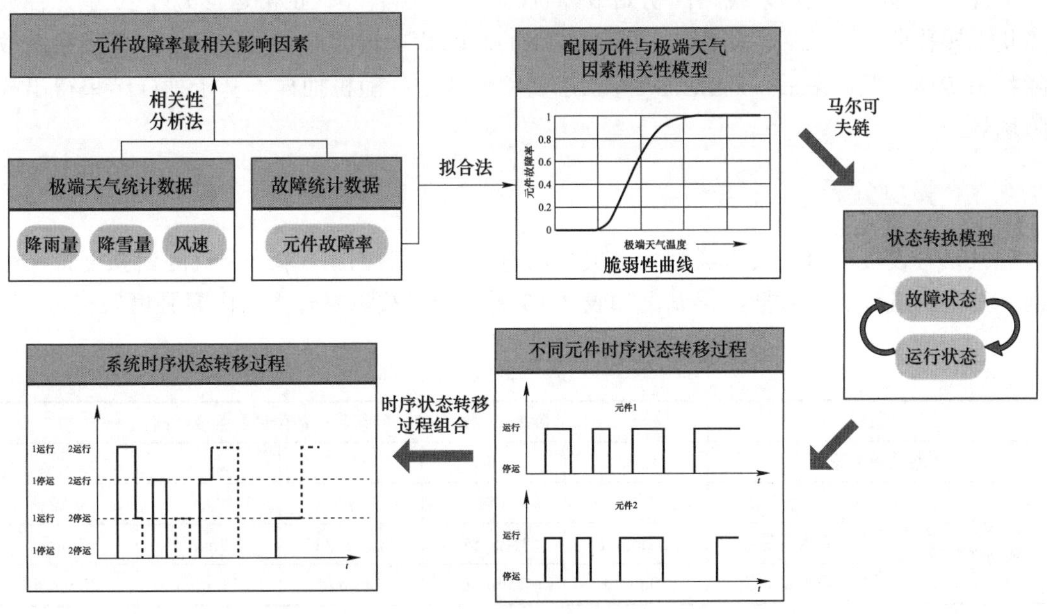

图 4-12　严重故障场景研究实现方法

4.4.2.2　具体实现方法

（1）历史数据获取。以暴雪灾害为例，联合天气预报部门等机构，统计极端事件发生时线路故障率与降水量、风速、降雪量等因素之间的关联关系，形成类似如表 4-4 所示的故障率—天气因素强度数据表。

表 4-4　　故障率—天气因素强度数据表举例

项目		故障率、强度等级（等级越高故障率、强度越高）				
线路故障率等级		1 级	2 级	3 级	4 级	5 级
天气因素等级（等级越高强度越高）	天气因素 1	X1 级	X2 级	X3 级	X4 级	X5 级
	天气因素 2	Y1 级	Y2 级	Y3 级	Y4 级	Y5 级
	天气因素 3	Z1 级	Z2 级	Z3 级	Z4 级	Z5 级

（2）相关性分析。基于表 4-4 中数据，对某具体类型气候灾害下线路故障率与各类型天气的强度进行相关性分析，得到相关性因数，确定该气候灾害类型下，最影响故障率的天气因素。

（3）脆弱性曲线拟合。根据线路故障率与最相关天气因素数据，进行曲线拟合，得到近似的故障率—天气因素强度曲线。

（4）故障率预测。当预测到极端天气灾害即将发生时，基于天气灾害类型、每条线路的故障率—天气因素强度曲线，预测每条线路在此次极端事件发生时的故障率。

（5）模拟故障场景。

首先，随机生成每条线路的初始故障状态（1—故障，0—正常运行），建立单元件故障状态转移曲线。然后，将配电网所有线路的故障状态转移曲线进行组合，形成系统故障状态转移曲线。最后，对系统故障状态转移曲线进行随机抽样，基于抽样结果得出故障场景。

4.4.3 算例分析

（1）假设极端事件灾害类型为雪灾，所有线路的线路故障率—天气因素强度特征相同，基于所统计历史数据，得到例如表 4-5 所示线路故障率—天气因素强度表格。

表 4-5　　实际故障率—天气因素强度数据表

项目		故障率、强度等级（等级越高故障率、强度越高）				
线路故障率等级		5%	10%	15%	20%	25%
天气因素等级（等级越高强度越高）	风力等级	7 级	6 级	7 级	8 级	7 级
	降水量等级	1.2mm/d	1.1mm/d	1.3mm/d	0.9mm/d	1.2mm/d
	降雪量等级	10mm/d	15mm/d	18mm/d	23mm/d	26mm/d

（2）对表 4-5 中线路故障率和各个天气因素等级进行相关性分析，得到如表 4-6 所示相关性系数。

表 4-6　　相 关 性 系 数

相关系数	$\|r_1\|$	$\|r_2\|$	$\|r_3\|$
数值	0.447 2	0.208 5	0.996 3
相关度	低度相关	微弱相关	完全相关

由上表可知，线路故障率与降雪量等级相关程度远高于风力等级与降水量等级。

（3）对线路故障率与降雪量等级曲线进行多项式曲线拟合，得到脆弱性曲线。

$$y = -0.005\,7x^2 + 0.971\,4x + 5.4 \qquad (4-36)$$

其中，y 表示线路故障率，x 表示降雪量等级。

根据历史数据可知当降雪量为 20mm/d 时，当地发生故障概率与故障率预测值 22.548%较为接近，预测曲线符合要求。

（4）以实际调研的算例配电系统为例进行，包括建立各条线路的状态转移序列及列出序列图；再建立系统状态转移序列及序列图。表 4－7 为系统状态转移序列。

表 4－7　系统状态转移序列

项目	断面1	断面2	断面3	断面4	断面5	断面6	断面7	断面8	断面9	断面10	断面11	断面12	断面13	断面14	断面15	断面16	断面17	断面18	断面19	断面20
支路 1	0	0	0	0	0	1	0	0	0	0	1	0	1	0	0	0	0	0	1	0
支路 2	0	0	1	0	0	0	0	0	0	1	1	0	0	0	0	1	0	0	1	0
支路 3	0	0	0	0	0	0	0	0	0	0	0	0	0	0	0	1	0	0	0	1
支路 4	0	0	0	1	0	1	0	0	0	0	0	0	0	0	1	1	0	0	0	0
支路 5	0	0	0	0	0	1	0	0	1	0	1	0	0	0	0	1	0	1	1	0
支路 6	1	0	0	0	1	0	0	0	0	0	0	0	0	1	1	1	0	0	0	1
支路 7	0	0	0	0	0	0	0	1	0	1	1	0	1	0	0	0	0	1	0	0
支路 8	0	0	0	0	0	0	0	0	0	0	0	1	1	0	1	1	0	0	0	1
支路 9	0	0	0	1	0	0	0	1	0	0	1	0	0	0	0	0	0	0	0	0
支路 10	0	0	0	0	1	0	0	0	0	0	1	0	0	1	1	0	1	0	0	0
支路 11	0	0	1	1	0	0	0	0	0	0	0	0	0	1	0	0	0	1	0	1
支路 12	0	0	0	0	0	0	0	0	0	0	0	0	0	0	1	0	1	0	0	0
支路 13	0	0	1	0	0	0	1	0	0	0	0	0	0	0	1	1	0	0	1	0
支路 14	0	1	0	0	0	0	0	1	0	1	0	0	0	0	0	0	0	0	0	1
支路 15	0	0	1	0	0	0	0	0	0	0	0	0	0	0	0	0	0	0	0	0
支路 16	1	0	0	0	0	0	0	0	0	0	0	1	1	1	1	0	0	0	0	0
支路 17	0	0	0	1	1	0	1	0	0	0	0	0	0	0	0	0	1	0	0	1
支路 18	0	0	0	0	0	0	0	0	0	0	1	0	0	0	1	0	0	0	0	0
支路 19	0	0	0	0	1	0	0	0	0	0	0	0	1	0	0	0	0	0	1	1
支路 20	0	0	0	0	0	0	1	1	1	0	0	1	0	1	1	0	0	0	0	0
支路 21	0	0	0	1	0	0	0	0	0	0	0	0	0	0	0	0	0	0	0	1
支路 22	0	0	0	0	0	0	0	0	0	1	1	0	0	0	1	0	0	1	0	0
支路 23	1	0	1	1	1	1	1	1	0	0	0	0	0	0	0	1	0	0	0	0
支路 24	1	0	0	0	1	0	1	1	1	1	0	0	1	0	0	0	1	0	0	0
支路 25	0	0	0	1	0	1	1	0	0	0	0	0	0	1	0	0	0	0	0	1

续表

项目	断面1	断面2	断面3	断面4	断面5	断面6	断面7	断面8	断面9	断面10	断面11	断面12	断面13	断面14	断面15	断面16	断面17	断面18	断面19	断面20
支路 26	1	0	0	0	1	0	0	0	0	0	0	0	0	0	1	1	0	1	0	0
支路 27	1	1	0	0	0	0	1	0	0	0	1	0	0	1	1	0	1	0	1	0
支路 28	1	0	1	1	0	0	1	0	0	0	1	0	1	0	0	0	1	1	0	0
支路 29	0	1	0	0	0	0	1	1	0	0	0	0	0	0	0	0	0	0	1	0
支路 30	0	0	0	1	1	0	0	0	0	0	1	1	1	0	0	0	1	0	1	1
支路 31	0	0	0	0	0	0	0	0	0	0	1	0	0	0	0	0	0	1	1	0
支路 32	1	0	0	0	0	0	1	0	1	0	0	0	1	0	1	1	0	0	0	0
支路 33	0	0	0	0	0	1	0	1	0	0	0	0	0	0	1	0	0	0	0	1
支路 34	0	0	0	1	1	1	1	0	0	0	0	1	0	1	1	1	1	1	1	0
支路 35	0	1	0	0	0	0	1	1	1	0	0	0	0	1	0	0	1	0	0	1
支路 36	0	0	0	0	0	1	0	1	0	0	0	0	0	0	0	0	0	0	0	0
支路 37	0	0	0	0	0	1	1	0	0	0	0	0	0	0	0	0	0	0	1	0

（5）如表 4－7 所示状态转移序列进行多次抽样得到系统故障场景集。

4.5 严重故障下配电网的多阶段故障过程模型

4.5.1 多阶段故障过程

配电系统经历故障前后的韧性曲线如图 4－13 所示，根据故障发生前后各个阶段的特点，可分为事故前阶段、退化阶段、故障隔离阶段、负荷恢复阶段。事故前阶段是故障还未发生时的阶段，在该阶段配电网处于正常运行状态。退化阶段是指故障发生后，还未来得及隔离故障时，系统所经历的阶段，在此阶段系统的性能最低。故障隔离阶段的主要任务是尽可能将配电网中故障范围缩小，在该阶段开关将优化动作。在负荷恢复

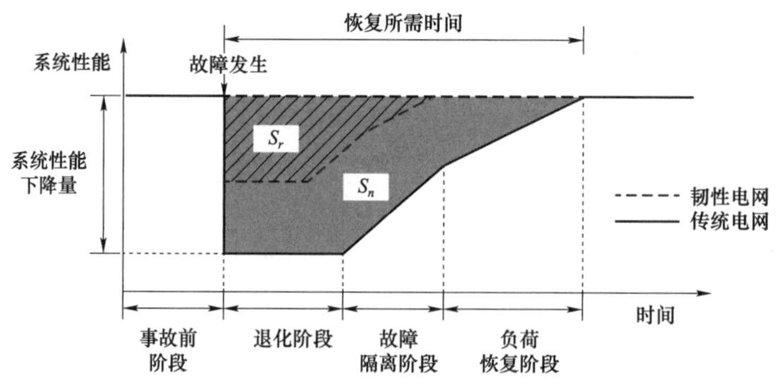

图 4－13 配电网故障前后的韧性曲线

阶段，配电网中的资源将协调调度，尽可能地恢复更多的负荷。图中的面积 S_n，既表示了配电系统受极端天气的影响程度，也表示了配电系统在经历极端天气后的韧性水平。通过采取韧性提升措施，可以有效加快系统性能的恢复，缩短系统性能恢复所需时间，使最终的系统性能曲线如图中虚线所示，面积 S_n 也将缩小为 S_r，表明系统的韧性水平得到了提升。

4.5.2　多阶段过程目标函数

配电系统的恢复过程目的在于尽可能减少极端事件对配电网的影响，尽可能恢复受影响的负荷。因此，可以构建如下所示多阶段过程目标函数：

$$\min\sum_{c\in C}p_c(T^{\text{deg}}\sum_{j\in B}\omega_j P_{\text{S},j,c}^{\text{deg}}+T^{\text{iso}}\sum_{j\in B}\omega_j P_{\text{S},j,t,c}^{\text{iso}}+T^{\text{res}}\sum_{j\in B}\omega_j P_{\text{S},j,t,c}^{\text{res}}) \tag{4-37}$$

式中，C 为场景集合；B 为节点集合；T^{deg}、T^{iso}、T^{res} 分别为退化阶段、隔离阶段和恢复阶段时段的时长；p_c 为场景 c 的概率；ω_j 为节点 j 的权重；$P_{\text{S},j,c}^{\text{deg}}$、$P_{\text{S},j,t,c}^{\text{iso}}$ 和 $P_{\text{S},j,t,c}^{\text{res}}$ 分别为故障场景 c 下，节点 j 在退化阶段、隔离阶段和恢复阶段节点失负荷量。

4.5.3　多阶段过程约束条件

综合考虑配电网潮流约束、配电网拓扑约束、配电网开关动作特性等多种因素，本工作建立了严重故障下配电网多阶段故障恢复过程的混合整数线性规划模型，适用于考虑辐射状运行的配电网系统发生多重线路故障的情况。

4.5.3.1　预防阶段约束条件

（1）拓扑约束：

$$\sum_{(i,j)\in E}s_{ij}^{\text{pre}}=N_{\text{bus}}-\sum_{j\in B}\gamma_j^{\text{pre}} \tag{4-38}$$

$$\sum_{i\in\pi(j)}F_{ij}^{\text{pre}}-\sum_{s\in\delta(j)}F_{js}^{\text{pre}}\leqslant 1+M\gamma_j^{\text{pre}},\forall j\in B \tag{4-39}$$

$$\sum_{i\in\pi(j)}F_{ij}^{\text{pre}}-\sum_{s\in\delta(j)}F_{js}^{\text{pre}}\geqslant 1-M\gamma_j^{\text{pre}},\forall j\in B \tag{4-40}$$

$$-M\bullet s_{ij}^{\text{pre}}\leqslant F_{ij}^{\text{pre}}\leqslant M\bullet s_{ij}^{\text{pre}},(i,j)\in E \tag{4-41}$$

$$s_{ij}^{\text{pre}}=1,\forall(i,j)\in E\setminus\Omega_{\text{VR}} \tag{4-42}$$

式中，E 表示线路集合；B 是节点集合；$\pi(j)$ 表示 j 节点的父节点集合；$\delta(j)$ 表示 j 节点的子节点集合；N_{bus} 表示节点总数；γ_j^{pre} 表示 j 节点是否产生虚拟流，若是则 $\gamma_j^{\text{pre}}=1$，否则 $\gamma_j^{\text{pre}}=0$；F_{ij}^{pre} 表示是否有虚拟流从 i 节点流向 j 节点，若是则 $F_{ij}^{\text{pre}}=1$，否则 $F_{ij}^{\text{pre}}=0$；Ω_{VR} 表示装有远程控制开关的线路集合；s_{ij}^{pre} 表示事故前线路 ij 状态，若闭合则 $s_{ij}^{\text{pre}}=1$，否则 $s_{ij}^{\text{pre}}=0$。

约束限定了配电网中闭合线路数量为节点总数减孤岛数目，是辐射状拓扑的必要条件；约束限定了除产生虚拟流的节点外，其余所有节点均吸收单位虚拟流；约束表示未装有开关的线路在事故前为闭合状态。

（2）运行约束：

$$P_{\mathrm{L},j}+\sum_{s\in\delta(j)}H_{js}^{\mathrm{pre}}=\sum_{i\in\pi(j)}H_{ij}^{\mathrm{pre}}+d_{k,j}^{\mathrm{pre}}P_{\mathrm{DG},k}^{\mathrm{pre}}+g_{k,j}^{\mathrm{pre}}P_{\mathrm{ROOT},k}^{\mathrm{pre}},\forall j\in B \tag{4-43}$$

$$Q_{\mathrm{L},j}+\sum_{s\in\delta(j)}G_{js}^{\mathrm{pre}}=\sum_{i\in\pi(j)}G_{ij}^{\mathrm{pre}}+d_{k,j}^{\mathrm{pre}}Q_{\mathrm{DG},k}^{\mathrm{pre}}+g_{k,j}^{\mathrm{pre}}Q_{\mathrm{ROOT},k}^{\mathrm{pre}},\forall j\in B \tag{4-44}$$

$$-M(1-s_{ij}^{\mathrm{pre}})\leqslant U_i^{\mathrm{pre}}-U_j^{\mathrm{pre}}-(r_{ij}H_{ij}^{\mathrm{pre}}+x_{ij}G_{ij}^{\mathrm{pre}})/U_{\mathrm{R}}\leqslant M(1-s_{ij}^{\mathrm{pre}}),\forall(i,j)\in E \tag{4-45}$$

$$U_j^{\min}\leqslant U_j^{\mathrm{pre}}\leqslant U_j^{\max},\forall j\in B \tag{4-46}$$

$$-S_{ij}^{\max}s_{ij}^{\mathrm{pre}}\leqslant H_{ij}^{\mathrm{pre}}\leqslant S_{ij}^{\max}s_{ij}^{\mathrm{pre}},\forall(i,j)\in E \tag{4-47}$$

$$-S_{ij}^{\max}s_{ij}^{\mathrm{pre}}\leqslant G_{ij}^{\mathrm{pre}}\leqslant S_{ij}^{\max}s_{ij}^{\mathrm{pre}},\forall(i,j)\in E \tag{4-48}$$

$$0\leqslant P_{\mathrm{DG},k}^{\mathrm{pre}}\leqslant P_{\mathrm{DG},k}^{\max},\forall k\in\Omega_{\mathrm{DG}} \tag{4-49}$$

$$0\leqslant Q_{\mathrm{DG},k}^{\mathrm{pre}}\leqslant Q_{\mathrm{DG},k}^{\max},\forall k\in\Omega_{\mathrm{DG}} \tag{4-50}$$

$$0\leqslant P_{\mathrm{ROOT},k}^{\mathrm{pre}}\leqslant P_{\mathrm{ROOT},k}^{\max},\forall k\in\Omega_{\mathrm{ROOT}} \tag{4-51}$$

$$0\leqslant Q_{\mathrm{ROOT},k}^{\mathrm{pre}}\leqslant Q_{\mathrm{ROOT},k}^{\max},\forall k\in\Omega_{\mathrm{ROOT}} \tag{4-52}$$

网络潮流平衡约束；节点电压上下限约束；线路容量约束；电源出力约束。
式中，$P_{\mathrm{L},j}$ 表示节点 j 有功负荷需求；$Q_{\mathrm{L},j}$ 表示节点 j 无功负荷需求；H_{ij}^{pre} 表示线路 ij 的有功潮流；G_{ij}^{pre} 表示线路 ij 的无功潮流；$P_{\mathrm{DG},k}^{\mathrm{pre}}$ 表示第 k 个分布式电源有功出力；$Q_{\mathrm{DG},k}^{\mathrm{pre}}$ 表示第 k 个分布式电源无功出力；$P_{\mathrm{ROOT},k}^{\mathrm{pre}}$ 表示第 k 个变电站有功出力；$Q_{\mathrm{ROOT},k}^{\mathrm{pre}}$ 表示第 k 个变电站无功出力；$d_{k,j}^{\mathrm{pre}}$ 表示第 k 个分布式电源是否位于节点 j，若是则 $d_{k,j}^{\mathrm{pre}}=1$，否则 $d_{k,j}^{\mathrm{pre}}=0$；$g_{k,j}^{\mathrm{pre}}$ 表示第 k 个变电站是否位于节点 j，若是则 $g_{k,j}^{\mathrm{pre}}=1$，否则 $g_{k,j}^{\mathrm{pre}}=0$；r_{ij} 表示线路 ij 的电阻；x_{ij} 表示线路 ij 的电抗；U_j^{pre} 表示事故前节点 j 的电压；$U_j^{\max}$ 表示节点 j 电压上限；$U_j^{\min}$ 表示节点 j 电压下限；$S_{ij}^{\max}$ 表示线路 ij 容量上限；$P_{\mathrm{DG},k}^{\max}$ 表示分布式电源 k 有功出力上限；$Q_{\mathrm{DG},k}^{\max}$ 表示分布式电源 k 无功出力上限；$P_{\mathrm{ROOT},k}^{\max}$ 表示变电站 k 有功出力上限；$Q_{\mathrm{ROOT},k}^{\max}$ 表示变电站 k 无功出力上限。

4.5.3.2 退化阶段约束条件

（1）故障传递约束：

$$n_{i,c}^{\deg}\geqslant f_{ij,c}s_{ij}^{\mathrm{pre}},\forall(i,j)\in E,\forall c\in C \tag{4-53}$$

$$n_{j,c}^{\deg}\geqslant f_{ij,c}s_{ij}^{\mathrm{pre}},\forall(i,j)\in E,\forall c\in C \tag{4-54}$$

$$n_{i,c}^{\deg}-n_{j,c}^{\deg}\leqslant 1-s_{ij}^{\mathrm{pre}},\forall(i,j)\in E,\forall c\in C \tag{4-55}$$

$$n_{j,c}^{\deg}-n_{i,c}^{\deg}\leqslant 1-s_{ij}^{\mathrm{pre}},\forall(i,j)\in E,\forall c\in C \tag{4-56}$$

式中，$f_{ij,c}$ 表示在故障场景 c 中，线路$(i,\ j)$是否发生故障，若是则 $f_{ij,c}=1$，否则 $f_{ij,c}=0$；

$n_{i,c}^{\deg}$ 表示故障场景 c 的退化阶段节点 i 是否位于故障区域，若是则 $n_{i,c}^{\deg}=1$，否则 $n_{i,c}^{\deg}=0$。

表示对于闭合的线路，若发生故障，则其两侧节点位于故障区域；表示对于闭合的线路，其两侧节点是否位于故障区域的状态相同。通过公式所示约束，可以约束出故障的影响范围，为故障隔离和非故障区域负荷恢复提供支持。

（2）运行约束：

$$n_{j,c}^{\deg}P_{\mathrm{L},j} \leqslant P_{\mathrm{S},j,c}^{\deg} \leqslant P_{\mathrm{L},j}, \forall j\in B, \forall c\in C \tag{4-57}$$

$$n_{j,c}^{\deg}Q_{\mathrm{L},j} \leqslant Q_{\mathrm{S},j,c}^{\deg} \leqslant Q_{\mathrm{L},j}, \forall j\in B, \forall c\in C \tag{4-58}$$

式中，$P_{\mathrm{S},j,c}^{\deg}$ 表示故障场景 c 的退化阶段节点 j 有功失负荷量；$Q_{\mathrm{S},j,c}^{\deg}$ 表示故障场景 c 的退化阶段节点 j 无功失负荷量。表示位于故障区域的节点失去全部负荷。

4.5.3.3　隔离阶段约束条件

（1）拓扑约束：

$$s_{ij}^{\mathrm{pre}} - a_{ij} \leqslant s_{ij,c}^{\mathrm{iso}} \leqslant s_{ij}^{\mathrm{pre}} + a_{ij}, \forall (i,j)\in E, \forall c\in C \tag{4-59}$$

$$s_{ij,c}^{\mathrm{iso}} \leqslant s_{ij}^{\mathrm{pre}}, \forall (i,j)\in E, \forall c\in C \tag{4-60}$$

$$\sum_{(i,j)\in E} s_{ij,c}^{\mathrm{iso}} = N_{bus} - \sum_{j\in B}\gamma_{j,c}^{\mathrm{iso}}, \forall c\in C \tag{4-61}$$

$$\sum_{i\in\pi(j)} F_{ij,c}^{\mathrm{iso}} - \sum_{s\in\delta(j)} F_{js,c}^{\mathrm{iso}} \leqslant 1 + M\gamma_{j,c}^{\mathrm{iso}}, \forall j\in B, \forall c\in C \tag{4-62}$$

$$\sum_{i\in\pi(j)} F_{ij,c}^{\mathrm{iso}} - \sum_{s\in\delta(j)} F_{js,c}^{\mathrm{iso}} \geqslant 1 - M\gamma_{j,c}^{\mathrm{iso}}, \forall j\in B, \forall c\in C \tag{4-63}$$

$$-Ms_{ij,c}^{\mathrm{iso}} \leqslant F_{ij,c}^{\mathrm{iso}} \leqslant Ms_{ij,c}^{\mathrm{iso}}, \forall (i,j)\in E, \forall c\in C \tag{4-64}$$

式中，$s_{ij,c}^{\mathrm{iso}}$ 表示故障场景 c 的隔离阶段线路 ij 状态，若闭合则 $s_{ij,c}^{\mathrm{iso}}=1$，否则 $s_{ij,c}^{\mathrm{iso}}=0$；$a_{ij}$ 表示线路 ij 是否装有远程控制开关，若是则 $a_{ij}=1$，否则 $a_{ij}=0$；$\gamma_{j,c}^{\mathrm{iso}}$ 表示 j 节点是否产生虚拟流，若是则 $\gamma_{j,c}^{\mathrm{iso}}=1$，否则 $\gamma_{j,c}^{\mathrm{iso}}=0$；$F_{ij,c}^{\mathrm{iso}}$ 表示是否有虚拟流从 i 节点流向 j 节点，若是则 $F_{ij,c}^{\mathrm{iso}}=1$，否则 $F_{ij,c}^{\mathrm{iso}}=0$。

在极端灾害引发故障后，通过远程控制开关快速隔离故障，即仅远程控制开关可以动作；隔离阶段仅可断开线路，不可以闭合线路；限定了配电网中闭合线路数量为节点总数减孤岛数目，是辐射状拓扑的必要条件；限定了除产生虚拟流的节点外，其余所有节点均吸收单位虚拟流。

（2）故障传递约束：

$$n_{i,c}^{\mathrm{iso}} \geqslant f_{ij,c}s_{ij,c}^{\mathrm{iso}}, \forall (i,j)\in E, \forall c\in C \tag{4-65}$$

$$n_{j,c}^{\mathrm{iso}} \geqslant f_{ij,c}s_{ij,c}^{\mathrm{iso}}, \forall (i,j)\in E, \forall c\in C \tag{4-66}$$

$$n_{i,c}^{\mathrm{iso}} - n_{j,c}^{\mathrm{iso}} \leqslant 1 - s_{ij,c}^{\mathrm{iso}}, \forall (i,j)\in E, \forall c\in C \tag{4-67}$$

$$n_{j,c}^{\mathrm{iso}} - n_{i,c}^{\mathrm{iso}} \leqslant 1 - s_{ij,c}^{\mathrm{iso}}, \forall (i,j) \in E, \forall c \in C \tag{4-68}$$

$$n_{j,c}^{\mathrm{iso}} \leqslant n_{j,c}^{\mathrm{deg}}, \forall j \in B, \forall c \in C \tag{4-69}$$

式中，$n_{i,c}^{\mathrm{iso}}$ 表示故障场景 c 的隔离阶段节点 i 是否位于故障区域，若是则 $n_{i,c}^{\mathrm{iso}}=1$，否则 $n_{i,c}^{\mathrm{iso}}=0$。

对于闭合的线路，若发生故障，则其两侧节点位于故障区域；闭合线路两侧节点是否位于故障区域的状态相同；在故障隔离阶段，故障区域不应因开关操作而扩大。

（3）运行约束：

$$P_{\mathrm{L},j} - P_{\mathrm{S},j,c}^{\mathrm{iso}} + \sum_{s \in \delta(j)} H_{js,c}^{\mathrm{iso}} = \sum_{i \in \pi(j)} H_{ij,c}^{\mathrm{iso}} + d_{k,j} P_{\mathrm{DG},k,c}^{\mathrm{iso}} + g_{k,j} P_{\mathrm{ROOT},k,c}^{\mathrm{iso}}, \forall j \in B, \forall c \in C \tag{4-70}$$

$$Q_{\mathrm{L},j} - Q_{\mathrm{S},j,c}^{\mathrm{iso}} + \sum_{s \in \delta(j)} G_{js,c}^{\mathrm{iso}} = \sum_{i \in \pi(j)} G_{ij,c}^{\mathrm{iso}} + d_{k,j} Q_{\mathrm{DG},k,c}^{\mathrm{iso}} + g_{k,j} Q_{\mathrm{ROOT},k,c}^{\mathrm{iso}}, \forall j \in B, \forall c \in C \tag{4-71}$$

$$\begin{aligned} & -M(1 - s_{ij,c}^{\mathrm{iso}}) \leqslant U_{i,c}^{\mathrm{iso}} - U_{j,c}^{\mathrm{iso}} - (r_{ij} H_{ij,c}^{\mathrm{iso}} + x_{ij} G_{ij,c}^{\mathrm{iso}}) / U_{\mathrm{R}} \\ & \leqslant M(1 - s_{ij,c}^{\mathrm{iso}}), \forall (i,j) \in E, \forall c \in C \end{aligned} \tag{4-72}$$

$$U_j^{\min} \leqslant U_{j,c}^{\mathrm{iso}} \leqslant U_j^{\max}, \forall j \in B, \forall c \in C \tag{4-73}$$

$$-S_{ij}^{\max} s_{ij,c}^{\mathrm{iso}} \leqslant H_{ij,c}^{\mathrm{iso}} \leqslant S_{ij}^{\max} s_{ij,c}^{\mathrm{iso}}, \forall (i,j) \in E, \forall c \in C \tag{4-74}$$

$$-S_{ij}^{\max} s_{ij,c}^{\mathrm{iso}} \leqslant G_{ij,c}^{\mathrm{iso}} \leqslant S_{ij}^{\max} s_{ij,c}^{\mathrm{iso}}, \forall (i,j) \in E, \forall c \in C \tag{4-75}$$

$$0 \leqslant P_{\mathrm{DG},k,c}^{\mathrm{iso}} \leqslant P_{\mathrm{DG},k}^{\max}, \forall k \in \Omega_{\mathrm{DG}}, \forall c \in C \tag{4-76}$$

$$0 \leqslant Q_{\mathrm{DG},k,c}^{\mathrm{iso}} \leqslant Q_{\mathrm{DG},k}^{\max}, \forall k \in \Omega_{\mathrm{DG}}, \forall c \in C \tag{4-77}$$

$$0 \leqslant P_{\mathrm{ROOT},k,c}^{\mathrm{iso}} \leqslant P_{\mathrm{ROOT},k}^{\max}, \forall k \in \Omega_{\mathrm{ROOT}}, \forall c \in C \tag{4-78}$$

$$0 \leqslant Q_{\mathrm{ROOT},k,c}^{\mathrm{iso}} \leqslant Q_{\mathrm{ROOT},k}^{\max}, \forall k \in \Omega_{\mathrm{ROOT}}, \forall c \in C \tag{4-79}$$

$$n_{j,c}^{\mathrm{iso}} P_{\mathrm{L},j} \leqslant P_{\mathrm{S},j,c}^{\mathrm{iso}} \leqslant P_{\mathrm{L},j}, \forall j \in B, \forall c \in C \tag{4-80}$$

$$n_{j,c}^{\mathrm{iso}} Q_{\mathrm{L},j} \leqslant Q_{\mathrm{S},j,c}^{\mathrm{iso}} \leqslant Q_{\mathrm{L},j}, \forall j \in B, \forall c \in C \tag{4-81}$$

式中，$P_{\mathrm{S},j,c}^{\mathrm{iso}}$ 表示故障场景 c 中隔离阶段节点 j 有功失负荷量；$Q_{\mathrm{S},j,c}^{\mathrm{iso}}$ 表示节点 j 无功失负荷量；$H_{ij,c}^{\mathrm{iso}}$ 表示线路 ij 有功潮流；$G_{ij,c}^{\mathrm{iso}}$ 表示线路 ij 无功潮流；$P_{\mathrm{DG},k,c}^{\mathrm{iso}}$ 表示第 k 个分布式电源有功出力；$Q_{\mathrm{DG},k,c}^{\mathrm{iso}}$ 表示第 k 个分布式电源无功出力；$P_{\mathrm{ROOT},k,c}^{\mathrm{iso}}$ 表示第 k 个变电站有功出力；$Q_{\mathrm{ROOT},k,c}^{\mathrm{iso}}$ 表示第 k 个变电站无功出力；$U_{j,c}^{\mathrm{iso}}$ 表示节点 j 电压。

网络潮流平衡约束；节点电压上下限约束；线路容量约束；电源出力约束；故障区域节点失去全部负荷。

4.5.3.4 恢复阶段约束条件

（1）拓扑约束：

$$s_{ij,c}^{\text{iso}} - a_{ij} \leqslant s_{ij,c}^{\text{res}} \leqslant s_{ij,c}^{\text{iso}} + a_{ij}, \forall (i,j) \in E, \forall c \in C \tag{4-82}$$

$$\sum_{(i,j)\in E} s_{ij,c}^{\text{res}} = N_{bus} - \sum_{j\in B} \gamma_{j,c}^{\text{res}}, \forall c \in C \tag{4-83}$$

$$\sum_{i\in\pi(j)} F_{ij,c}^{\text{res}} - \sum_{s\in\delta(j)} F_{js,c}^{\text{res}} \leqslant 1 + M\gamma_{j,c}^{\text{res}}, \forall j \in B, \forall c \in C \tag{4-84}$$

$$\sum_{i\in\pi(j)} F_{ij,c}^{\text{res}} - \sum_{s\in\delta(j)} F_{js,c}^{\text{res}} \geqslant 1 - M\gamma_{j,c}^{\text{res}}, \forall j \in B, \forall c \in C \tag{4-85}$$

$$-M \cdot s_{ij,c}^{\text{res}} \leqslant F_{ij,c}^{\text{res}} \leqslant M \cdot s_{ij,c}^{\text{res}}, (i,j) \in E, \forall c \in C \tag{4-86}$$

式中，$s_{ij,c}^{\text{res}}$ 表示恢复阶段线路 ij 状态，若闭合则 $s_{ij,c}^{\text{res}}=1$，否则 $s_{ij,c}^{\text{res}}=0$；$\gamma_{j,c}^{\text{res}}$ 表示 j 节点是否产生虚拟流，若是则 $\gamma_{j,c}^{\text{res}}=1$，否则 $\gamma_{j,c}^{\text{res}}=0$；$F_{ij,c}^{\text{res}}$ 表示是否有虚拟流从 i 节点流向 j 节点，若是则 $F_{ij,c}^{\text{res}}=1$，否则 $F_{ij,c}^{\text{res}}=0$。

在初步恢复阶段仅远程控制开关可以动作；限定了配电网中闭合线路数量为节点总数减孤岛数目，是辐射状拓扑的必要条件；限定了除产生虚拟流的节点外，其余所有节点均吸收单位虚拟流。

（2）故障传递约束：

$$n_{i,c}^{\text{res}} \geqslant f_{ij,c} s_{ij,c}^{\text{res}}, \forall (i,j) \in E, \forall c \in C \tag{4-87}$$

$$n_{j,c}^{\text{res}} \geqslant f_{ij,c} s_{ij,c}^{\text{res}}, \forall (i,j) \in E, \forall c \in C \tag{4-88}$$

$$n_{i,c}^{\text{res}} - n_{j,c}^{\text{res}} \leqslant 1 - s_{ij,c}^{\text{res}}, \forall (i,j) \in E, \forall c \in C \tag{4-89}$$

$$n_{j,c}^{\text{res}} - n_{i,c}^{\text{res}} \leqslant 1 - s_{ij,c}^{\text{res}}, \forall (i,j) \in E, \forall c \in C \tag{4-90}$$

$$n_{j,c}^{\text{res}} \leqslant n_{j,c}^{\text{iso}}, \forall j \in B, \forall c \in C \tag{4-91}$$

式中，$n_{i,c}^{\text{res}}$ 表示恢复阶段节点 i 是否位于故障区域，若是则 $n_{i,c}^{\text{res}}=1$，否则 $n_{i,c}^{\text{res}}=0$。

闭合故障线路两侧节点位于故障区域；闭合线路两侧节点是否为故障区域的状态相同；故障区域不应因开关操作而扩大。

（3）运行约束：

$$P_{\text{L},j} - P_{\text{S},j,c}^{\text{res}} + \sum_{s\in\delta(j)} H_{js,c}^{\text{res}} = \sum_{i\in\pi(j)} H_{ij,c}^{\text{res}} + d_{k,j} P_{\text{DG},k,c}^{\text{res}} + g_{k,j} P_{\text{ROOT},k,c}^{\text{res}}, \forall j \in B, \forall c \in C \tag{4-92}$$

$$Q_{\text{L},j} - Q_{\text{S},j,c}^{\text{res}} + \sum_{s\in\delta(j)} G_{js,c}^{\text{res}} = \sum_{i\in\pi(j)} G_{ij,c}^{\text{res}} + d_{k,j} Q_{\text{DG},k,c}^{\text{res}} + g_{k,j} Q_{\text{ROOT},k,c}^{\text{res}}, \forall j \in B, \forall c \in C \tag{4-93}$$

$$-M(1 - s_{ij,c}^{\text{res}}) \leqslant U_{i,c}^{\text{res}} - U_{j,c}^{\text{res}} - (r_{ij} H_{ij,c}^{\text{res}} + x_{ij} G_{ij,c}^{\text{res}}) / U_{\text{R}} \leqslant M(1 - s_{ij,c}^{\text{res}}), \forall (i,j) \in E, \forall c \in C \tag{4-94}$$

$$U_j^{\min} \leqslant U_{j,c}^{\text{res}} \leqslant U_j^{\max}, \forall j \in B, \forall c \in C \tag{4-95}$$

$$-S_{ij}^{\max} s_{ij,c}^{\text{res}} \leqslant H_{ij,c}^{\text{res}} \leqslant S_{ij}^{\max} s_{ij,c}^{\text{res}}, \forall (i,j) \in E, \forall c \in C \tag{4-96}$$

$$-S_{ij}^{\max} s_{ij,c}^{\text{res}} \leqslant G_{ij,c}^{\text{res}} \leqslant S_{ij}^{\max} s_{ij,c}^{\text{res}}, \forall (i,j) \in E, \forall c \in C \tag{4-97}$$

$$0 \leqslant P_{\mathrm{DG},k,c}^{\mathrm{res}} \leqslant P_{\mathrm{DG},k}^{\max}, \forall k \in \Omega_{\mathrm{DG}}, \forall c \in C \tag{4-98}$$

$$0 \leqslant Q_{\mathrm{DG},k,c}^{\mathrm{res}} \leqslant Q_{\mathrm{DG},k}^{\max}, \forall k \in \Omega_{\mathrm{DG}}, \forall c \in C \tag{4-99}$$

$$0 \leqslant P_{\mathrm{ROOT},k,c}^{\mathrm{res}} \leqslant P_{\mathrm{ROOT},k}^{\max}, \forall k \in \Omega_{\mathrm{ROOT}}, \forall c \in C \tag{4-100}$$

$$0 \leqslant Q_{\mathrm{ROOT},k,c}^{\mathrm{res}} \leqslant Q_{\mathrm{ROOT},k}^{\max}, \forall k \in \Omega_{\mathrm{ROOT}}, \forall c \in C \tag{4-101}$$

$$n_{j,c}^{\mathrm{res}} P_{\mathrm{L},j} \leqslant P_{\mathrm{S},j,c}^{\mathrm{res}} \leqslant P_{\mathrm{L},j}, \forall j \in B, \forall c \in C \tag{4-102}$$

$$n_{j,c}^{\mathrm{res}} Q_{\mathrm{L},j} \leqslant Q_{\mathrm{S},j,c}^{\mathrm{res}} \leqslant Q_{\mathrm{L},j}, \forall j \in B, \forall c \in C \tag{4-103}$$

式中，$P_{\mathrm{S},j,c}^{\mathrm{res}}$ 表示节点 j 有功失负荷量；$Q_{\mathrm{S},j,c}^{\mathrm{res}}$ 表示节点 j 无功失负荷量；$H_{ij,c}^{\mathrm{res}}$ 表示线路 ij 有功潮流；$G_{ij,c}^{\mathrm{res}}$ 表示线路 ij 无功潮流；$P_{\mathrm{DG},k,c}^{\mathrm{res}}$ 表示第 k 个分布式电源有功出力；$Q_{\mathrm{DG},k,c}^{\mathrm{res}}$ 表示第 k 个分布式电源无功出力；$P_{\mathrm{ROOT},k,c}^{\mathrm{res}}$ 表示第 k 个变电站有功出力；$Q_{\mathrm{ROOT},k,c}^{\mathrm{res}}$ 表示第 k 个变电站无功出力；$U_{j,c}^{\mathrm{res}}$ 表示节点 j 电压。

网络潮流平衡约束；节点电压上下限约束；线路容量约束；电源出力约束；故障区域节点失去全部负荷。

4.6 基于多阶段模型的配电网韧性提升方法

4.6.1 方法框架

为验证所提出的多阶段模型有效性，本节提出了考虑预防阶段和事故后多阶段恢复过程的韧性提升方法，基于多阶段过程，考虑网络重构，有效提升预防策略的有效性，其框架如图 4-14 所示。

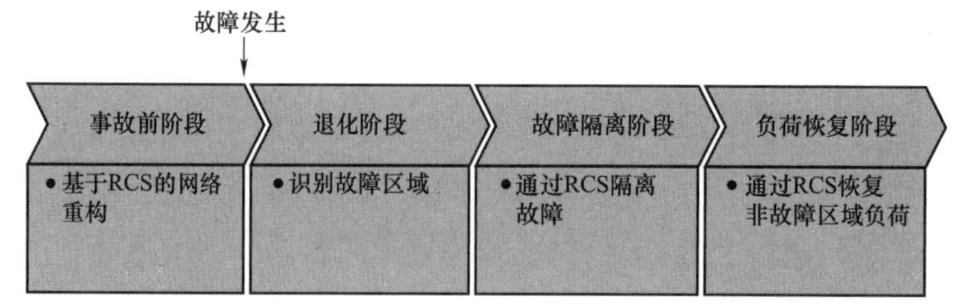

图 4-14　考虑预防阶段和事故后多阶段恢复过程的韧性提升方法流程

本节采用 IEEE 33 节点配电系统验证所提方法的有效性。测试所采用的计算机配置为 Intel Core i5-7400（3.00 GHz）、8GB RAM。代码采用 Matlab 软件实现，并通过 Yalmip 工具包调用 Cplex 软件进行优化求解。

4.6.2 参数设置

IEEE 33 节点配电系统的拓扑如图 4-15 所示。节点 3、5、11、15、19、21、26、28 和 29 为关键负荷节点，其权重设置为 3，其余负荷权重都设置为 1。可控 DG 容量均为 0.5MVA。节点电压范围为［0.95，1.05］p.u.。系统中共有 37 条配电线路，其中 L33～L37 为联络线，各线路容量均为 5MVA。系统总负荷为 3.715MW+j2.300Mvar。系统的其他详细参数按照典型或者根据实际需要设置。T^{deg}、T^{iso}、T^{res} 的值分别设置为 0.46h、0.23h、0.22h。如表 4-8 所示，故障场景集共包含 20 个故障场景，每个场景包含 4 条故障线路，每个场景的发生概率 p_c=1/20。RCS 数目设置为 13，其余线路均配置有 MS。

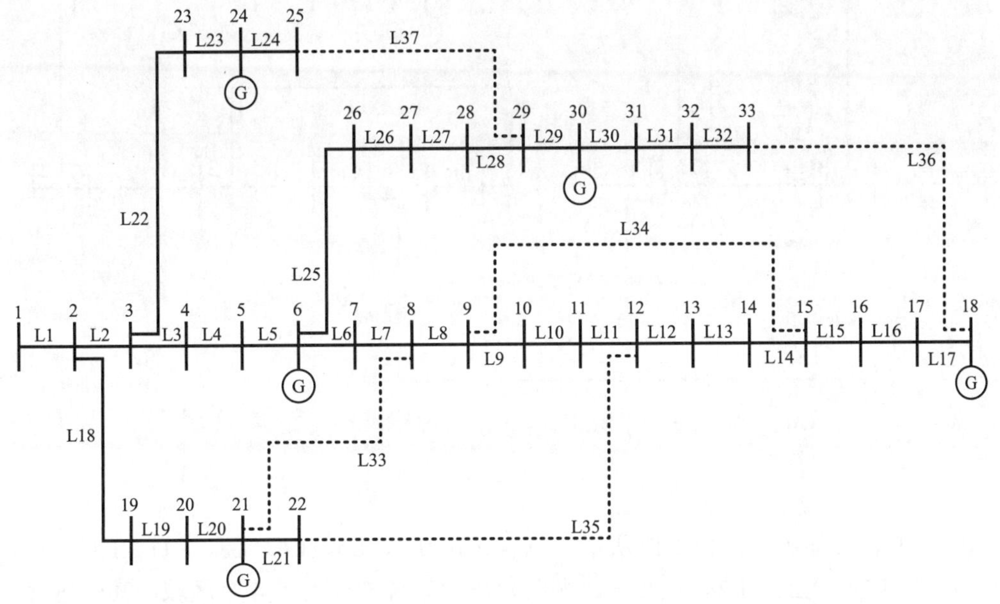

图 4-15 IEEE 33 节点配电系统拓扑图

表 4-8 节点配电系统故障场景集

场景编号	故障线路	场景编号	故障线路
1	L4、L8、L11、L28	11	L1、L15、L16、L25
2	L10、L18、L19、L24	12	L6、L21、L23、L28
3	L2、L11、L25、L26	13	L18、L24、L30、L32
4	L4、L5、L23、L31	14	L2、L7、L28、L32
5	L15、L24、L26、L30	15	L1、L15、L28、L32
6	L2、L6、L8、L18	16	L8、L12、L13、L25
7	L1、L16、L25、L29	17	L12、L15、L27、L32
8	L6、L11、L17、L19	18	L15、L23、L24、L29
9	L5、L11、L19、L24	19	L12、L15、L26、L32
10	L5、L8、L11、L27	20	L13、L16、L24、L31

4.6.3 结果分析

基于本文所提方法，得到的预防阶段主动孤岛运行方案如图 4-16 所示。

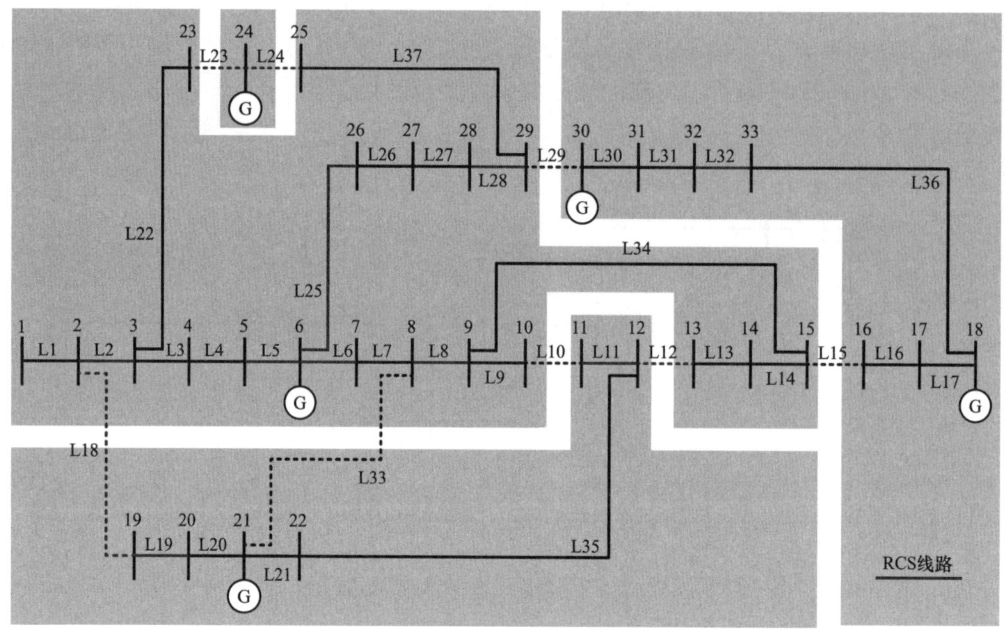

图 4-16　IEEE 33 节点系统预防阶段主动孤岛运行方案

RCS 的位置如图中红色线路所示，包含线路 L2、L5、L6、L8、L11、L12、L18、L19、L23、L24、L25、L28、L32。在预防阶段，系统被分为了 4 个区域，其中包含了 3 个 DG 孤岛，每个区域中至少存在一个变电站或 DG 对其进行供电。系统的期望韧性水平 $R=54.87\%$，其中，R 通过负荷恢复比例计算得到。

各故障场景下，系统在各阶段的性能水平即 $R_{x,c}$ 的结果如图 4-17 所示（用不同颜色的曲线表示），其中下标 x 和 c 分别表示故障后恢复过程中的不同阶段和不同故障场景。红色和蓝色点划线分别表示整个恢复过程中 $R_{x,c}$ 值的下界和上界，其中，下界由 $R_{1,8}$、$R_{2,4}$ 和 $R_{3,7}$（$R_{3,11}$）组成。结果表明了系统在整个恢复过程中的性能水平范围和分布。

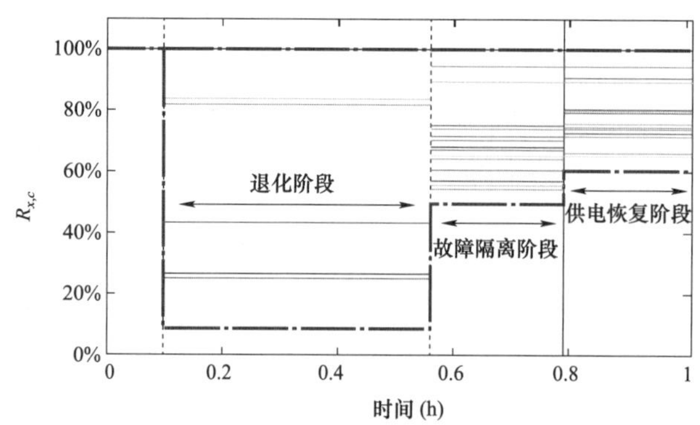

图 4-17　IEEE 33 节点系统不同故障场景下的 $R_{x,c}$ 值

各故障场景下系统的整体性能水平即 R_c 值由高到低排序的结果如图 4-18 所示。在所有故障场景中，故障场景 12 造成的影响是最严重的。因此，如果针对最严重的某一（或某些）故障场景采取处理措施，如对故障场景 12 的故障线路 L6、L21、L23 和 L28 等进行加固，可以提高系统的韧性水平下限。

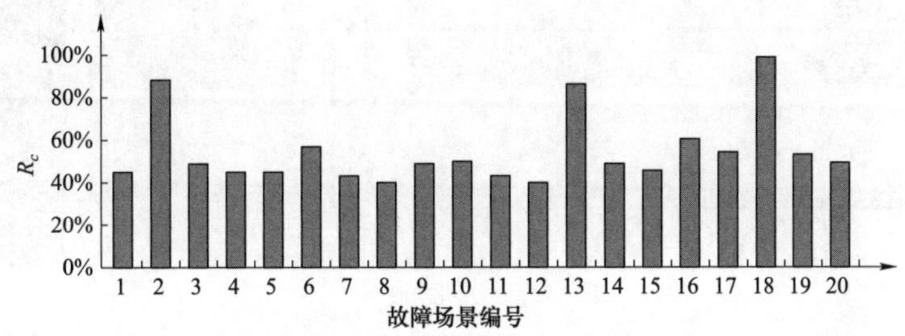

图 4-18　IEEE 33 节点系统在不同故障场景下的 R_c 值

以故障场景 7 为例，在经历故障后，IEEE 33 节点系统在多阶段响应及恢复过程中的网络拓扑如图 4-19 所示。

由图 4-19（a）可以看出，由于在预防阶段形成了主动孤岛，在极端事件引起故障后的退化阶段，一些节点的负荷将不会受到故障的影响，如节点 11、12、19～22、24；而在有故障发生的孤岛内，所有电源受故障影响而无法对负荷供电。因此，主动孤岛的形成将保障负荷的生存性，提高配电系统抵御极端事件的能力。

如图 4-19（b）所示，与退化阶段相比，在故障隔离阶段通过对 RCS 的操作，故障区域将明显缩减。例如，通过将线路 L32 上的 RCS 断开，节点 30～32 将与线路 L16 上的故障相隔离，又因为节点 30 处存在 DG，因此，节点 30～32 的负荷可以被部分或全部恢复。虽然节点 25～29 也与故障相隔离，但由于孤岛内没有电源，因此这些节点的负荷不能被立即恢复。

如图 4-19（c）所示，与故障隔离阶段相比，在供电恢复阶段，非故障区域中的 RCS 动作，即线路 L12、L23、L24 闭合，线路 L8 断开。可以看出，系统中的故障区域仍然保持与正常区域相隔离。

由于 DG 的容量有限，因此，即使节点处于非故障的有源区域内，仍然可能因为 DG 容量不足而无法满足全部负荷。为便于进一步分析，将故障场景 7 下系统多阶段恢复过程中各阶段各节点的负荷百分比以柱形图的形式表示，如图 4-20 所示，可以看出，其结果的拓扑变化相吻合。此外，在供电恢复阶段，节点 25～29 的负荷并没有被完全恢复。这是因为节点 6 和 24 的 DG 容量有限，无法满足孤岛内的全部负荷需求。同样，在故障隔离阶段，尽管节点 30～32 与故障相隔离，且节点 30 处存在 DG，但由于 DG 的容量有限，并非全部负荷都能够被恢复。这说明，在故障隔离阶段和供电恢复阶段，DG 的容量也将直接影响系统的性能恢复。

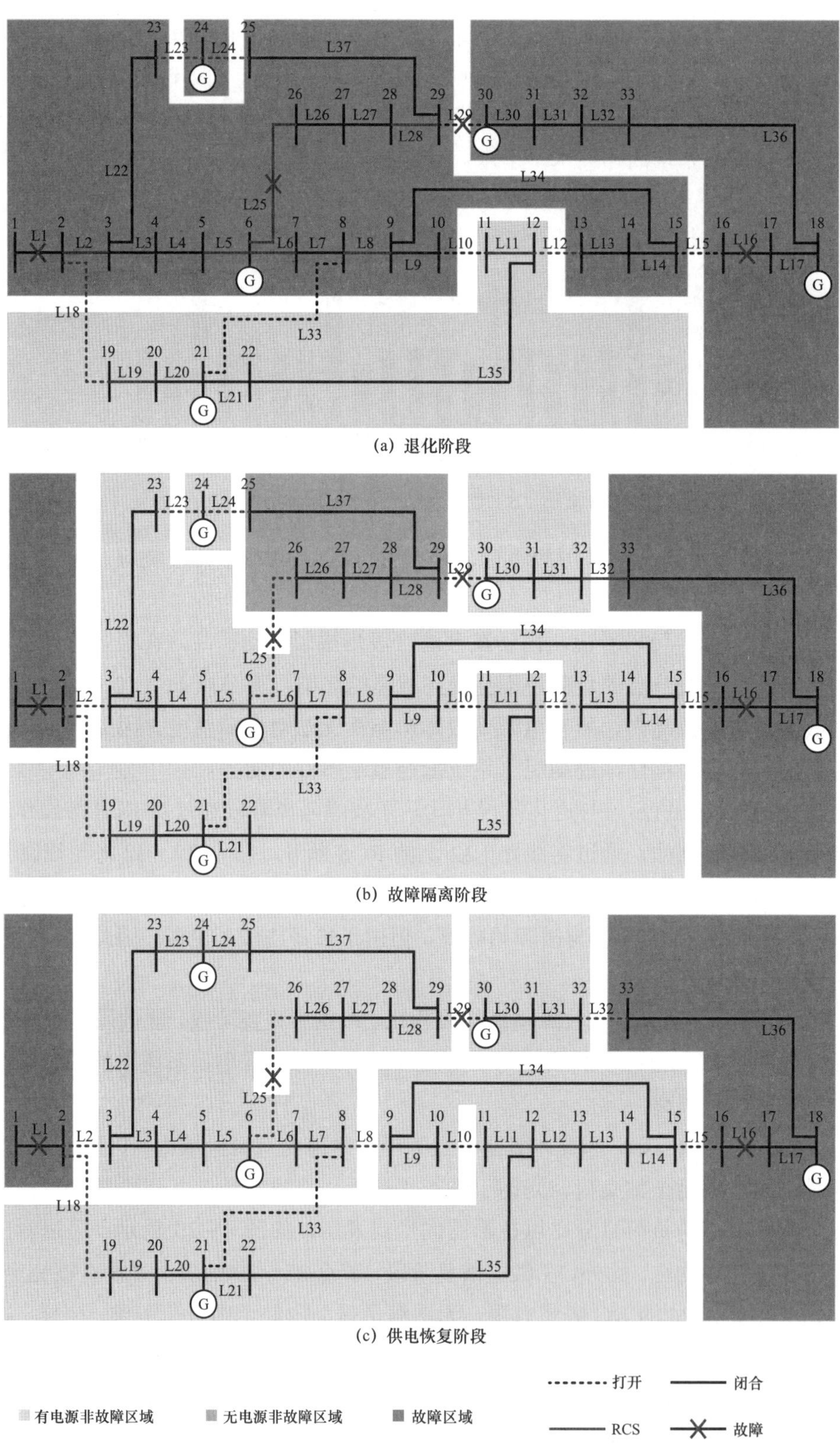

图 4-19　IEEE 33 节点系统多阶段响应及恢复过程网络拓扑（故障场景 7）

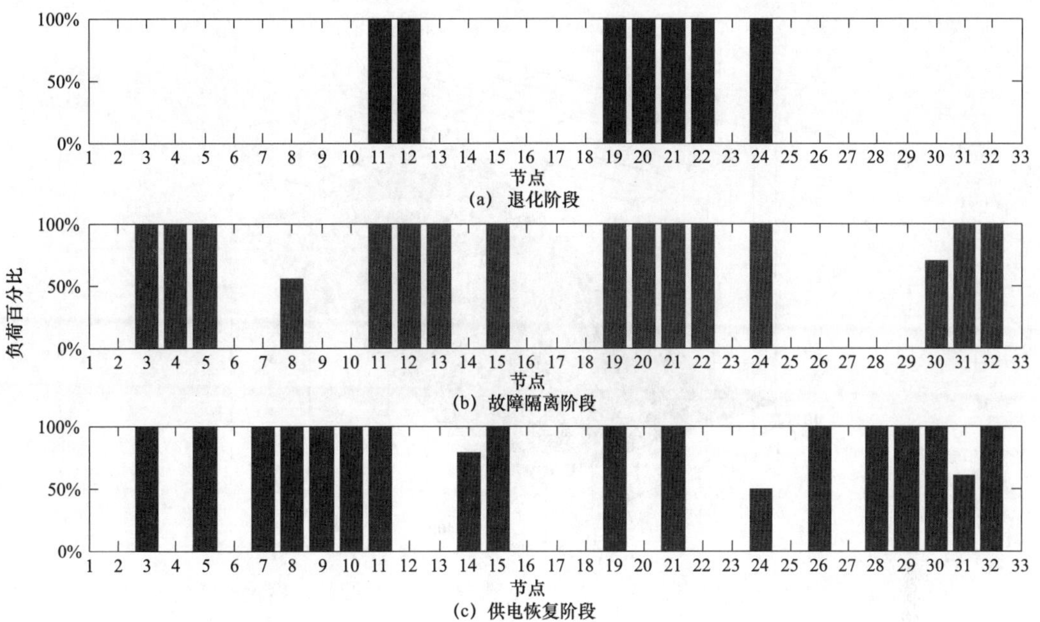

图 4-20　IEEE33 节点系统所经历各阶段中各节点的负荷百分比（故障场景 7）

为了进一步验证系统中 RCS 数目和 DG 容量的影响，将系统韧性水平即 R 随着 RCS 数目和 DG 容量的增加而变化的结果用图的形式表示，如图 4-21 所示。显然，随着 RCS 数目的增加，系统韧性水平可以进一步提高。但是，当 RCS 数目较高时，系统韧性水平提升变慢，这说明，随着 RCS 数目的增加，RCS 带来的韧性提升收益将降低。随着 DG 容量的增加，系统韧性水平的提升将更加明显。

4.6.4　方法对比

4.6.4.1　预防过程和响应及恢复过程协调考虑的影响

为了说明协调考虑预防过程和响应及恢复的影响，即同时考虑主动孤岛和基于 RCS 的快速故障隔离与供电恢复对多阶段恢复过程的影响，本文对单独采取主动孤岛措施和单独采取基于 RCS 的快速故障隔离与供电恢复措施进行了对比，如 Case 1、Case 2 和 Case 3 所示。

Case 1：只考虑基于 RCS 的故障隔离与供电恢复，即只考虑响应及恢复过程；

Case 2：只考虑主动孤岛，即只考虑预防过程；

Case 3：同时考虑主动孤岛和基于 RCS 的快速故障隔离与供电恢复，即协调考虑预防过程和响应及恢复过程（本文所提出方法）。

故障场景 7 下 IEEE 33 节点系统各对比案例的 $R_{x,c}$ 值如图 4-22 所示。在 Case 1 中，虽然通过 RCS 可以保证快速的故障隔离和供电恢复，但在退化阶段，系统的功能受到了严重的影响；与 Case 1 相比，在 Case 2 中，退化阶段系统的性能有了明显改善，但由于未考虑 RCS 的快速动作，因此不能实现快速的故障隔离和供电恢复；相比之下，

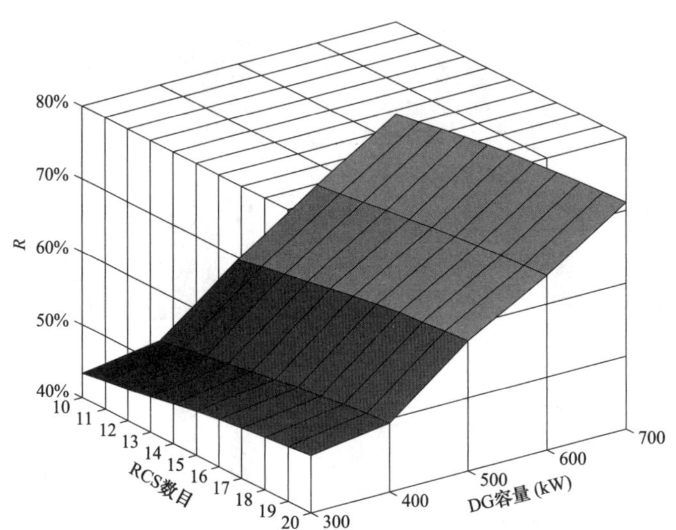

图 4-21　IEEE 33 节点系统韧性水平随 RCS 数目和 DG 容量的变化结果

在 Case 3 中，退化阶段、故障隔离阶段和供电恢复阶段的配电系统性能都维持在较高的水平。显然，Case 3 的系统性能曲线并非由 Case 1 和 Case 2 性能曲线在每个阶段的最大值组成，这也说明，多阶段过程中的各个阶段也是相互耦合的，通过综合考虑主动孤岛和基于 RCS 的快速故障隔离与供电恢复，实现预防过程与响应及恢复过程的协调，能有效提升系统的韧性水平。

4.6.4.2　考虑多阶段恢复过程的影响

传统的韧性预防方法未能全面考虑完整的配电系统多阶段恢复过程。为了说明考虑配电系统多阶段恢复过程的影响，本文在所提模型的基础上设计了对比方法：仍综合考虑主动孤岛和基于 RCS 的快速恢复，但是忽略退化阶段和故障隔离阶段，仅考虑供电恢复阶段进行预防方案的设计。

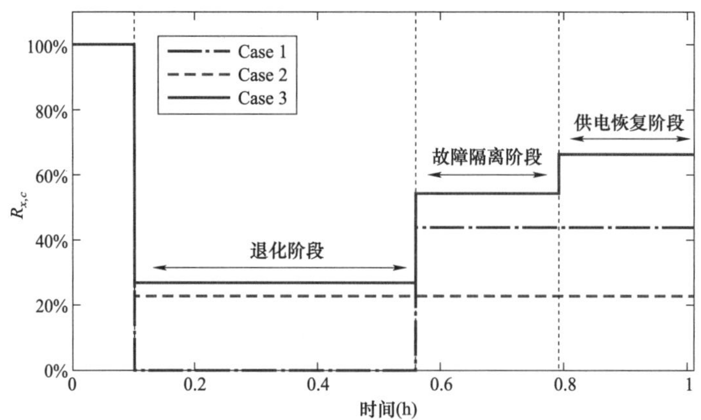

图 4-22　IEEE33 节点系统各对比案例的 $R_{x,c}$ 值（故障场景 7）

由于忽略了退化阶段和故障隔离阶段，因此，退化阶段和故障隔离阶段的失负荷量设置为 0。对比方法下得到的主动孤岛运行方案如图 4－23 所示。在对比方法下，预防阶段所形成的孤岛数目显然较少。

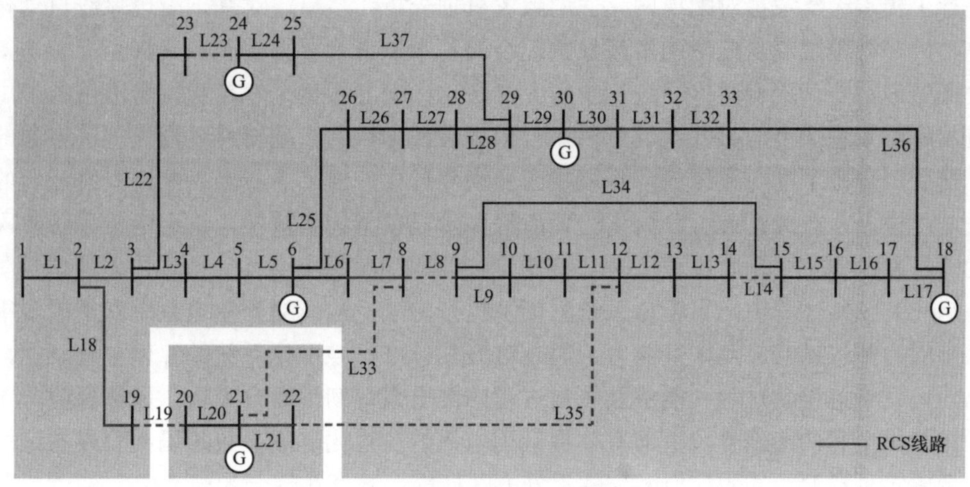

图 4－23 IEEE 33 节点系统预防阶段主动孤岛运行方案（不考虑多阶段过程）

在故障场景 7 下，本文所提方法与对比方法所得方案在多阶段过程中的 $R_{x,c}$ 值对比如图 4－24 所示。显然，在本文所提方法下，系统经历极端事件时的韧性水平更高。结果表明，与忽略了完整的多阶段过程的传统方法相比，本文所提出的方法考虑了极端事件下配电系统经历的整个多阶段过程，从而能够综合提升配电系统对于极端事件的抵御能力和快速响应及恢复能力。这也说明了在设计韧性提升措施时，考虑完整的配电系统多阶段响应及恢复过程的重要性。

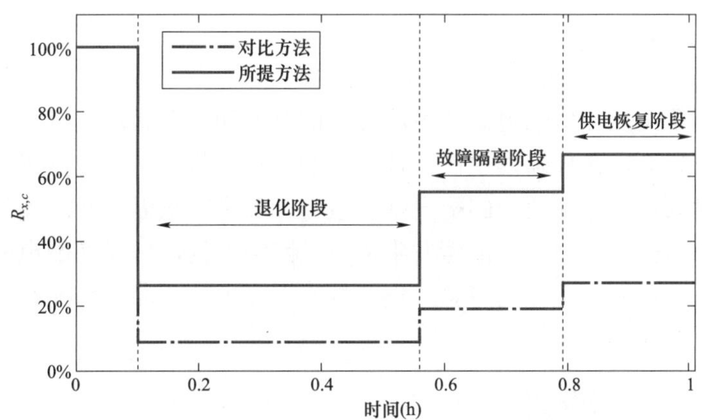

图 4－24 所提方法与对比方法得到的 $R_{x,c}$ 值对比（故障场景 7）

4.6.5 小结

首先，本节分析了可再生能源出力和负荷需求模型的构建方法，通过某地实际算例构建可再生能源出力/负荷需求历史数据曲线，并将其划分为若干个区间后建立了马尔可夫链状态转移矩阵，从而实现可再生能源出力/负荷需求曲线的预测，构建了配电网典型运行场景；其次，对极端天气灾害下配电网元件故障率和物理结构可靠性进行了分析，即进行了极端天气灾害对配电网元件的致灾机理分析；然后，对基于配电系统自动化的配电网故障处理过程从配电网多级保护配合的基本原理及可行性和多级级差保护与集中式故障处理的协调配合两方面进行了研究；之后，研究了基于序贯蒙特卡洛法的配电网严重故障场景生成方法，并通过算例进行了相关性分析、状态转移过程模拟等方面的验证；最后，分析了配电系统的多阶段响应及恢复过程，建立了故障后配电系统经历的多阶段过程模型，在此基础上，为了验证所提多阶段模型的有效性，综合考虑预防阶段的主动孤岛和响应及恢复阶段基于 RCS 的快速故障隔离和供电恢复，通过协调考虑预防过程和响应及恢复过程提出了配电系统的韧性提升方法，从而提升配电系统对于极端事件的抵御能力和快速响应及恢复能力。通过对 IEEE 33 节点配电系统的算例分析表明，所提出的协调考虑预防过程和响应及恢复过程的配电系统韧性提升方法，能够保障关键负荷的持续供电和快速恢复，进而有效提升配电系统在退化阶段、故障隔离阶段的韧性水平。考虑多种资源协同的配电网韧性提升方法研究，本章在综合考虑 MEG 的预先配置和实时调度以及配合 RCS 进行故障前网络重构和故障后网络重构的基础上，分析了故障发生之前和发生之后的多阶段过程，通过考虑配电网不同阶段所受的影响，建立了多阶段目标函数，并在考虑多个阶段的思路上建立了模型约束，从而建立起综合的配电网韧性提升模型，并且利用求解器对模型进行求解。

4.6.6 极端灾害下配电网韧性提升的措施分析

4.6.7 提升配电网故障抵御能力的预防措施

4.6.7.1 网络预重构

网络重构的含义是改变配电系统可用开关的开断和闭合状态，以达到使配电网拓扑变化的目的。一方面，在故障发生前，针对预想故障场景集，通过网络重构改变配电网的拓扑，可以对高概率发生故障的配电网区段进行隔离，从而在故障发生时尽可能减少故障区域的大小。另一方面，在故障发生前通过网络重构，可以使配电网基于各类电源资源（例如分布式电源、可移动应急式电源灯）形成主动孤岛，从而在故障发生时尽可能减少受影响负荷的大小。

4.6.8 可移动资源预配置

配电系统中有多种类型的可移动资源，充分利用各类可移动资源可以有效提高配电系统对故障的预防和恢复效果。一方面，由于可移动资源的移动特性建立在实际的空间转移之上，因此，对各类可移动资源进行预先优化配置可以有效提升可移动资源在配电系统故障后恢复过程的转移效率和利用效率。另一方面，由于可移动应急式电源的电源属性，因此在事故前对可移动应急式电源进行合理配置可以配合网络预重构形成主动孤岛，减少配电系统在故障发生时受影响的负荷数量。

4.6.9　提升配电网故障恢复能力的恢复措施

4.6.9.1　网络重构

在故障发生后，配电网拓扑对故障恢复过程有着至关重要的影响。一方面，网络重构能通过隔离配电系统中的故障，极大程度的缩小故障范围，降低故障对负荷的影响。另一方面，由于故障会引起配电系统负荷与电源之间通路的中断，因此，网络重构可以将重新恢复供电中断负荷的供电通路，保障节点的供电。

4.6.9.2　可移动资源实时调度

可移动资源（例如操作人员、可移动应急式电源）由于其机动特性，可以实现较不可移动资源（分布式电源）的更多功能，具有更高灵活性。例如，分布式电源可以作为故障后电源进行区域性供电，但是由于其不可移动特性，其供电区域极大程度上受到配电网拓扑的影响。但是，可移动应急式电源具有机动特性，可以在故障后根据具体故障位置进行优化调度，对失去供电区域进行供电，具有更高灵活性。

4.7　极端天气下考虑 MEG 两阶段优化调度的配电网防御和恢复方法

基于前面的分析，本节以最大化负荷恢复为目标，构建多时段恢复优化模型，同时考虑负荷需求、线路故障位置等的不确定性，并综合考虑网络重构、MEG 等在事故前的预先配置和事故后紧急调度中的作用。

4.7.1　模型符号含义

（1）集合。

$j \in B$：所有节点的集合。

$m \in M$：所有 MEG 的集合。

$t, \tau \in T$：时间段集合。

$(i, j) \in L$：支路集合。

$c \in C$：故障场景的集合。

N_B, N_T, N_L：节点总数、时间段总数和支路总数。

B_m：可连接 MEG 的候选节点集合。

L^{RCS}：配备远程控制开关的支路集合。

L^{d}：事故发生后被损坏支路集合。

$\pi(j)$：节点 j 的父节点集合。

$\delta(j)$：节点 j 的子节点集合。

（2）参数。

ω_j：节点 j 负荷的权重系数。

p_c：故障场景 c 发生的概率。

λ_{ij}：支路 (i,j) 的故障状态，如果支路未故障，则为 1，否则为 0。

P_j^{d}：节点 j 的有功功率需求。

Q_j^{d}：节点 j 的无功功率需求。

N_j^{MEG}：节点 j 允许连接的 MEG 个数。

$T_{m,ij}^{\mathrm{travel}}$：第 m 台 MEG 从节点 i 到节点 j 的转移时间。

Δt：一个时间段的持续时间。

K：MEG 移动的成本系数。

M：足够大的正数。

$\overline{P}_m,\overline{Q}_m$：MEG 的最大有功功率和无功功率输出。

$\overline{P}_{ij},\overline{Q}_{ij}$：$(i,j)$ 支路有功及无功容量。

r_{ij},x_{ij}：支路 (i,j) 的电阻和电抗。

$\overline{V_j^2}$：节点 j 电压最大幅值的平方。

$\underline{V_j^2}$：节点 j 电压最小幅值的平方。

V_R：电压基准值。

（3）变量。

$P_{ij}^{\mathrm{fpre}},Q_{ij}^{\mathrm{fpre}}$：事故前支路 (i,j) 的有功潮流和无功潮流。

$P_m^{\mathrm{MEG,pre}},Q_m^{\mathrm{MEG,pre}}$：第 m 台 MEG 在事故前的有功输出和无功输出。

$P_j^{\mathrm{GMEG,pre}},Q_j^{\mathrm{GMEG,pre}}$：事故前节点 j 处所有 MEG 的有功输出和无功输出。

$V_j^{2,\mathrm{pre}}$：事故前节点 j 电压幅值的平方。

f_{ij}^{lpre}：事故前支路(i,j)的虚拟流，用于保障辐射状网络约束。

$\alpha_{ij}^{\mathrm{pre}}$：事故前支路$(i,j)$的状态，如果支路闭合，则为 1，否则为 0。

γ_j^{pre}：节点 j 在事故前是否产生虚拟流，若产生虚拟流则为 1，否则为 0。

$\mu_{m,j}^{\mathrm{pre}}$：事故前第 m 台 MEG 与节点 j 的连接状态，若连接则为 1，否则为 0。

$P_{j,t,c}^{\mathrm{d}},Q_{j,t,c}^{\mathrm{d}}$：场景 c 下 t 时刻节点 j 的实际有功和无功功率。

$P_{ij,t,c}^{\mathrm{f}},Q_{ij,t,c}^{\mathrm{f}}$：场景 c 下 t 时刻支路(i,j)的有功潮流和无功潮流。

$P_{m,t,c}^{\mathrm{MEG}},Q_{m,t,c}^{\mathrm{MEG}}$：场景 c 下 t 时刻第 m 台 MEG 的有功输出和无功输出。

$P_{j,t,c}^{\mathrm{GMEG}},Q_{j,t,c}^{\mathrm{GMEG}}$：场景 c 下 t 时刻节点 j 处 MEG 的有功功率和无功功率输出。

$V_{j,t,c}^2$：场景 c 下 t 时刻节点 j 电压幅值的平方。

$f_{ij,t,c}^{l}$：场景 c 下 t 时刻支路 (i,j) 的虚拟流。

$\alpha_{ij,t,c}$：场景 c 下 t 时刻支路 (i,j) 的连接状态，如果连通，则为 1，否则为 0。

$\gamma_{j,t,c}$：在场景 c 下 t 时刻节点 j 是否产生虚拟流，若产生虚拟流则为 1，否则为 0。

$\mu_{m,j,t,c}$：在场景 c 下 t 时刻第 m 台 MEG 与节点 j 的连接状态，连接时为 1，反之为 0。

4.7.2 模型建立

本模型基于以下假设建立：

（1）模型所用配电系统网络的线路的损耗忽略不计。

（2）极端自然灾害来临前后，各个节点的需求明确且不变。

（3）极端自然灾害到来前，配有 RCS 的线路状态可以及时调整，目的是形成韧性较强的配电网拓扑结构。

4.7.2.1 目标函数

模型目标函数包括两项，如下式所示。

$$\max \sum_{c \in C} p_c \left(\sum_{t \in T} \sum_{j \in B} \omega_j P_{j,t,c}^{\mathrm{d}} - K \sum_{t \in T} \sum_{m \in M} \varphi_{m,t,c} \right) \tag{4-104}$$

其中第一项是考虑事故后能够使整个时间段内的负荷供应量最大化，第二项为 MEG 在节点间的移动成本。

4.7.2.2 事故前约束

在事故前阶段，由于极端灾害尚未发生，配电网保持正常运行状态，应满足潮流约束且不应因为采取预防措施而产生任何的失负荷现象，事故前需要满足如下的约束条件。

（1）MEG 配置约束。

在事故前阶段，需要对 MEG 进行预先配置，MEG 的数量约束如下：

$$\sum_{j \in B_m} \mu_{m,j}^{\mathrm{pre}} \leqslant 1, \forall m \in M \tag{4-105}$$

$$\sum_{m \in M} \sum_{j \in B_m} \mu_{m,j}^{\mathrm{pre}} \leqslant N^{\mathrm{MEG}} \tag{4-106}$$

在事故发生前，对于同一个 MEG 最多只能连接到一个确定 MEG 的候选节点，也即是 MEG 在事故前预先配置的位置需要确定。当前可分配的 MEG 的数量不应超过总的 MEG 数量。

（2）辐射状拓扑约束。

$$\sum_{(i,j) \in L} \alpha_{ij}^{\mathrm{pre}} = N_B - \sum_{j \in B} \gamma_j^{\mathrm{pre}} \tag{4-107}$$

$$\sum_{i \in \pi(j)} fl_{ij}^{\mathrm{pre}} - \sum_{s \in \delta(j)} fl_{js}^{\mathrm{pre}} \leqslant 1 + M \gamma_j^{\mathrm{pre}}, \forall j \in B \tag{4-108}$$

$$\sum_{i \in \pi(j)} fl_{ij}^{\mathrm{pre}} - \sum_{s \in \delta(j)} fl_{js}^{\mathrm{pre}} \geqslant 1 - M \gamma_j^{\mathrm{pre}}, \forall j \in B \tag{4-109}$$

$$-\alpha_{ij}^{\mathrm{pre}} M \leqslant fl_{ij}^{\mathrm{pre}} \leqslant \alpha_{ij}^{\mathrm{pre}} M, \forall (i,j) \in L \tag{4-110}$$

限定了配网拓扑的辐射性。其中，闭合线路数等于总节点数与虚拟电源数之差，虚拟流满足注入与流出平衡。仅虚拟电源可以注入虚拟流，所有节点吸收单位虚拟流，且仅闭合线路可以流过虚拟流。

（3）MEG 出力约束。

$$0 \leqslant P_m^{\mathrm{MEG,pre}} \leqslant \overline{P_m}, \forall m \in M \tag{4-111}$$

$$0 \leqslant Q_m^{\mathrm{MEG,pre}} \leqslant \overline{Q_m}, \forall m \in M \tag{4-112}$$

$$P_j^{\mathrm{GMEG,pre}} = \sum_{m \in M} \mu_{m,j}^{\mathrm{pre}} P_m^{\mathrm{MEG,pre}}, \forall j \in B_m \tag{4-113}$$

$$Q_j^{\mathrm{GMEG,pre}} = \sum_{m \in M} \mu_{m,j}^{\mathrm{pre}} Q_m^{\mathrm{MEG,pre}} \forall j \in B_m \tag{4-114}$$

$$P_j^{\mathrm{GMEG,pre}} = Q_j^{\mathrm{GMEG,pre}} = 0, \forall j \in B \setminus B_m \tag{4-115}$$

MEG 的有功和无功输出；节点的 MEG 有功功率和无功功率；非 MEG 候选节点的 MEG 有功功率和无功功率均为 0。

（4）线路潮流约束。

$$-\alpha_{ij} \overline{P_{ij}} \leqslant P_{ij}^{\mathrm{fpre}} \leqslant \alpha_{ij} \overline{P_{ij}}, \forall (i,j) \in L \tag{4-116}$$

$$-\alpha_{ij} \overline{Q_{ij}} \leqslant Q_{ij}^{\mathrm{fpre}} \leqslant \alpha_{ij} \overline{Q_{ij}}, \forall (i,j) \in L \tag{4-117}$$

约束式（4-116）和式（4-117）对线路有功和无功潮流容量进行了限制，同时也还强制开路支路中的有功和无功潮流为零。

（5）功率平衡约束。

$$\sum_{i \in \pi(j)} P_{ij}^{\mathrm{fpre}} + P_j^{\mathrm{MEG,pre}} = P_j^{\mathrm{d}} + \sum_{k \in \delta(j)} P_{jk}^{\mathrm{fpre}}, \forall j \in B \tag{4-118}$$

$$\sum_{i \in \pi(j)} Q_{ij}^{\mathrm{fpre}} + Q_j^{\mathrm{MEG,pre}} = Q_j^{\mathrm{d}} + \sum_{k \in \delta(j)} Q_{jk}^{\mathrm{fpre}}, \forall j \in B \tag{4-119}$$

节点的有功和无功功率平衡约束，事故前负荷供应量为 100%，此阶段的失负荷为 0。

（6）潮流方程约束。

$$V_i^{2,\mathrm{pre}} - V_j^{2,\mathrm{pre}} \leqslant (1-\alpha_{ij}^{\mathrm{pre}})M + 2(r_{ij} P_{ij}^{\mathrm{fpre}} + x_{ij} Q_{ij}^{\mathrm{fpre}}), \forall (i,j) \in L \tag{4-120}$$

$$V_i^{2,\mathrm{pre}} - V_j^{2,\mathrm{pre}} \geqslant -(1-\alpha_{ij}^{\mathrm{pre}})M + 2\left(r_{ij} P_{ij}^{\mathrm{fpre}} + x_{ij} Q_{ij}^{\mathrm{fpre}}\right), \forall (i,j) \in L \tag{4-121}$$

$$\underline{V_j^2} \leqslant V_j^{2,\mathrm{pre}} \leqslant \overline{V_j^2}, \forall j \in B \tag{4-122}$$

表示潮流方程，当 $\alpha_{ij}^{\mathrm{pre}}=1$ 时，进行潮流约束限制，当 $\alpha_{ij}^{\mathrm{pre}}=0$，该约束松弛。节点 j 电压的上下限约束，节点 j 处的电压不应该超过其限值。

非线性约束，需要进行线性化处理，线性化后的约束为：

$$-M \cdot (1-\alpha_{ij}^{\mathrm{pre}}) \leqslant V_i^{\mathrm{pre}} - V_j^{\mathrm{pre}} - \frac{r_{ij} \cdot P_{ij}^{\mathrm{fpre}} + x_{ij} \cdot Q_{ij}^{\mathrm{fpre}}}{V_R}, \quad \forall (i,j) \in L \tag{4-123}$$

$$M \cdot (1-\alpha_{ij}^{\mathrm{pre}}) \geqslant V_i^{\mathrm{pre}} - V_j^{\mathrm{pre}} - \frac{r_{ij} \cdot P_{ij}^{\mathrm{fpre}} + x_{ij} \cdot Q_{ij}^{\mathrm{fpre}}}{V_R}, \quad \forall (i,j) \in L \tag{4-124}$$

4.7.2.3　事故后约束

（1）MEG 的连接约束。

在极端事件发生后，MEG 快速移动并与 MEG 候选节点连接，在需要的地方提供电力。

$$\sum_{j\in B_m}\mu_{m,j,t,c}\leqslant 1,\forall m\in M,\forall t\in T,\forall c\in C \tag{4-125}$$

$$\mu_{m,j,1,c}=\mu_{m,j}^{\text{pre}},\forall m\in M,\forall c\in C \tag{4-126}$$

$$\sum_{m\in M}\sum_{j\in B_m}\mu_{m,j,t,c}\leqslant N^{\text{MEG}},\forall t\in T,\forall c\in C \tag{4-127}$$

$$\varphi_{m,t,c}=1-\sum_{j\in B_m}\mu_{m,j,t,c},\forall m\in M,\forall t\in T,\forall c\in C \tag{4-128}$$

在每个时间段内，对于同一个 MEG 最多只能连接到一个预先确定的候选节点，也即是移动电源车在某一时刻只能出现在一个位置。是事故前与事故后初始阶段（$t=1$）MEG 与节点连接状态的耦合关系，即事故发生后的初始阶段，MEG 仍保持事故前的状态。当前可用的 MEG 的数量不应超过其现有的数量。对通过 $\varphi_{m,t}$ 对 MEG 是否处于移动中进行标识。若 $\varphi_{m,t}=1$，则表示 MEG 在移动中（MEG 在移动时无法给任何候选节点供电），此时 $\sum_{i\in B_m}\mu_{m,i,t}=0$；同理。若 $\varphi_{m,t}=0$，即 $\sum_{i\in B_m}\mu_{m,i,t}=1$ 则表明 MEG 已连接到候选节点。

（2）MEG 调度约束。

$$\mu_{m,j,t+\tau,c}+\mu_{m,i,t,c}\leqslant 1,\forall m\in M,\forall i,j\in B_m,\forall\tau\leqslant T_{m,ij}^{\text{travel}},\forall t+\tau\leqslant N_t,\forall c\in C \tag{4-129}$$

保证了 MEG 在不同候选节点间的调度满足所需的调度时间的限制，若 t 时刻 MEG 位于节点 i，而 MEG 从 i 节点到 j 节点的移动时间是 τ，那么在时刻 t 到 $t+\tau$ 这段时间内，MEG 不可出现在 j 节点。

（3）MEG 出力约束。

$$0\leqslant P_{m,t,c}^{\text{MEG}}\leqslant\overline{P_m},\forall m\in M,\forall t\in T,\forall c\in C \tag{4-130}$$

$$0\leqslant Q_{m,t,c}^{\text{MEG}}\leqslant\overline{P_m},\forall m\in M,\forall t\in T,\forall c\in C \tag{4-131}$$

$$P_{j,t,c}^{\text{GMEG}}=\sum_{m\in M}\mu_{m,j,t,c}^{\text{pre}}P_{m,t,c}^{\text{MEG}},\forall j\in B_m,\forall t\in T,\forall c\in C \tag{4-132}$$

$$Q_{j,t,c}^{\text{GMEG}}=\sum_{m\in M}\mu_{m,j,t,c}^{\text{pre}}Q_{m,t,c}^{\text{MEG}},\forall j\in B_m,\forall t\in T,\forall c\in C \tag{4-133}$$

$$P_{j,t,c}^{\text{GMEG}}=Q_{j,t,c}^{\text{GMEG}}=0,\forall j\in B\setminus B_m,\forall t\in T,\forall c\in C,\forall t\in T,\forall c\in C \tag{4-134}$$

分别为 MEG 的有功和无功输出；分别为节点的 MEG 有功功率和无功功率；限制非 MEG 候选节点的 MEG 有功功率和无功功率均为 0。

（4）辐射状拓扑约束。

$$\sum_{(i,j)\in L}\alpha_{ij,t,c}=N_B-\sum_{j\in B}\gamma_{j,t,c},\forall t\in T,\forall c\in C \tag{4-135}$$

$$\sum_{i\in\pi(j)} f_{ij,t,c}^{1} - \sum_{s\in\delta(j)} f_{js,t,c}^{1} \leqslant 1 + M\gamma_{j,t,c}, \forall j\in B, \forall c\in C, \forall t\in T, \forall c\in C \tag{4-136}$$

$$\sum_{i\in\pi(j)} f_{ij,t,c}^{1} - \sum_{s\in\delta(j)} f_{js,t,c}^{1} \geqslant 1 - M\gamma_{j,t,c}, \forall j\in B, \forall t\in T, \forall c\in C \tag{4-137}$$

$$-\alpha_{ij,t,c}M \leqslant f_{ij,t,c}^{l} \leqslant \alpha_{ij,t,c}M, \forall (i,j)\in L, \forall t\in T, \forall c\in C \tag{4-138}$$

确保配电系统网络在事故后的所有时段内都保持辐射状。

（5）支路状态约束。

$$\alpha_{ij,t,c} \leqslant \lambda_{ij}, \forall (i,j)\in L, \forall t\in T, \forall c\in C \tag{4-139}$$

$$\alpha_{ij,t.c} = \alpha_{ij}^{\mathrm{pre}}, \forall (i,j)\in L\setminus\{L^{\mathrm{d}}, L^{\mathrm{RCS}}\}, \forall t\in T, \forall c\in C \tag{4-140}$$

表示如果事故后支路(i,j)故障，则该支路应该是断开的。规定没有远程控制开关 RCS 的支路以及未故障支路在所有时间段内都保持其初始状态，也即是事故前的状态。

（6）功率平衡约束。

$$\sum_{i\in\pi(j)} P_{ij,t,c}^{\mathrm{f}} + P_{j,t,c}^{\mathrm{GMEG}} = P_{j,t,c}^{\mathrm{d}} + \sum_{k\in\delta(j)} P_{jk,t,c}^{\mathrm{f}}, \forall j\in B, \forall t\in T, \forall c\in C \tag{4-141}$$

$$\sum_{i\in\pi(j)} Q_{ij,t,c}^{\mathrm{f}} + Q_{j,t,c}^{\mathrm{GMEG}} = Q_{j,t,c}^{\mathrm{d}} + \sum_{k\in\delta(j)} Q_{jk,t,c}^{\mathrm{f}}, \forall j\in B, \forall t\in T, \forall c\in C \tag{4-142}$$

$$0 \leqslant P_{j,t,c}^{\mathrm{d}} \leqslant P_{j}^{\mathrm{d}}, \forall j\in B, \forall t\in T, \forall c\in C \tag{4-143}$$

$$0 \leqslant Q_{j,t,c}^{\mathrm{d}} \leqslant Q_{j}^{\mathrm{d}}, \forall j\in B, \forall t\in T, \forall c\in C \tag{4-144}$$

$$-\alpha_{ij,t,c}\overline{P_{ij}} \leqslant P_{ij,t,c}^{\mathrm{f}} \leqslant \alpha_{ij,t,c}\overline{P_{ij}}, \forall (i,j)\in L, \forall t\in T, \forall c\in C \tag{4-145}$$

$$-\alpha_{ij,t,c}\overline{Q_{ij}} \leqslant Q_{ij,t,c}^{\mathrm{f}} \leqslant \alpha_{ij,t,c}\overline{Q_{ij}}, \forall (i,j)\in L, \forall t\in T, \forall c\in C \tag{4-146}$$

节点有功功率和无功功率平衡约束；约束了节点得到的功率不高于正常供电时所需功率。线路有功潮流和无功潮流容量约束。

（7）潮流约束。

$$V_{i,t,c}^{2} - V_{j,t.c}^{2} \leqslant (1-\alpha_{ij,t,c})\cdot M + 2\cdot(r_{ij}\cdot pf_{ij,t,c} + x_{ij}\cdot qf_{ij,t,c}), \forall (i,j)\in L, \forall t\in T, \forall c\in C \tag{4-147}$$

$$V_{i,t,c}^{2} - V_{j,t}^{2} \geqslant -(1-\alpha_{ij,t,c})\cdot M + 2\cdot(r_{ij}\cdot pf_{ij,t,c} + x_{ij}\cdot qf_{ij,t,c}), \forall (i,j)\in L, \forall t\in T, \forall c\in C \tag{4-148}$$

$$\underline{V_{j}} \leqslant V_{j,t} \leqslant \overline{V_{j}}, \forall j\in B, \forall t\in T \tag{4-149}$$

将非线性潮流约束转变为线性约束：

$$-M(1-\alpha_{ij,t,c}) \leqslant V_{i,t,c} - V_{j,t,c} - \frac{r_{ij}P_{ij,t,c}^{\mathrm{f}} + x_{ij}Q_{ij,t,c}^{\mathrm{f}}}{V_{R}}, \quad \forall (i,j)\in L, \forall t\in T, \forall c\in C \tag{4-150}$$

$$M\cdot(1-\alpha_{ij,t,c})\geqslant V_{i,t,c}-V_{j,t,c}-\frac{(r_{ij}P_{ij,t,c}^{\mathrm{f}}+x_{ij}Q_{ij,t,c}^{\mathrm{f}})}{V_R},\ \forall(i,j)\in L,\forall t\in T,\forall c\in C \tag{4-151}$$

为了更直观地表现配电系统的韧性水平，可考虑用系统在整个时间内恢复的负荷量百分比作为韧性指标，如下式所示。

$$\rho=\frac{\sum_{c\in C}\sum_{t\in T}\sum_{j\in B}p_c\cdot\omega_j\cdot p_{j,t,c}^{\mathrm{d}}}{T\cdot\sum_{j\in B}\omega_j\cdot P_j^{\mathrm{d}}} \tag{4-152}$$

4.7.3　算例分析

（1）参数设置。

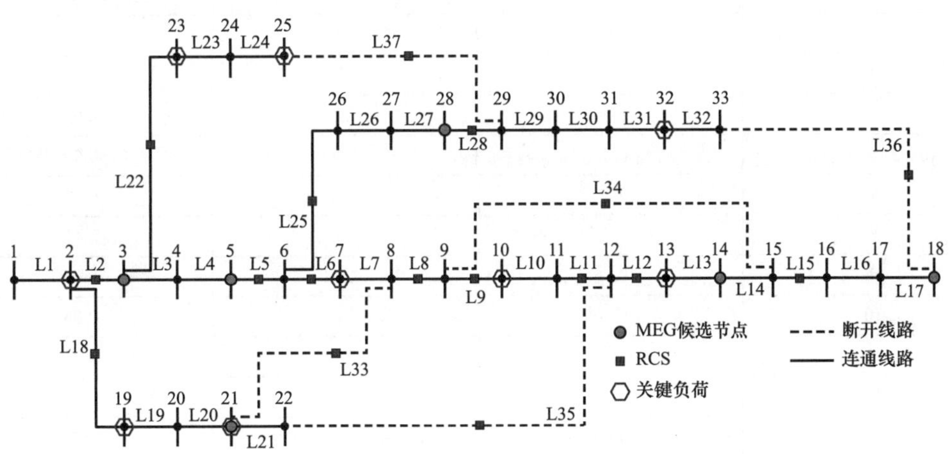

图 4-25　IEEE 33 节点配电系统拓扑结构

IEEE 33 节点配电系统拓扑结构如图 4-25 所示，其中，虚线线路表示该支路处于断开状态，实现线路表示该支路处于闭合状态，线路 L2、L5、L6、L8、L9、L11、L12、L15、L18、L22、L25、L28、L33、L34、L35、L36、L37 装配有 RCS，节点 3、10、14、18、21、28 为 MEG 候选节点，节点 2、10、13、19、21、22、25 为关键负荷节点。节点 1 为变电节点，容量足以支撑配网所有负荷正常供电。IEEE 33 节点配电系统共有 37 条线路，其中 L33～L37 为系统的联络线。

此外，由于本模型需要考虑 MEG 在不同节点的移动时间，所以本节用两点之间的直线向上取整的距离代表 MEG 在两节点的传输时间。

IEEE 33 节点系统的参数设置如下。

1）线路容量参数：5MVA。

2）系统的总负荷：3.715MW＋2.300Mvar。

3）关键负荷节点：节点 2、10、13、19、21、22、25。

4）关键负荷权重系数：3。

5）非关键负荷权重系数：1。

6）事故后 MEG 移动时考虑的时间集：$T=12$。

7）MEG 最大出力：0.8MVA + 0.8Mvar。

8）电压范围：[0.95，1.05]p.u.。

9）MEG 在 i 节点与 j 节点间的移动时间：在本节中 MEG 移动时间等于两节点的直线距离取整。

10）各节点的有功需求见表 4－9。

表 4－9　各节点的有功需求量

节点编号	有功需求	节点编号	有功需求
1	0	18	0.09
2	0.1	19	0.09
3	0.09	20	0.09
4	0.12	21	0.09
5	0.06	22	0.09
6	0.06	23	0.09
7	0.2	24	0.42
8	0.2	25	0.42
9	0.06	26	0.06
10	0.06	27	0.06
11	0.045	28	0.06
12	0.06	29	0.12
13	0.06	30	0.2
14	0.12	31	0.15
15	0.06	32	0.21
16	0.06	33	0.06
17	0.06		

预想故障场景集合：

1）故障场景数目：10。

2）每个随机场景概率：0.1。

3）每个随机场景包含的故障线路数：5。

4）每个随机场景包含的故障线路如表 4－10 所示。

表 4－10　IEEE33 节点配电系统的故障场景集合

故障场景	故障线路				
1	L4	L5	L9	L14	L31
2	L5	L13	L22	L23	L30

续表

故障场景	故障线路				
3	L6	L13	L17	L25	L37
4	L4	L5	L13	L31	L35
5	L15	L18	L30	L33	L35
6	L6	L10	L15	L25	L37
7	L14	L22	L24	L25	L29
8	L10	L14	L29	L35	L36
9	L3	L5	L12	L34	L36
10	L2	L3	L25	L29	L37

（2）结果分析。

本节将使用 MATLAB 软件对图所示的 IEEE 33 节点配电系统进行验证分析，主要分析 MEG 和 RCS 对配电系统韧性提升的影响，通过改变 MEG 台数，MEG 最大出力等进行验证并对比。

1）事故前的优化结果。

事故前阶段的 MEG 配置以及网络拓扑结构如图 4－26 所示。由图可知，MEG 的配置节点为节点 5 和节点 18，远程控制开关也将动作，形成如图 4－26 所示的配电网拓扑结构，以提高配电网韧性。

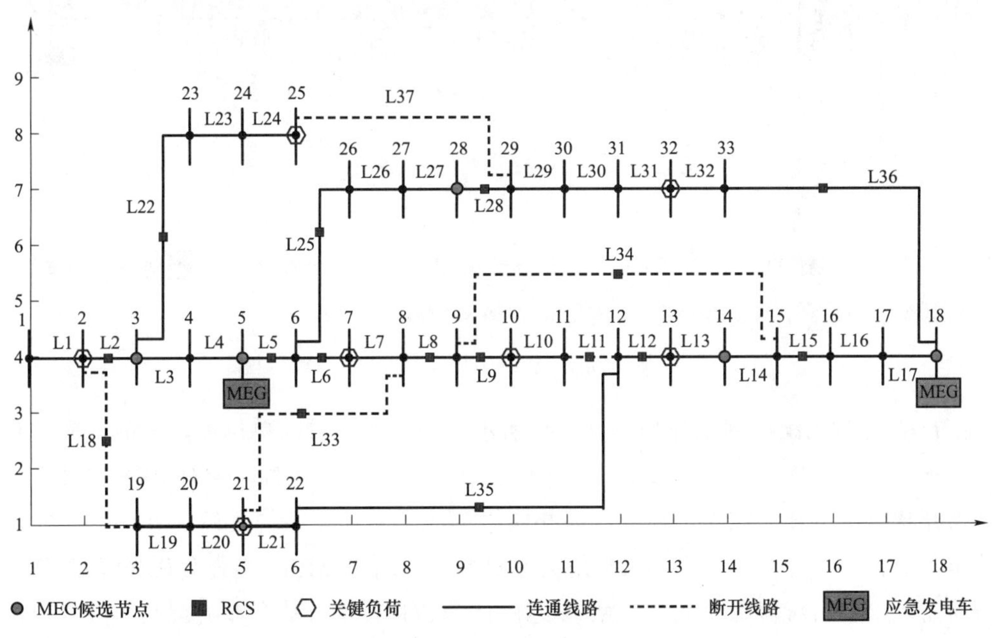

图 4－26　事故前阶段的 MEG 配置以及网络拓扑结构

2）事故后的调度阶段优化结果。

事故发生后，部分未受损且未安装 RCS 的线路将继续保持故障前的状态，已损坏线路始终处于断开状态，安装有 RCS 的线路可以协调 MEG 的位置而发生动作。

下面以故障场景 10（故障线路：L2、L3、L25、L29、L37）为例，分时段讨论 MEG 的调度。

a. $t=1$ 时刻的配电网拓扑如图 4－27 所示。在该故障场景下，无源区域或故障区域的负荷恢复就需要 MEG 和 RCS 的协调配合来完成。首先 RCS 在故障发生后立即动作，尽可能保证负荷供应量最大，如图中所示，但部分区域未事先配置 MEG，极有可能会导致失负荷。此时就需要 MEG 在候选节点间的移动来满足负荷需求。

b. $t=2$ 时刻的配电网拓扑如图 4－28 所示。此时图中并没有注明 MEG 的位置，表示 MEG 正处于移动中，移动状态的 MEG 出力为零。

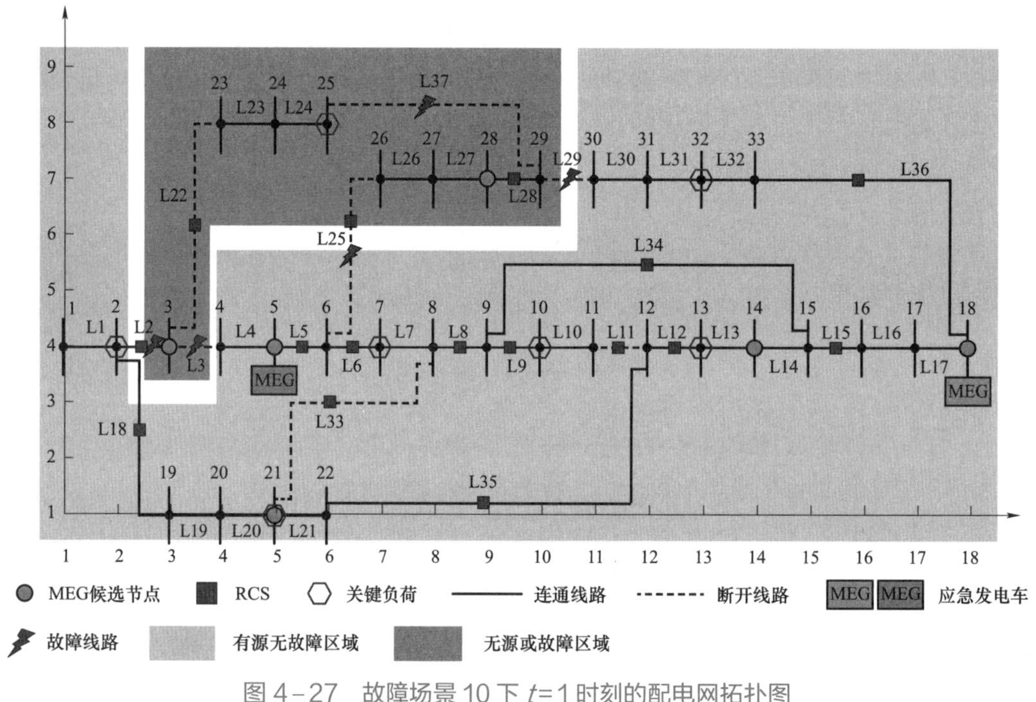

图 4－27　故障场景 10 下 $t=1$ 时刻的配电网拓扑图

c. $t=3$ 时刻的配电网拓扑如图 4－29 所示。经过两个时间单位后，事故前配置在节点 5 的 MEG 已经移动到候选节点 3，并在节点 3 处出力，此时，装有 RCS 的线路 L22 也从断开状态变为闭合状态，这样，拓扑网络形成了两片有源的孤岛，节点 23、24、25 处的负荷也得以恢复，由于节点 25 是关键负荷大，所以 MEG 出力会优先满足节点 25 的负荷需求来使目标函数最大化。所以受限于 MEG 容量，其余非关键负荷节点可能不能完全恢复。此时另一台 MEG 还处于移动状态，移动状态的 MEG 出力为零。

d. $t=4$～10 这一时段内一台 MEG 始终连接在节点 3 处，保持负荷供给，另一台 MEG 仍在移动过程中。

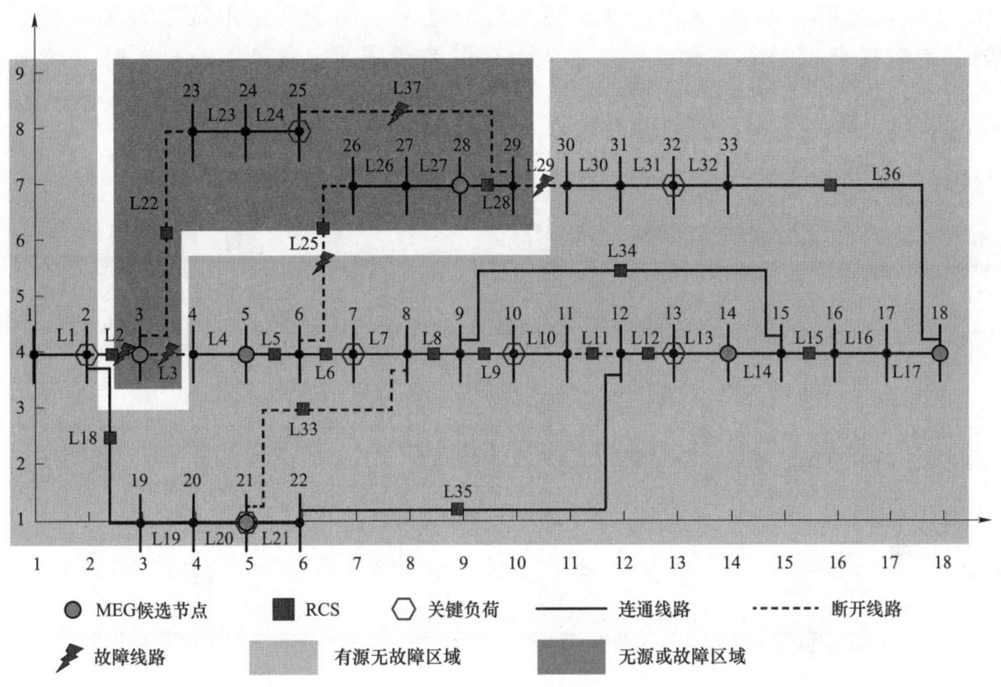

图 4-28　故障场景 10 下 2 台 MEG 在 $t=2$ 时刻的配电网拓扑图

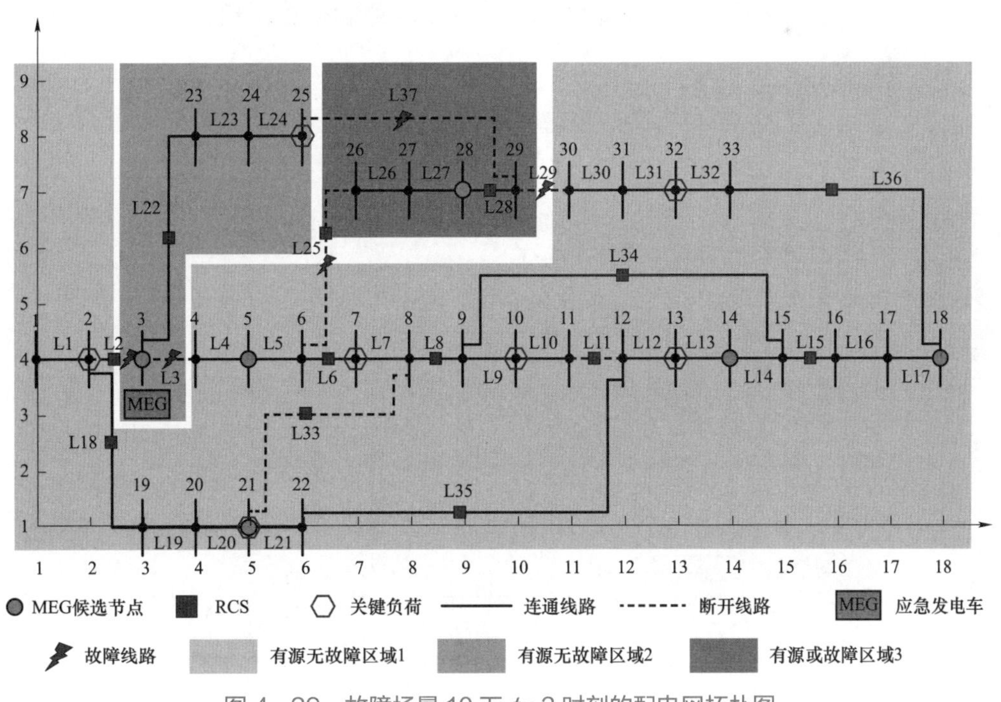

图 4-29　故障场景 10 下 $t=3$ 时刻的配电网拓扑图

e. $t=11$ 时刻的配电网拓扑如图 4－30 所示，两台 MEG 分别配置在节点 3 和节点 28 处，此时，在 MEG 与 RCS 的系统配置下，拓扑网络形成三片独立运行的孤岛，所有孤岛都处于有源状态，如果 MEG 容量充足，那么当 $t=11$ 时，负荷已

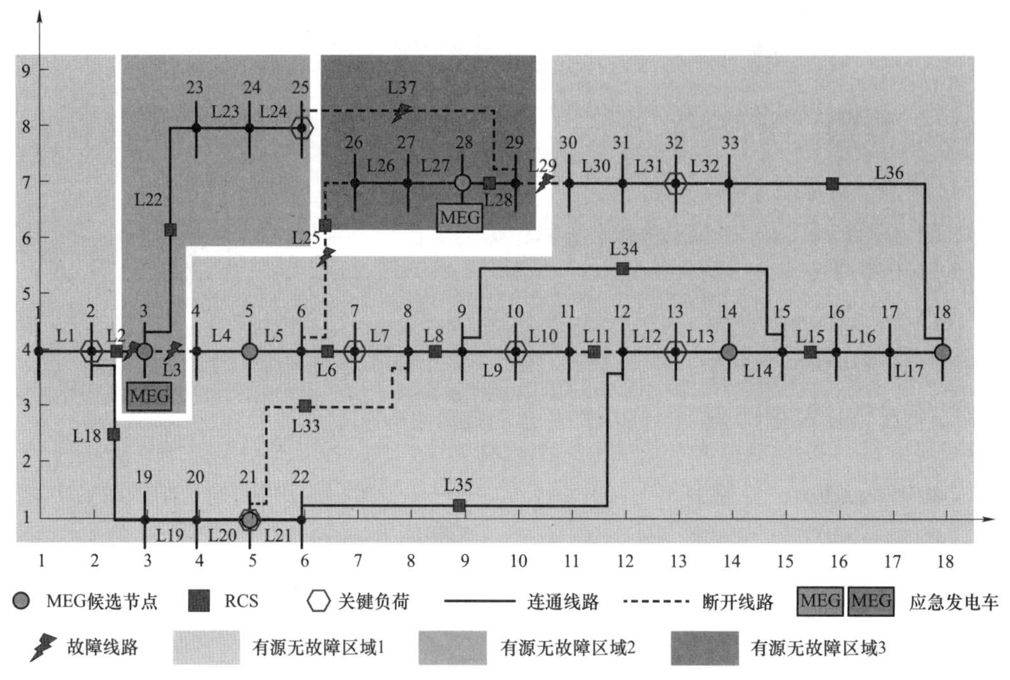

图 4－30　故障场景 10 下 $t=11$ 时刻的配电网拓扑图

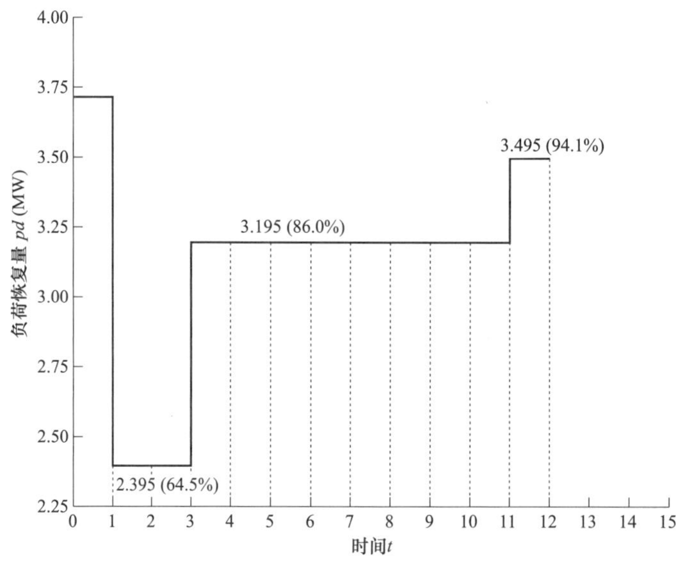

图 4－31　故障场景 10 下的系统的性能变化曲线

全部恢复，此后，在故障线路得到修复前，MEG 和 RCS 不再动作，网络处于稳定运行状态。

（3）系统整体性能。

在故障场景 10 下，系统的性能变化曲线如图 4-31 所示。与之前研究思路中提出的曲线相似，而且可以看出事故发生后系统中有部分负荷受到影响，而事故后 MEG 的优化调度以及 RCS 的快速动作能够形成孤岛，进而使大部分负荷恢复运行。剩余负荷的恢复需要进一步借助故障线路修复完成。

（4）各节点在不同时段的负荷百分比。

各节点在不同时段的负荷百分比如图 4-32 所示，与优化结果相符合。可以看到在 $t=2$ 时，节点 23 虽然处于有源区域，但受限于 MEG 容量以及是否为关键负荷这两个条件的限制，节点 23 的负荷并没有恢复，但关键负荷节点 25 此时已完全恢复，进而说明了本模型能够在 MEG 容量有限的情况下更倾向于对关键负荷的满足；由于没有考虑线损，可能会出现功率在负荷等级相同的不同节点之间分配的变动。

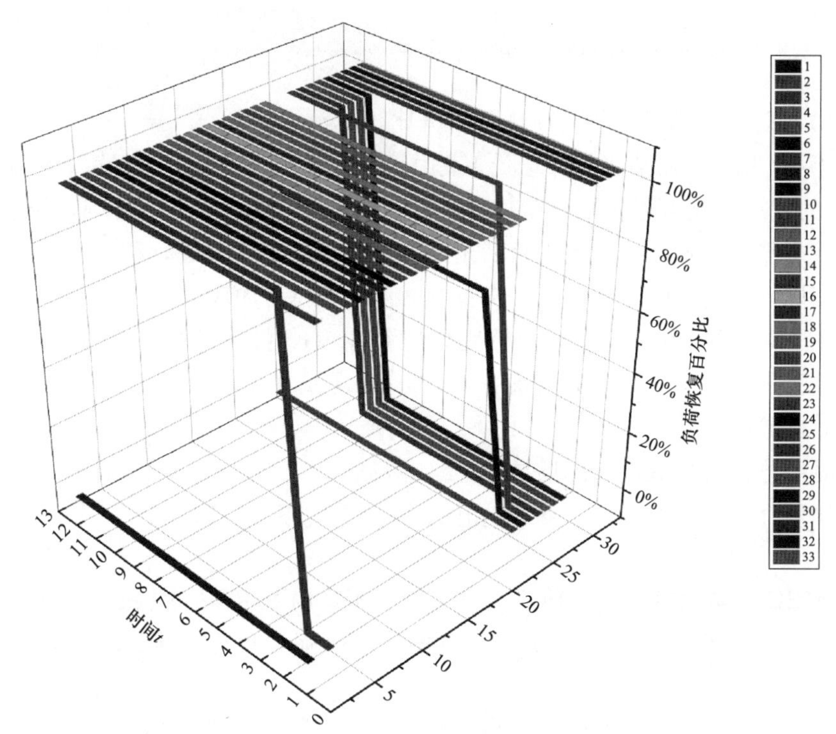

图 4-32　各节点在不同时段的负荷百分比

（5）关键负荷与非关键负荷的恢复情况。

关键负荷与非关键负荷的恢复百分比如图 4-33 所示，纵坐标表示事故后所有关键负荷的恢复量与失负荷量之比。由图可知，故障发生后，能迅速地恢复关键负荷，极大地降低了关键负荷故障所带来的损失，但是为保证关键负荷的供电，受区域内总供电量的限制，由于 MEG 移动等情况的存在，非关键负荷在事故后总的失负荷反而增加，可以看出该模型虽然能够较好地为关键负荷节点提供满足需要的负荷，但是受限于 MEG 最大出力，有些非关键负荷较难恢复。

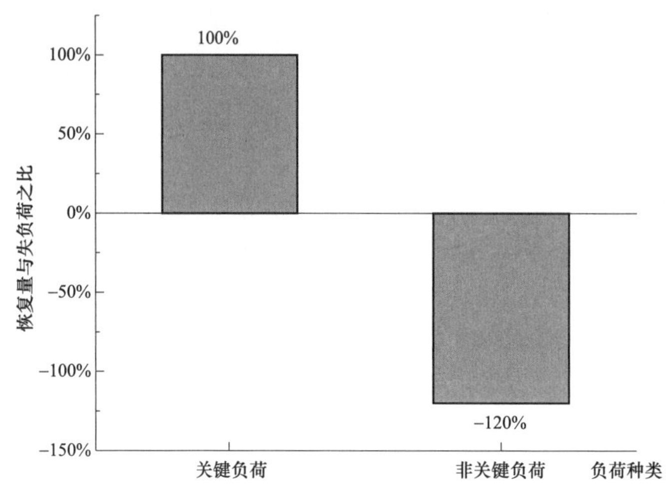

图 4－33　关键负荷与非关键负荷恢复百分比

（6）10 个随机故障场景的负荷恢复百分比。

如图 4－34 所示，在某些故障场景下，由于优化模型在事故前已经配置了 MEG 的位置和 RCS 的状态，配电网络系统在某些场景下并未受到冲击，如场景 4、场景 9；一旦某些负荷节点受到故障影响导致失负荷出现，那么 MEG 就要进行移动，RCS 的状态也将随之改变以恢复更多的负荷，使其恢复事故前的状态，如场景 1、场景 3、场景 5 和场景 6；而有些情况下，由于某些节点不允许配置 MEG，抑或是由于 MEG 出力上限的限制，导致负荷不能完全恢复，如场景 2、场景 7、场景 8 和场景 10。

（7）对比验证。

以下对比分析皆为随机故障场景 10 下的数据。

（1）增加 MEG 台数为 3，每台 MEG 出力上限不变，即 $N^{\mathrm{MEG}}=3$，$\overline{P}_{\mathrm{m}}=0.8\mathrm{MW}+0.8\mathrm{Mvar}$。

增加 MEG 台数为 3，事故前 3 台 MEG 的配置以及 RCS 的状态如图 4－35 所示，事故前形成了两片孤岛，这有利于提升电网应对极端值自然灾害的能力，增强了系统韧性。

事故后 MEG 的配置以及 RCS 的状态如图 4－36 所示，通过 RCS 的迅速动作，所有负荷节点均处于有源状态，因而 MEG 不需要再在不同节点间进行调度了。但可以看到，其中连接在节点 18 的 MEG 所在孤岛已经有源节点 1，所以该 MEG 不会出力，这里如果将 MEG 候选节点可接入的 MEG 数量增加，那么该台 MEG 将会移动至节点 28 以满足非关键负荷的恢复。

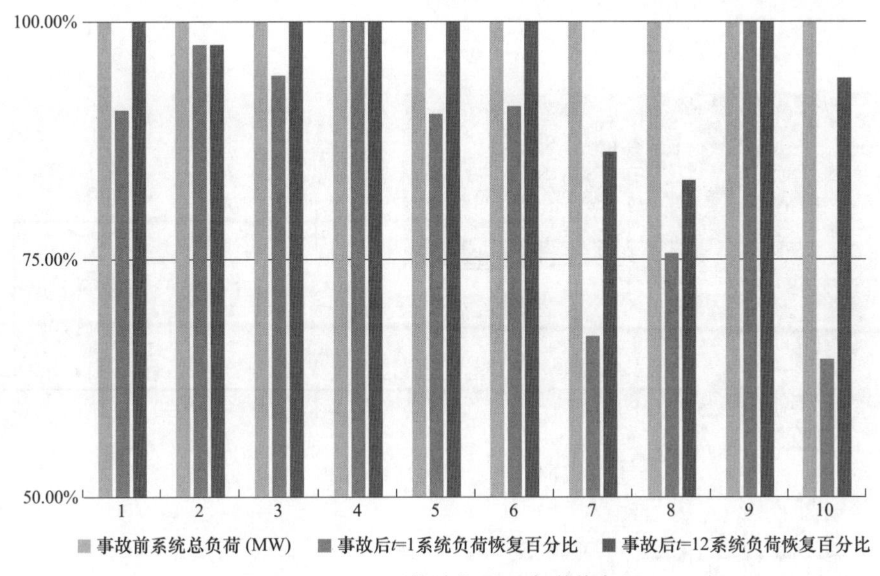

图 4－34　不同故障场景下负荷恢复量

MEG 数量增加至 3 台，通过计算，目标函数值有所增加，可见增加 MEG 数量能够增加事故后节点负荷的恢复量，对配电网韧性提升具有良好效果，但同时还需考虑 MEG 数量的增加以及移动时间的减少而导致的经济因素，因而在某些情况下需要综合考虑 MEG 调度成本与增加 MEG 数量的成本，以获取最优配置。

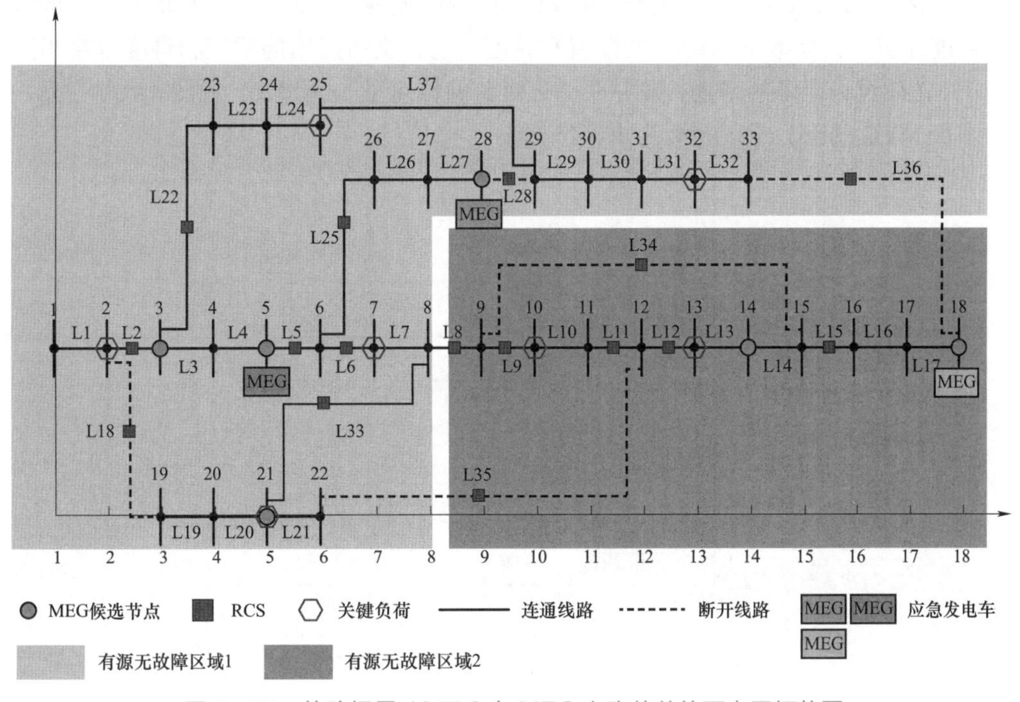

图 4－35　故障场景 10 下 3 台 MEG 在事故前的配电网拓扑图

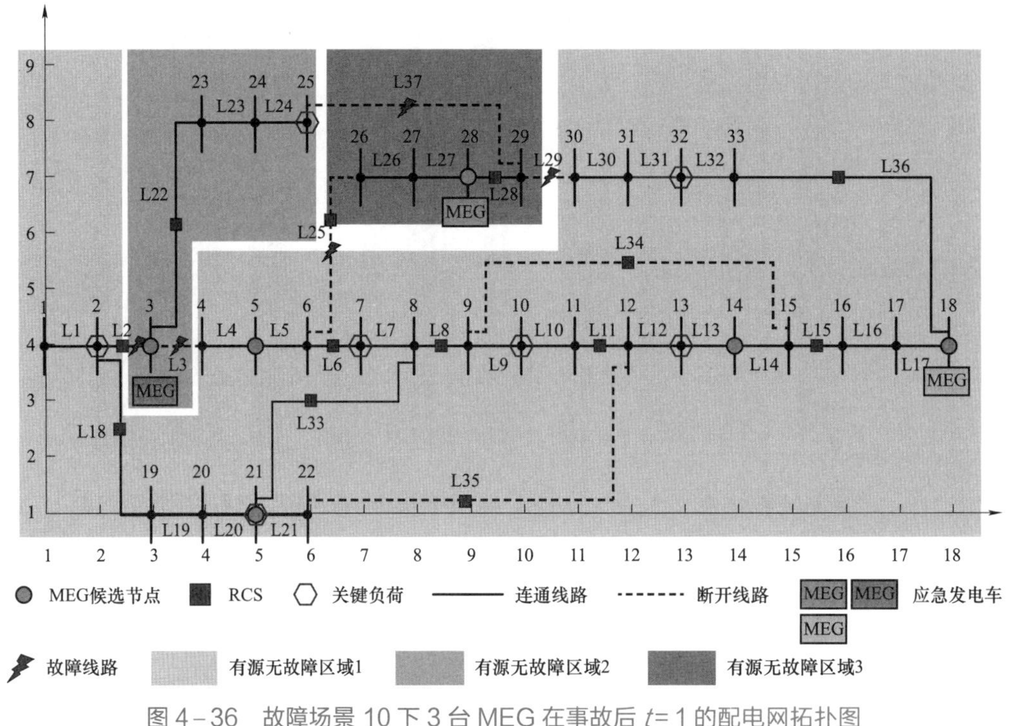

图 4-36　故障场景 10 下 3 台 MEG 在事故后 t=1 的配电网拓扑图

（2）保持 MEG 台数为 2，调整 MEG 出力上限，使 $N^{\text{MEG}}=3$，$\overline{P}_{\text{m}}=1.0\text{MW}+1.0\text{Mvar}$。

通过计算，该参数下 MEG 的配置和调度均与上文所提出的配置和调度方案相同，但由于 MEG 出力上限的增加，部分非关键负荷的恢复量有所增加，如图 4-37 所示。同样，增加 MEG 的出力上限也要考虑经济因素。

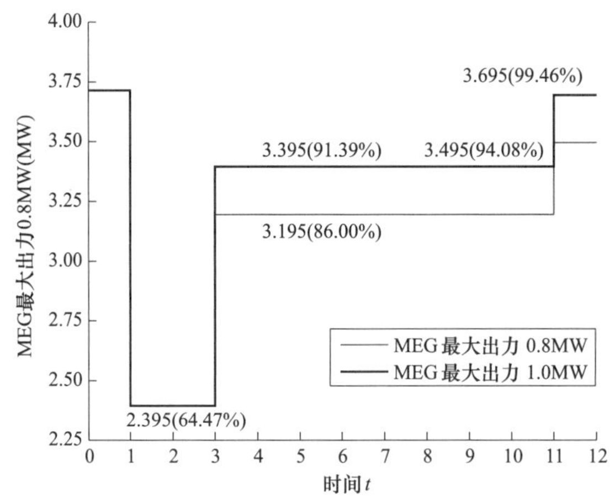

图 4-37　MEG 不同出力上限的负荷恢复量

综上所述，改变 MEG 的数量和 MEG 的出力上限，均可以不同程度地影响系统的韧性水平，如图 4-38 所示，分别考察了不同 MEG 数量与不同出力上限的 MEG 对韧性指标的影响。可以看出，增加 MEG 的数量或者增大 MEG 的出力上限，均可以提高系统韧性，能够在事故后恢复更多的负荷以满足需求，但同样可以看到，随着 MEG 数量的增加，系统韧性水平的提升逐渐趋于平缓，同样，随着 MEG 容量的增加，系统的韧性水平变化幅度也越来越小，所以如何选择 MEG 的数量和容量就需要考虑其中的经济因素了，要综合考虑经济因素与韧性水平提升的关系，寻找一个韧性水平高且经济性好的最优配置。

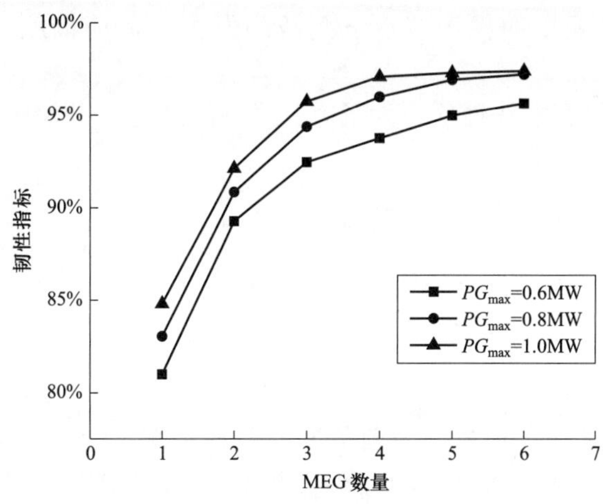

图 4-38　不同 MEG 配置对韧性指标的影响

4.8　综合考虑多种资源协同和多阶段过程的配电网韧性提升方法

4.8.1　目标函数

为了优化负荷恢复效率，计及负荷的优先级和功率需求大小，在故障隔离阶段，应尽可能地减少故障传递所导致的负荷损失，通过 RCS 来完成故障隔离。RCS 相比于 MS 而言，具有远程控制快速动作的特点，配合故障前的预先网络重构，可缩小故障影响范围。而在故障恢复阶段，负荷的预期中断持续时间是优化关键，对预期中断持续时间的建模应考虑到两方面的时间，一部分是考虑按照传统恢复方式的负荷恢复时间，另一部分是考虑 MEG 从预置站点位置到候选节点位置的转移时间。

由以上所述，可根据配电网不同阶段的特点，建立如下的多阶段目标函数：

$$\min \sum_{n\in N} u_n \sum_{i\in B} w_i P_i \left[\eta_{i,n} T_{\mathrm{RCS}} + \left(1 - \sum_{k\in\{F,G\}} \gamma_{i,k,n}\right) T_{i,n} + \sum_{k\in G}\sum_{p\in G}\sum_{m\in M} \gamma_{i,k,n} y_{p,m,k,n} T_{p,k,n} \right] \tag{4-153}$$

其中，G 为用于连接 MEG 的候选节点集合，M 为 MEG 集合，F 为根节点集合，N 为场景集合，B 为节点集合。u_n 是场景 n 的概率；w_i 是节点 i 的负荷权重；P_i 是节点 i 的有功功率需求；$\eta_{i,n}$ 表示在故障场景 n 中，节点 i 是否属于故障区域，若是则为 1，否则为 0；T_{RCS} 代表 RCS 的动作时间；$\gamma_{i,k,n}$ 表示节点 i 处的负荷在场景 n 下是否由节点 k 处的电源恢复，若是则为 1，否则为 0；$T_{i,n}$ 是按常规恢复方式估计的场景 n 下节点 i 负荷的恢复时间；$y_{p,m,k,n}$ 为 0－1 变量，表示第 m 台 MEG 在场景 n 下是否从预先配置的候选节点 p 调度到节点 k，若是则为 1，否则为 0；$T_{p,k,n}$ 是场景 n 下 MEG 从故障发生之前预先配置的候选节点 p 到故障发生之后应调度过去的候选节点 k 的行程时间。

由于目标函数中含有非线性项，为了对其进行线性化，引入一个辅助二元变量，并添加约束以实现线性化：

$$\tau_{p,m,i,k,n} \leqslant \gamma_{i,k,n} \tag{4-154}$$

$$\tau_{p,m,i,k,n} \leqslant y_{p,m,k,n} \tag{4-155}$$

$$\tau_{p,m,i,k,n} \geqslant \gamma_{i,k,n} + y_{p,m,k,n} - 1 \tag{4-156}$$

该目标函数包括三部分：

（1）在故障发生之后，根据故障前的网络重构情况，会有一部分节点不受故障影响，其余节点会受到故障传播的影响而失去负荷，在故障隔离阶段，可远程操控 RCS 进行快速网络重构来实现故障隔离，在等待 RCS 完成动作的时间 T_{RCS} 内会损失一部分节点负荷。

（2）在故障隔离之后，可以开始进行 MEG 的调度来恢复负荷，如果节点 i 处负荷在场景 n 中是由馈线根节点恢复的，则 $\sum_{k\in\{F,G\}}\gamma_{i,k,n}$ 等于 1，$\left(1-\sum_{k\in\{F,G\}}\gamma_{i,k,n}\right)$ 等于 0，$\sum_{k\in G}\sum_{p\in G}\sum_{m\in M}\gamma_{i,k,n}y_{p,m,k,n}t_{p,k,n}$ 等于 0，相当于这些节点的负荷若被恢复所需要经历的时间为 0。如果节点 i 处负荷在场景 n 中是由 MEG 恢复的，则 $\sum_{k\in\{F,G\}}\gamma_{i,k,n}$ 仍等于 1，$\left(1-\sum_{k\in\{F,G\}}\gamma_{i,k,n}\right)$ 仍等于 0，$\sum_{k\in G}\sum_{p\in G}\sum_{m\in M}\gamma_{i,k,n}y_{p,m,k,n}t_{p,k,n}$ 等于 1，这些节点的负荷若被恢复需要等待 $T_{p,k,n}$ 的 MEG 调度时间，在此时间内会有一部分节点负荷损失。

（3）如果 $\sum_{k\in\{F,G\}}\gamma_{i,k,n}$ 等于 0，表明节点 i 处的负荷在场景 n 中既没有由馈线根节点恢复也没有由 MEG 恢复，只能通过传统维修手段来恢复，此时 $\left(1-\sum_{k\in\{F,G\}}\gamma_{i,k,n}\right)$ 等于 1，$\sum_{k\in G}\sum_{p\in G}\sum_{m\in M}\gamma_{i,k,n}y_{p,m,k,n}t_{p,k,n}$ 等于 0，相当于这些节点的负荷若被恢复需要经历传统恢复时间 $T_{i,n}$，在此时间内会损失一部分负荷。

4.8.2　预防阶段约束

在此阶段内，进行 MEG 预先配置和网络重构，此阶段预先配置每个 MEG，将其配置到候选节点位置上，并确保不超过候选节点容量的情况下，为后面故障发生后 MEG 调度到其他节点上做准备，一定程度上节省了转移时间，有利于后续阶段负荷的快速恢复；并在故障发生之前利用 RCS 进行了预先的网络重构，从而形成故障前的孤岛，以保护重要负荷。

4.8.2.1　MEG 预先配置约束

约束了每个节点的预先配置 MEG 的数量上限，在本模型中，一个 MEG 候选节点只能预先放置一台 MEG：

$$\sum_{m\in M} x_{p,m} \leqslant X_p, \forall p \in G \tag{4-157}$$

确保每个 MEG 被预先配置到一个候选节点：

$$\sum_{p\in G} x_{p,m} = 1, \forall m \tag{4-158}$$

其中，$x_{p,m}$ 为 0-1 变量，表示第 m 台 MEG 是否预先配置到 MEG 候选节点 p，若是则为 1，否则为 0；X_p 为 MEG 预先配置位置容量。

4.8.2.2　故障前孤岛约束

表示只有预先配置了 MEG 的候选节点才能属于由其本身供电的孤岛：

$$d_{p,p} = \sum_{m\in M} x_{p,m}, \forall p \in G \tag{4-159}$$

表示根节点属于由其本身供电的孤岛：

$$d_{p,p} = 1, \forall p \in F \tag{4-160}$$

确保节点 i 的父节点 j 属于由电源节点 p 供电的孤岛。若线路 (i, j) 闭合，节点 i 属于该孤岛，若线路 (i, j) 断开，则被隔开的节点 i 则不由电源节点 p 供电：

$$d_{i,p} = s_{ij,0} d_{j,p}, j = \theta_p(i), \forall p, \forall i \tag{4-161}$$

含有非线性项，对其进行线性化，表示如下：

$$d_{i,p} \leqslant s_{ij,0} \tag{4-162}$$

$$d_{i,p} \leqslant d_{j,p} \tag{4-163}$$

$$d_{i,p} \geqslant s_{ij,0} + d_{j,p} - 1 \tag{4-164}$$

确保故障发生之前的配电网不存在失负荷，并且一个孤岛内只能由一个电源供电，为辐射状结构：

$$\sum_{p\in \{F,G\}} d_{i,p} = 1, \forall i \tag{4-165}$$

约束式（4－165）确保只有配置了 RCS 的线路才能改变线路开闭状态：

$$0 \leqslant 1 - s_{ij,0} \leqslant r_{ij}, \forall (i,j) \tag{4-166}$$

其中，d_{ip} 表示故障前配电网重构后的拓扑结构中，节点 i 是否由 MEG 候选节点或馈线根节点 p 供电。$\theta_p(i)$ 是 p 供电孤岛上节点 i 的父节点。$s_{ij,0}$ 表示故障发生之前配电网重构后线路 (i,j) 的开闭状态，若线路闭合则为 1，否则为 0。r_{ij} 表示线路 (i,j) 上是否配置了 RCS，若是则为 1，否则为 0。

确保每个孤岛的功率需求不超过 MEG 的容量：

$$\sum_{i \in B} d_{i,p} P_i \leqslant \sum_{m \in M} x_{p,m} P_m^{\max}, \forall p \in G \tag{4-167}$$

$$\sum_{i \in B} d_{i,p} Q_i \leqslant \sum_{m \in M} x_{p,m} Q_m^{\max}, \forall p \in G \tag{4-168}$$

其中，$P_m^{\max}$ 和 $Q_m^{\max}$ 是第 m 台 MEG 的最大有功功率和无功功率输出。

4.8.3 故障隔离阶段约束

在此阶段内进行故障发生之后的故障隔离，此阶段重点考虑了故障传递对节点负荷损失的影响，此阶段通过远程控制 RCS 来隔离故障。

表示若线路发生了故障，且该线路初始状态是闭合的，则该线路两端的节点均会受到故障影响；若线路初始状态是断开的，则线路上发生的故障不会影响到其两端的节点：

$$\eta_{i,n} \geqslant f_{ij,n} s_{ij,0}, \forall (i,j), \forall n \tag{4-169}$$

$$\eta_{j,n} \geqslant f_{ij,n} s_{ij,0}, \forall (i,j), \forall n \tag{4-170}$$

表示，闭合线路两端的节点，将同时受到故障影响，或同时不受故障影响：

$$\eta_{i,n} + s_{ij,0} - 1 \leqslant \eta_{j,n}, \forall (i,j), \forall n \tag{4-171}$$

$$\eta_{j,n} + s_{ij,0} - 1 \leqslant \eta_{i,n}, \forall (i,j), \forall n \tag{4-172}$$

表明故障将通过闭合线路在配电网中传播。事故前阶段进行网络预先重构可在一定程度上缩小故障传递的范围，减少属于故障区域内的节点。

其中，$\eta_{i,n}$ 表示在故障场景 n 中，节点 i 是否属于故障区域，若是则为 1，否则为 0。$f_{ij,n}$ 表示故障场景 n 中，线路 (i,j) 是否发生故障，若是则为 1，否则为 0。

4.8.4 恢复阶段约束

恢复阶段 MEG 实时调度并进行网络重构，将 MEG 从预先配置的候选节点上调度到其他节点，为停电地点进行供电，并通过 RCS 的快速动作完成快速网络重构，使负荷快速地接入有源无故障区域，从而快速恢复负荷。

4.8.4.1 MEG 实时调度约束

为确保在每个场景中，MEG 从预先配置的候选节点 p 调度到配电网中的一个候选节点：

$$\sum_{k\in G} y_{p,m,k,n} \leqslant x_{p,m}, \forall p\in G, \forall m, \forall n \tag{4-173}$$

约束式（4－173）确保给每个候选节点最多连接一个 MEG：

$$\sum_{p\in G}\sum_{m\in M} y_{p,m,k,n} \leqslant 1, \forall k, \forall n \tag{4-174}$$

其中，G 为用于连接 MEG 的候选节点集合，$y_{p,m,k,n}$ 为 0－1 变量，表示第 m 台 MEG 在场景 n 下是否从预先配置的候选节点 p 调度到节点 k，若是则为 1，否则为 0。

4.8.4.2　网络拓扑重构约束

表示节点 k 是否有电源，即 k 是否连接到 MEG 或它是否为馈线根节点：

$$z_{k,n} = \sum_{p\in G}\sum_{m\in M} y_{p,m,k,n}, \forall k\in G, \forall n \tag{4-175}$$

$$z_{k,n} = 1, \forall k\in F, \forall n \tag{4-176}$$

其中，$z_{k,n}$ 为 0－1 变量，若 k 在场景 n 下连接到 MEG 或它是根节点，$z_{k,n}$ 则为 1，否则为 0。F 为根节点集合。

确保每个节点最多属于一个微网，即一个节点只能最多属于由一个电源供电的微网，不能存在于两个及以上，否则不满足辐射运行的要求：

$$\sum_{k\in\{F,G\}} v_{i,k,n} \leqslant 1, \forall i, \forall n \tag{4-177}$$

其中，$v_{i,k,n}$ 为 0－1 变量，若节点 i 属于微网 k，则 $v_{i,k,n}$ 为 1，否则为 0。

防止在没有电源的情况下构造微网。如果节点 k 没有任何电源，即 $z_{k,n}=0$，则该公式不应构成微网 k，即对于所有 i 来说，$v_{i,k,n}=0$，即没有电源的情况下不能构成微网：

$$v_{i,k,n} \leqslant z_{k,n}, \forall k, \forall i, \forall n \tag{4-178}$$

确保每个具有电源的节点都属于由其本身供电的微网，即如果 $z_{k,n}=1$，则 $v_{k,k,n}=1$：

$$v_{k,k,n} \geqslant z_{k,n}, \forall k, \forall n \tag{4-179}$$

确保一个节点只在其父节点也属于微网 k 的情况下才能属于微网 k，因为树的辐射性特征，在辐射状配电网网络中，每个微网都可以看作是一个以电源节点为根节点的子树网络：

$$v_{i,k,n} \leqslant v_{j,k,n}, j=\theta_k(i), \forall k, \forall i, \forall n \tag{4-180}$$

其中，$\theta_k(i)$ 是节点 k 供电孤岛上节点 i 的父节点。

表示如果节点 i 和 j 都属于微网 k，即 $v_{i,k,n}=v_{j,k,n}=1$，则该线路 (i,j) 也属于微网 k，即线路 (i,j) 处于闭合状态。考虑约束式（4－180），此条件等于线路 (i,j) 的子节点属于微网 k：

$$c_{ij,n} = \sum_{k\in\{F,G\}} v_{h,k,n}, h=\zeta_k(i,j), \forall(i,j), \forall n \tag{4-181}$$

其中，$c_{ij,n}$ 为 0－1 变量，表示在场景 n 下的线路 (i,j) 是否闭合，若是则为 1，否则为 0；$\zeta_k(i,j)$ 表示由微网 k 供电的线路 (i,j) 的子节点。

确保只有当节点 i 属于微网 k 并且负荷开关也闭合时，节点 i 处的负荷才由微网 k 供电：

$$\gamma_{i,k,n} = v_{i,k,n} l_{i,n}, \forall k, \forall i, \forall n \tag{4-182}$$

约束式（4－79）含有非线性项，对其进行线性化，表示如下：

$$\gamma_{i,k,n} \leqslant l_{i,n} \tag{4-183}$$

$$\gamma_{i,k,n} \leqslant l_{i,n} \tag{4-184}$$

$$\gamma_{i,k,n} \geqslant v_{i,k,n} + l_{i,n} - 1 \tag{4-185}$$

其中，$\gamma_{i,k,n}$ 表示节点 i 处的负荷在场景 n 下是否由节点 k 处的电源恢复，若是则为 1，否则为 0；$l_{i,n}$ 表示节点 i 处的负荷开关在场景 n 下是否闭合，若是则为 1，否则为 0。

4.8.4.3 配电网运行约束

是每个节点的有功功率和无功功率平衡，满足潮流方程：

$$\sum_{j \in S_i^k} P_{j,n}^k = P_{i,n}^k - \gamma_{i,k,n} P_i, \forall k, \forall i, \forall n \tag{4-186}$$

$$\sum_{j \in S_i^k} Q_{j,n}^k = Q_{i,n}^k - \gamma_{i,k,n} Q_i, \forall k, \forall i, \forall n \tag{4-187}$$

其中，S_i^k 是节点 k 供电孤岛中节点 i 的子节点集合；$P_{i,n}^k$ 和 $Q_{i,n}^k$ 是在由节点 k 处电源供电的微网中节点 i 的有功流入功率和无功流入功率；$P_{j,n}^k$ 和 $Q_{j,n}^k$ 是在由节点 k 处电源供电的微网中节点 i 的子节点 j 的有功流入功率和无功流入功率；P_i 和 Q_i 是节点 i 的有功和无功负荷需求。

表示如果节点 i 不属于微网 k，则节点 i 的流入功率为零，即如果 $v_{i,k,n}=0$，则 $P_{i,n}^k = Q_{i,n}^k = 0$。

$$0 \leqslant P_{i,n}^k \leqslant v_{i,k,n} \pi, \forall k, \forall i \neq k, \forall n \tag{4-188}$$

$$0 \leqslant Q_{i,n}^k \leqslant v_{i,k,n} \pi, \forall k, \forall i \neq k, \forall n \tag{4-189}$$

其中，π 为一个足够大的常数，例如 $\pi = 10^{10}$。

表示受候选节点所连接的 MEG 容量的限制，限制该候选节点处的有功功率和无功功率注入，即如果第 m 台 MEG 连接到节点 k，则其有功和无功功率注入 $P_{k,n}^k$ 和 $Q_{k,n}^k$ 应小于其容量 $P_m^{\max}$ 和 $Q_m^{\max}$。

$$0 \leqslant P_{k,n}^k \leqslant \sum_{s \in S} \sum_{m \in M} y_{s,m,k,n} P_m^{\max}, \forall k \in G, \forall n \tag{4-190}$$

$$0 \leqslant Q_{k,n}^k \leqslant \sum_{s \in S} \sum_{m \in M} y_{s,m,k,n} Q_m^{\max}, \forall k \in G, \forall n \tag{4-191}$$

其中，$P_m^{\max}$ 和 $Q_m^{\max}$ 是第 m 台 MEG 的最大有功功率和最大无功功率。

以电源为参考值在节点上设置电压$V_R=(1+\varepsilon)V_0$。

$$V_{k,n}^k = z_{k,n}V_R, \forall k, \forall n \tag{4-192}$$

表示关于微网k的连接节点之间的电压关系。

$$V_{i,n}^k = V_{j,n}^k - \frac{r_{ij} \bullet P_{i,n}^k + x_{ij} \bullet Q_{i,n}^k}{V_R} - \delta_{i,n}^k, j=\theta_k(i), \forall k, \forall i \neq k, \forall n \tag{4-193}$$

其中，V_{in}^k表示节点i的电压变量，节点i属于由节点k处电源供电的微网；$V_{j,n}^k$表示节点j的电压；r_{ij}和x_{ij}为线路(i,j)的电阻和电抗；$\delta_{i,n}^k$表示节点i的辅助电压松弛变量，节点i属于在场景n下由节点k处电源供电的微网。

确保当节点i不属于微网k时，节点i的电压值为零，即若$v_{i,k,n}=0$，则$V_{i,n}^k=0$。

$$0 \leqslant V_{i,n}^k \leqslant v_{i,k,n}V_R, \forall k, \forall i, \forall n \tag{4-194}$$

定义了保证满足的电压松弛变量的范围。

$$0 \leqslant \delta_{i,n}^k \leqslant (1-v_{i,k,n})V_R, \forall k, \forall i, \forall n \tag{4-195}$$

在一个节点属于微网之一的条件下，设置电压值范围。

$$\sum_{k\in\{F,G\}} v_{i,k,n}(1-\varepsilon)V_0 \leqslant \sum_{k\in\{F,G\}} V_{i,n}^k \leqslant \sum_{k\in\{F,G\}} v_{i,k,n}(1+\varepsilon)V_0, \forall i, \forall n \tag{4-196}$$

其中，V_0是额定电压；ε是电压偏差公差。

4.8.4.4　配电网故障场景条件约束

表示，对于故障场景：O_n是场景n下的故障线路集合，故障线路不可以有电能的传递：

$$c_{ij,n}=0, \forall n, \forall (i,j)\in O_n \tag{4-197}$$

目标函数体现了配电网灾后恢复的多阶段特性，反映了 RCS 的动作特性、MEG 的孤岛重构特性、MEG 的实时调度特性。属于目标函数中二元变量的线性化约束，实现了孤岛归属变量与 MEG 实时调度变量的结合，用于定义由 MEG 恢复的负荷。

预防阶段约束：是 MEG 预先配置约束，每个 MEG 候选节点至多有一台 MEG 接入，每个 MEG 至少分配于一个 MEG 候选节点。是故障前孤岛约束，包括故障前孤岛的电源约束、孤岛拓扑约束、RCS 约束，实现了故障前利用 RCS 断开故障概率高的线路，然后以 MEG 在候选节点为电源，形成辐射状供电的孤岛。与 MEG 预先配置约束共同实现故障前主动孤岛。是故障前孤岛运行约束，预先接入的 MEG 在为这一片孤岛进行供电时，孤岛范围内的节点负荷总和不能超过该 MEG 的容量上限。

故障隔离阶段约束：体现了故障从线路到节点的传递特性，体现了故障从节点到节点的传递特性。

恢复阶段约束：是 MEG 实时调度约束，体现了 MEG 在故障隔离后的调度特性。故障隔离后当 MEG 所处孤岛可以通过快速重构由根节点或其他候选节点 MEG 供电，则该孤岛原来的 MEG 电源可以通过实时调度选择其他候选节点前往供电。是配电网中的电源点约束。其中，根节点为恒定电源点，候选节点是否是电源点由 MEG 是否接入决定。是故障后恢复的配电网拓扑约束，体现了故障后恢复场景下配电网各节点归属于哪一个供电区域、哪一个电源点，实现了故障后恢复的配电网拓扑重构。是实际恢复供电约束，确保微网不向负荷开关断开的负荷供电。是功率平衡约束，约束了故障隔离后恢复场景下父节点注入功率与子节点注入功率的关系。节点注入功率约束，若节点不属于电源点 k，则电源点 k 注入节点的功率为零。是 MEG 候选节点的注入功率约束，约束了有 MEG 供电的候选节点的注入功率与对应 MEG 容量的关系。属于节点电压约束，约束了电源点电压特性、电压降落特性、不相关节点的电压松弛关系。是故障场景约束，约束了故障隔离后线路开断状态与故障状态的关系。

4.8.5 算例分析

4.8.5.1 参数设置

本节采用 IEEE33 节点配电系统来验证所提出的综合考虑多种资源协同和多阶段过程的配电网韧性提升方法的有效性，使用 Matlab 调用 CPLEX 优化工具进行模型求解。其中，IEEE33 节点配电系统拓扑结构如图 4-39 所示。该配电系统中共有 35 条线路。各参数设置如下：电压范围设置为［0.95，1.05］p.u.，线路容量设置为 5MVA，系统的总负荷为 3.715 MW+2.300 Mvar。节点 1 为馈线根节点，节点 6、12、18、29 为 MEG 候选节点。节点 3、5、11、15、19、21、26、28、29 负荷权重系数设为 3，其余节点负荷权重系数设为 1。RCS 动作时间 T_{RCS} 设置为 5min，传统恢复时间 $T_{i,n}$ 设置为 1000min。两台 MEG 的容量上限设置如表 4-11 所示。

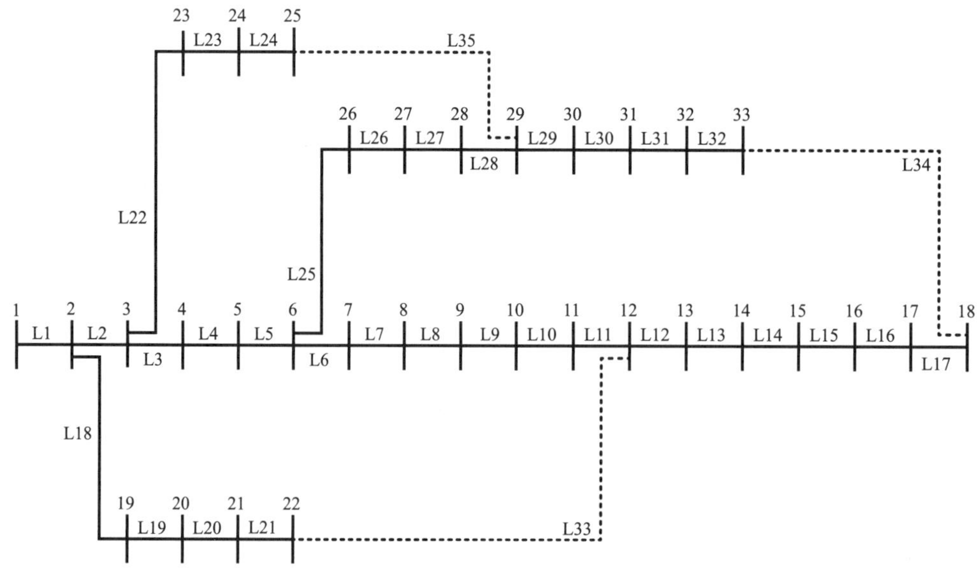

图 4-39 IEEE33 节点配电系统拓扑结构

表 4-11　两台 MEG 容量上限设置

MEG 编号	P_m^{max}(MW)	Q_m^{max}(MW)
1	2.0	1.6
2	2.5	2.0

4.8.5.2　结果分析

随机生成 10 个故障场景组成故障场景集，每个场景包含 7 个随机选取的故障线路，如表 4-12 所示，在本节中选取了四个具有代表性的故障场景优化结果进行结果分析说明，其中系统的韧性水平可由公式计算。

表 4-12　IEEE33 节点配电系统下的 10 个故障场景

故障场景	故障线路
1	L3，L9，L15，L21，L23，L27，L32
2	L5，L9，L14，L18，L25，L30，L32
3	L4，L13，L17，L20，L26，L27，L31
4	L7，L10，L16，L19，L22，L26，L30
5	L10，L13，L16，L20，L24，L27，L32
6	L6，L10，L15，L26，L32，L33，L34
7	L9，L14，L19，L23，L27，L32，L33
8	L4，L10，L13，L20，L27，L31，L35
9	L3，L12，L20，L22，L24，L27，L30
10	L3，L9，L14，L20，L23，L32，L34

（1）故障发生前可移动资源预配置优化结果。

在故障发生之前，对 MEG 进行了预先配置，并利用 RCS 进行了故障前的网络重构，从而形成孤岛，优化结果如图 4-40 所示。红色线路表示配置了 RCS 的线路，虚线表示线路由 RCS 动作而断开。MEG 预先配置在节点 6 和节点 29，从而将配电网分成了三个独立的部分，这有利于减少配电网故障区域大小。经过计算，系统在 10 个故障场景下的平均韧性水平为 29.20%。

（2）故障发生后优化结果。

在故障发生之后，首先利用 RCS 快速动作进行快速网络重构，从而起到故障隔离和将负荷快速地接入有源无故障区域的作用，故障完成隔离后，配合 MEG 的调度，从而对负荷实现进一步恢复。

在故障场景 1 中，故障发生后隔离阶段的配电网拓扑如图 4-41 所示，故障隔离后恢复阶段的配电网拓扑如图 4-42 所示。

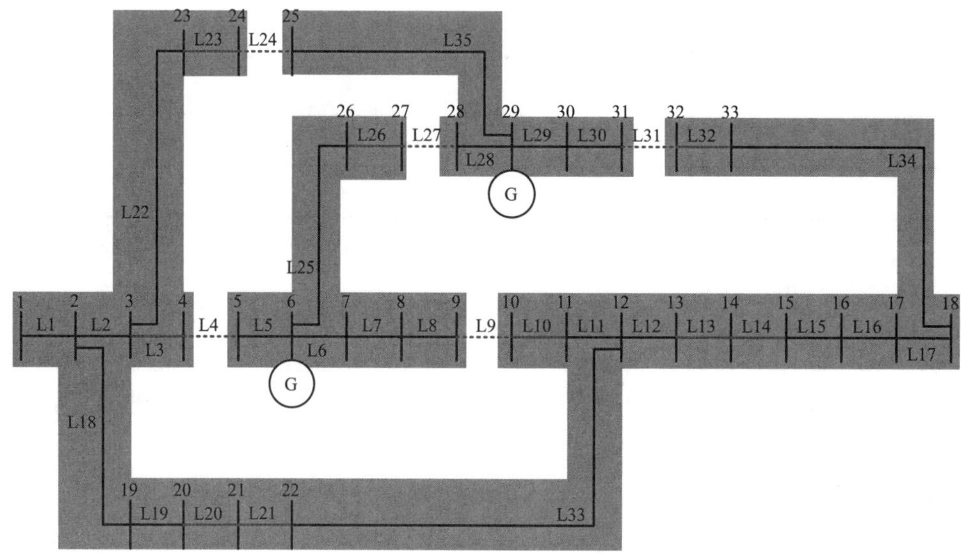

图 4-40　故障前预先配置 MEG 和网络重构之后含孤岛的配电网拓扑

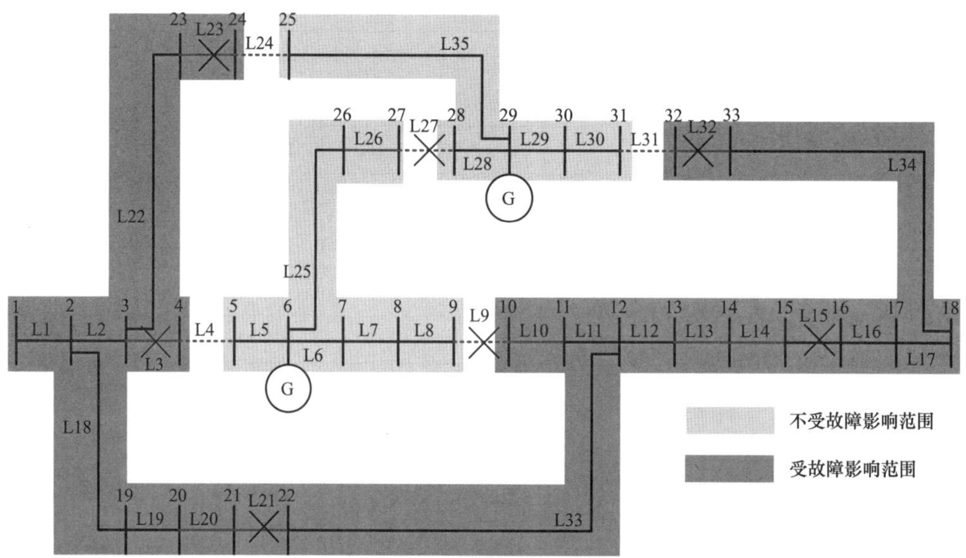

图 4-41　场景 1 故障隔离期间配电网拓扑（故障影响范围）

由图 4-41 可知，由于在故障发生之前，对 MEG 进行了预先配置，并且利用 RCS 进行了故障前的网络重构，形成了孤岛，因此在故障发生之后，一部分处于有源无故障区域范围内的节点并未受到故障传递的影响，这有效减少了严重故障发生后配电网的负荷损失，从而有效地提升了配电网应对极端自然灾害而造成的故障的韧性水平。此阶段系统的韧性水平为 44.41%。

在图 4-42 的优化结果中可以表明，通过 RCS 的快速网络重构，使得节点 4 快速接入节点 6 处 MEG 供电的有源无故障区域，节点 24、节点 32 快速接入节点 29 处 MEG 供电的有源无故障区域，由于节点 6 和节点 29 处预先配置了 MEG，因此此时节点 6 和节点 29 处 MEG 可近似视为变电站的作用，无需转移即可快速为负荷进行恢复。馈线根

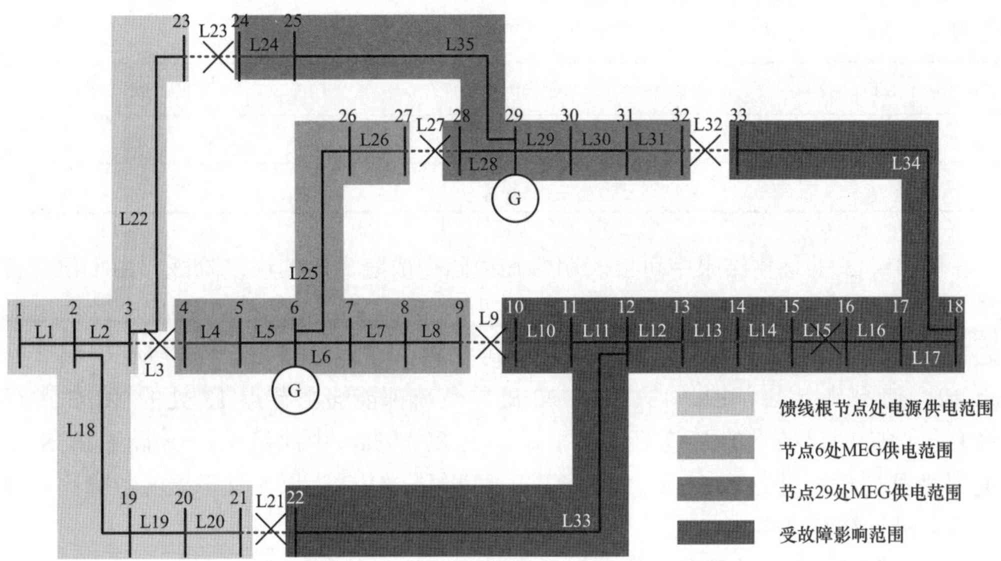

图 4－42　场景 1 故障隔离期间配电网拓扑（各节点供电范围）

节点 1 处电源也因为故障线路完成了隔离而可以对一部分范围的节点负荷进行恢复。此阶段系统的韧性水平提升至 79.41%，相比于故障未完成隔离之前的 44.41%，说明了 RCS 完成的故障隔离和故障后网络重构可以有效提升配电网运行水平，并配合 MEG 进行恢复供电，可以快速将更多节点的负荷恢复，但由于此故障场景未涉及 MEG 的调度，因此韧性水平的提升主要是由于RCS的快速重构使得原本处于故障区域的节点快速接入了有源无故障区域。

在故障场景 5 中，故障隔离后恢复阶段的配电网拓扑如图 4－43 所示，MEG 调度结果如表 4－13 所示。

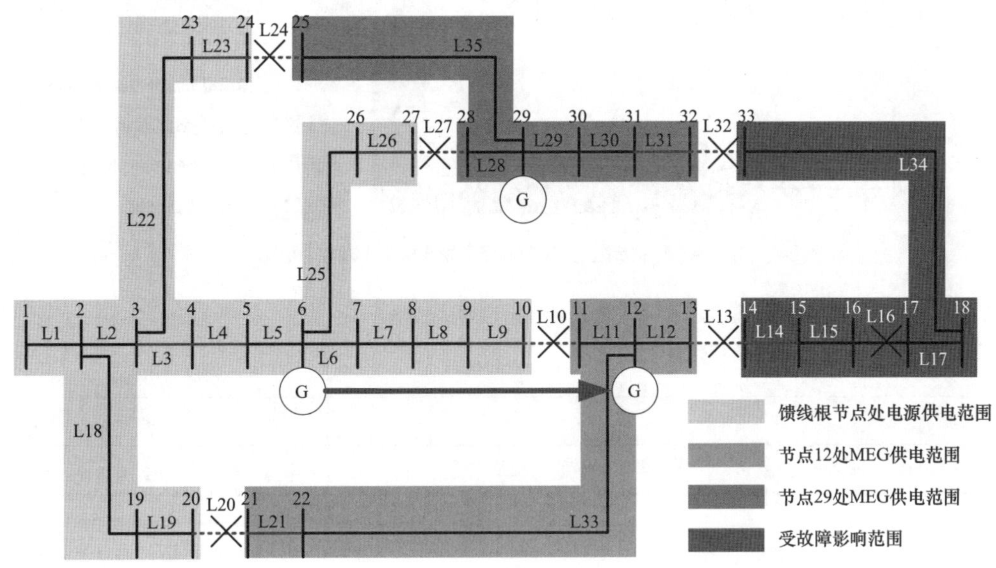

图 4－43　场景 5 故障隔离后恢复阶段优化结果

表 4-13　　场景 5 中 MEG 调度结果

MEG 编号	预先配置节点	调度后所在节点
1	6	12
2	29	29

在图 4-43 的优化结果中可以表明，在故障完成隔离后的恢复阶段，由于已配置的 RCS 的快速动作，使得节点 5、6、7、8、9、10 都快速接入了节点 1 处电源供电的范围之内，并配合 MEG 的调度，由表 4-13 可知将节点 6 处预先配置的 MEG 调度到了节点 12，使得节点 11、12、13、21、22 处的负荷都能够由节点 12 处的 MEG 进行供电恢复。此阶段该场景的系统韧性水平提升至 87.89%，由此可见，在配合 RCS 完成快速网络重构后并进行 MEG 的合理调度，可以使 MEG 为原先处于无源故障区域内的节点负荷进行恢复供电。

在故障场景 8 中，故障隔离后恢复阶段的配电网拓扑如图 4-44 所示，MEG 调度结果如表 4-14 所示。

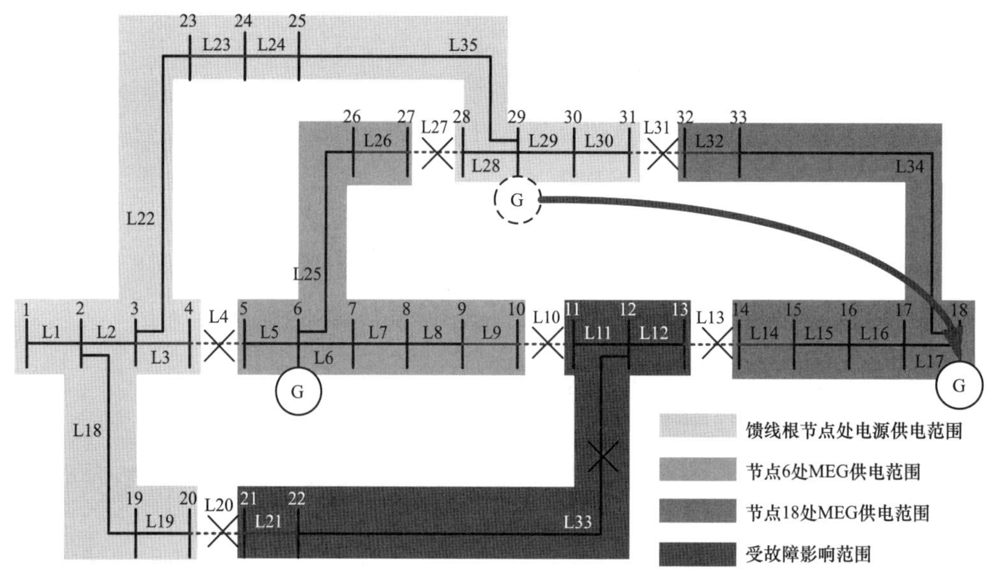

图 4-44　场景 8 故障隔离后恢复阶段优化结果

表 4-14　　场景 8 中 MEG 调度结果

MEG 编号	预先配置节点	调度后所在节点
1	6	6
2	29	18

在图 4-44 的优化结果中可以表明，在故障完成隔离后的恢复阶段，由于已配置的 RCS 的快速动作，使得节点 25、28、29、30、31 都快速接入了节点 1 处电源供电的范围

之内，并配合 MEG 的调度，由表 4－14 可知将节点 29 处预先配置的 MEG 调度到了节点 18，使得节点 14、15、16、17、18、32、33 处的负荷都能够由节点 18 处的 MEG 进行供电恢复。此阶段该场景的系统韧性水平提升至 90.71%。

在故障场景 10 中，故障隔离后恢复阶段的配电网拓扑如图 4－45 所示，MEG 调度结果如表 4－15 所示。

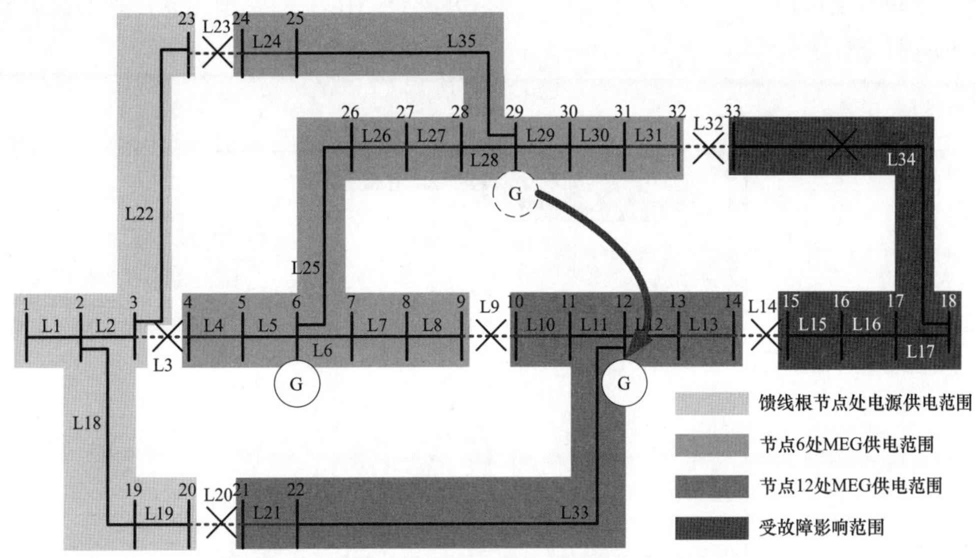

图 4－45　场景 10 故障隔离后恢复阶段优化结果

表 4－15　场景 10 中 MEG 调度结果

MEG 编号	预先配置节点	调度后所在节点
1	6	6
2	29	12

在图 4－45 的优化结果中可以表明，在故障完成隔离后的恢复阶段，由于已配置的 RCS 的快速动作，使得节点 4、24、25、28、29、30、31、32 都快速接入了节点 6 处电源供电的范围之内，故障隔离阶段的节点 6 和节点 29 的 MEG 形成的两个孤岛在 RCS 快速网络重构和 MEG 调度的配合下，合并为一个大孤岛，由表 4－15 可知将节点 29 处预先配置的 MEG 调度到了节点 12，使得节点 10、11、12、13、14、21、22 处的负荷都能够由节点 12 处的 MEG 进行供电恢复。此阶段该场景的系统韧性水平提升至 91.12%。

4.8.5.3　配电网多阶段韧性水平分析

故障场景 5 配电系统韧性水平的变化曲线如图 4－46 所示，由上一章所建立的目标函数可知，在故障发生之后配电网负荷损失主要为三个部分：第一部分是在等待 RCS 完成动作的时间内负荷损失；第二部分是在等待 MEG 调度的交通时间内的负荷损失；第三部分是既没有由馈线根节点恢复也没有由 MEG 恢复，只能通过传统维修手段来恢复的节点，在经历传统恢复时间内的损失。而依照本节所提出的配电网韧性提升方法，在故障发生之前预先配置了 MEG 并进行故障前网络重构，形成了孤岛，因此在故障发生后等待 RCS 完成动作的故障隔离阶段，故障前采取的措施有效缩小了故障影响的范围，保证了部分重要负荷的供电。而在故障完成隔离后的恢复阶段，由于 RCS 的快速动作，可以使一些节点快速地接入有源无故障范围，并配合 MEG 的合理调度，有效快速地为更多的负荷进行恢复。

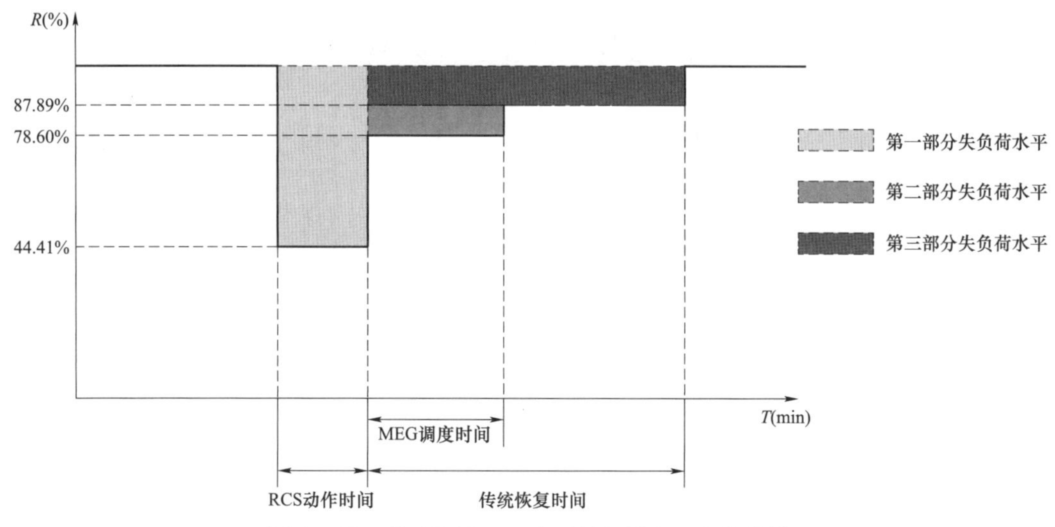

图 4-46　故障场景 5 配电系统韧性水平变化曲线

由于此模型考虑了 MEG 的调度与网络重构的综合影响，为通过对比体现 MEG 调度对于配电网提升的重要作用，现将 MEG 更换为是容量相同但不可移动的分布式电源。在故障场景 5 下，节点 6 处的电源将会闲置，且无法调度到节点 12 去为这一供电范围内的节点 11、12、13、21、22 处的负荷进行供电恢复。这种情况下的配电系统韧性水平变化曲线如图 4-47 所示。

由图 4-47 可知，若 MEG 变成了不可移动的分布式电源后，则系统负荷损失从原先的三部分损失变成了两部分损失，由于电源无法调度，故障场景 5 下的节点 11、12、13、21、22 处的负荷只能等待传统恢复时间，利用传统维修方式进行供电恢复。图 4-47 中的两部分失负荷总和明显高于图 4-46 中的三部分失负荷总和。不仅如此，前者和后者两种电源配置下的电源利用率也有所不同，如图 4-48 所示，其中，横坐标表示节点编号，纵坐标表示负荷的利用率。

由此可见，为了提升配电网应对极端自然灾害所导致的停电事故的能力，在配电系统中配置可以移动的应急电源 MEG，在利用 RCS 完成故障隔离和快速网络重构的基础上，使 MEG 在故障发生后根据实际的负荷需求进行合理调度，可以在一定程度上提高应急电源的利用率，同时还能在较短的时间里为更多的负荷进行供电恢复，从而大大减少了故障所引起的负荷损失，有效地提高了配电网的韧性水平。

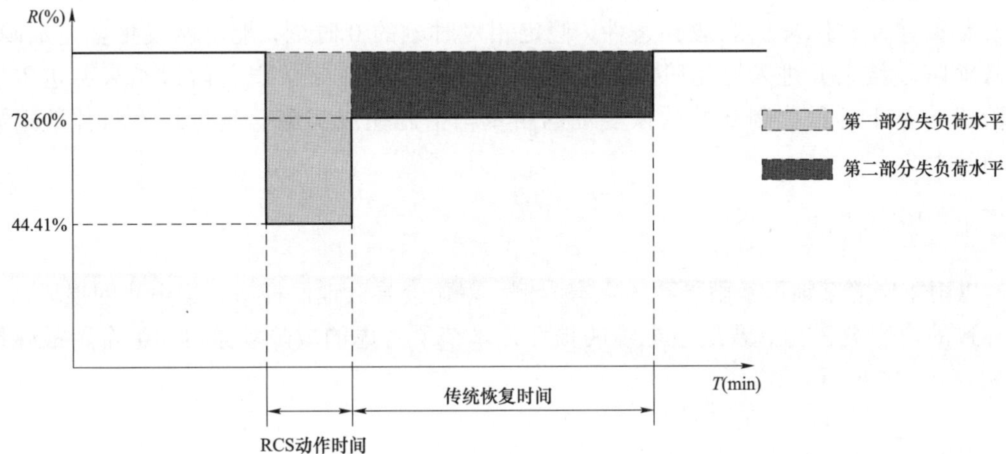

图 4-47 将 MEG 更换为不可移动的分布式电源后配电系统韧性水平变化曲线

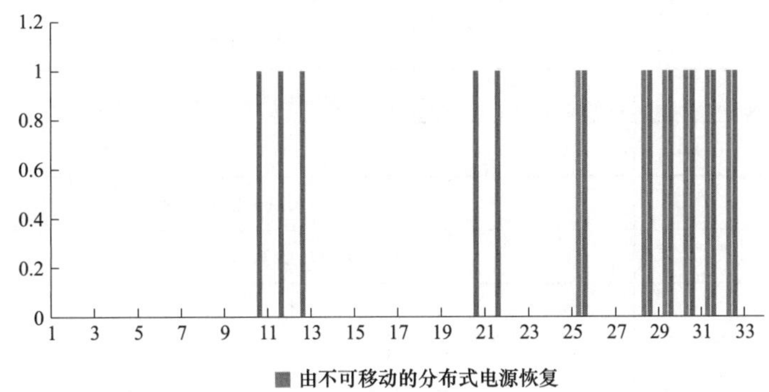

图 4-48 两种电源配置情况下的利用率对比图

4.8.6 小结

本节对考虑多种资源协同的配电网韧性提升方法进行了研究。首先，对极端灾害下配电网韧性提升措施进行了分析，根据措施实施的时间，将韧性提升措施分为了提升配电网故障抵御能力的预防措施和提升配电网故障恢复能力的恢复措施，得出事故前网络预先重构和事故前可移动资源预先配置能有效提升配电网负荷生存性、事故后网络重构和事故后可移动资源实时调度能有效提升配电网负荷恢复效率的结论。

4.9 边界条件

宁夏某地区的常见极端天气灾害有旱灾、涝灾、暴风雪、暴雨等，本节以雨季宁夏某地区暴雨导致的城市内涝灾害为例进行实际算例分析。

本节根据所选 DK 变 916 线、LY 变 928 线、LY 变 9211 线三条 10kV 配电网结构及数据建立实际算例的边界条件，假定相对时刻的 0 时刻，配电网发生多重故障，事故前阶段结束并进入退化阶段，相对时刻的 60 分钟时刻，退化阶段结束并进入恢复阶段，基于远程控制开关的恢复性网络重构措施完成实施。具体边界条件数据如下所示。

4.9.1 故障参数

以雨季宁夏某地区暴雨导致的灾害为例，暴雨会导致地面杆塔、配电线的损坏，暴雨导致的内涝灾害会导致地下电缆的损坏，本节所考虑的故障场景为 10 个，故障位置如表 4-16 所示。

表 4-16 故障线路表

故障场景编号	故障线路编号
1	L4，L25，L52，L72，L104
2	L7，L53，L62，L65，L102
3	L10，L44，L54，L67，L81
4	L5，L6，L88，L111，L113
5	L29，L31，L61，L90，L118
6	L13，L43，L51，L71，L89
7	L12，L31，L54，L76，L81
8	L16，L37，L54，L77，L98
9	L29，L48，L83，L50，L105
10	L6，L28，L57，L88，L108

4.9.2 拓扑参数

为了测试本工作所提出的多资源协调的配电网韧性提升方法的有效性，在算例地区配电网中加入分布式电源，具体接入位置等如图 4-49 所示。假设实际算例中所有的开关均为远程控制开关。

4.9.3 节点情况

其中，负荷等级的划分依照国家标准 GB 50052，在本节中负荷等级的选取规则为：军队、政府关键部门、医院等关键设施为 1 级重要负荷，政府一般部门、学校、部分工厂设施为 2 级次重要负荷，其余负荷为一般负荷。节点基准电压为 10kV，电压允许浮动。

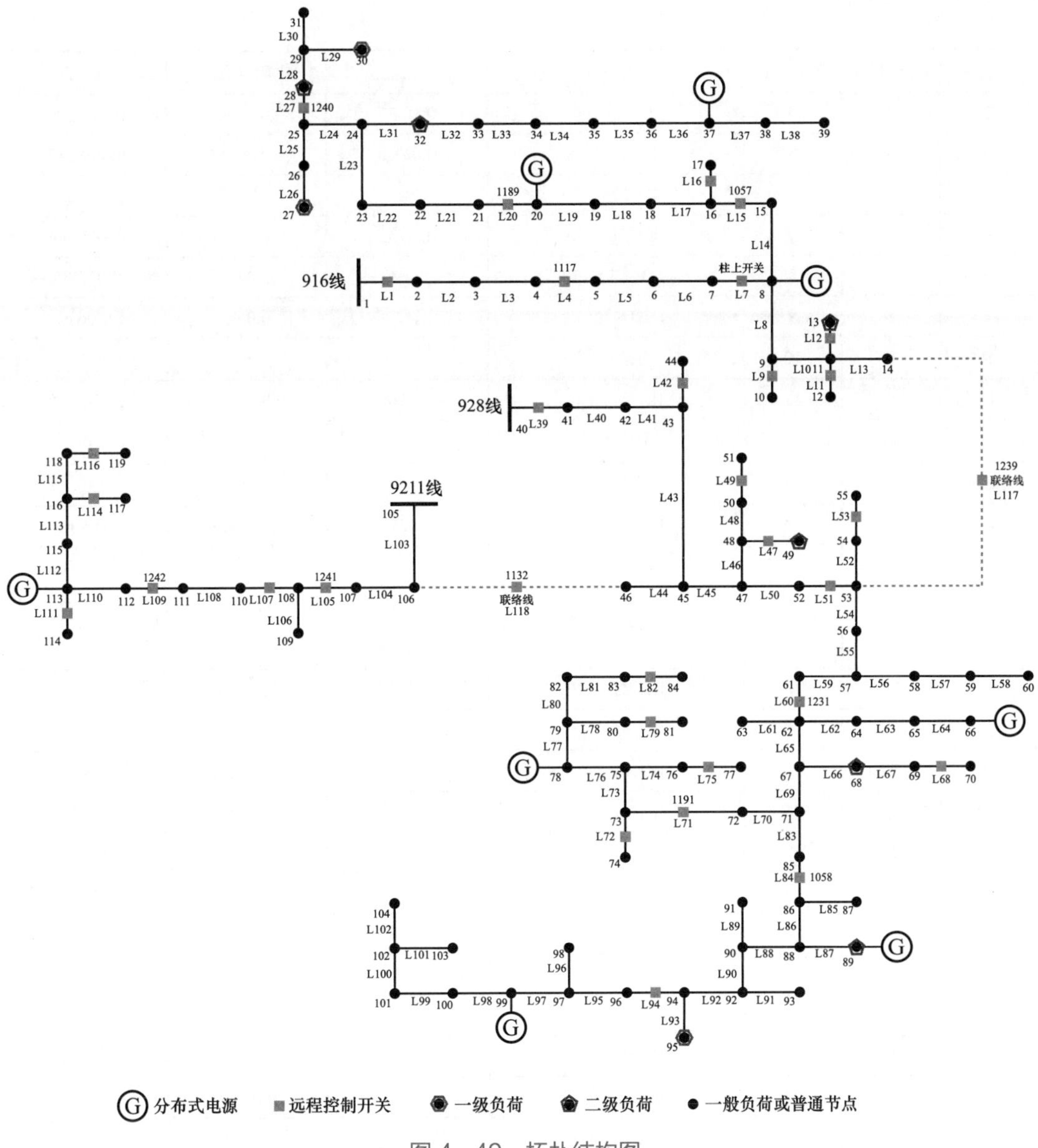

图 4－49　拓扑结构图

4.9.4　支路参数

支路边界条件如表 4－17～表 4－20 所示，支路电阻和电抗数据依照各支路导线/线缆型号和长度进行计算。

表 4－17　　　　　DK 变 916 线 10kV 配电网支路数据

支路编号	起始节点	终止节点	型号	长度（km）	电阻（Ω）	电抗（Ω）
1	1	2	JKLYJ－185/YJV－3×240	0.369 8/0.395	0.128 5	0.092 793
2	2	3	JKLYJ－185	0.459 5	0.075 358	0.072 601

续表

支路编号	起始节点	终止节点	型号	长度（km）	电阻（Ω）	电抗（Ω）
3	3	4	JKLYJ－185	0.102 7	0.016 843	0.016 227
4	4	5	JKLYJ－185	0.061 5	0.010 086	0.009 717
5	5	6	JKLYJ－185	0.245 9	0.040 328	0.038 852
6	6	7	JKLYJ－185	0.553 2	0.090 725	0.087 406
7	7	8	YJV－3×120	0.13	0.044 33	0.012 35
8	8	9	LJ－120	0.2	0.054	0.067
9	9	10	用户电缆	/	0	0
10	9	11	JKLYJ－185	0.216	0.035 424	0.034 128
11	11	12	用户电缆	/	0	0
12	11	13	用户电缆	/	0	0
13	11	14	JKLYJ－185	0.102	0.016 728	0.016 116
14	8	15	JKLYJ－120	0.117	0.029 601	0.026 208
15	15	16	JKLYJ－120	0.039	0.009 867	0.008 736
16	16	17	用户电缆	/	0	0
17	16	18	JKLYJ－120	0.429	0.108 537	0.096 096
18	18	19	JKLYJ－120	0.039	0.009 867	0.008 736
19	19	20	JKLYJ－120	0.039	0.009 867	0.008 736
20	20	21	JKLYJ－120	0.096	0.024 288	0.021 504
21	21	22	JKLYJ－120	0.186 5	0.047 185	0.041 776
22	22	23	JKLYJ－120	0.186 5	0.047 185	0.041 776
23	23	24	JKLYJ－120	0.37	0.093 61	0.082 88
24	24	25	JKLYJ－120	0.193 4	0.048 93	0.043 322
25	25	26	JKLYJ－120	0.338 5	0.085 641	0.075 824
26	26	27	JKLYJ－120	0.193 4	0.048 93	0.043 322
27	25	28	JKLYJ－120	0.3	0.075 9	0.067 2
28	28	29	JKLYJ－120	0.3	0.075 9	0.067 2
29	29	30	JKLYJ－120	0.3	0.075 9	0.067 2
30	29	31	JKLYJ－120	0.3	0.075 9	0.067 2
31	24	32	JKLYJ－120	0.076 1	0.019 253	0.017 046
32	32	33	JKLYJ－120	0.190 3	0.048 146	0.042 627
33	33	34	JKLYJ－120	0.076 1	0.019 253	0.017 046
34	34	35	JKLYJ－120	0.076 1	0.019 253	0.017 046
35	35	36	JKLYJ－120	0.076 1	0.019 253	0.017 046
36	36	37	JKLYJ－120	0.038 1	0.009 639	0.008 534
37	37	38	JKLYJ－120	0.076 1	0.019 253	0.017 046
38	38	39	JKLYJ－120	0.038 1	0.009 639	0.008 534

表 4-18　　　　　　LY 变 928 线 10kV 配电网支路数据

支路编号	起始节点	终止节点	型号	长度（km）	电阻（Ω）	电抗（Ω）
39	40	41	YJV-3×300	0.34	0.035 7	0.029 58
40	41	42	JKLYJ-185	0.607 8	0.099 679	0.096 032
41	42	43	JKLYJ-185	0.152 6	0.025 026	0.024 111
42	43	44	用户电缆	/	0	0
43	43	45	JKLYJ-185	0.152 6	0.025 026	0.024 111
44	45	46	JKLYJ-185	0.305 2	0.050 053	0.048 222
45	45	47	JKLYJ-185	0.504	0.082 656	0.079 632
46	47	48	JKLYJ-185	0.152 6	0.025 026	0.024 111
47	48	49	用户电缆	/	0	0
48	48	50	JKLYJ-185	0.152 6	0.025 026	0.024 111
49	50	51	用户电缆	/	0	0
50	47	52	JKLYJ-185	0.391	0.064 124	0.061 778
51	52	53	YJV-3×300	0.255	0.026 775	0.022 185
52	53	54	JKLYJ-185/YJV-3×300	0.3/0.3	0.245	0.080 7
53	54	55	用户电缆	/	0	0
54	53	56	YJV-3×120	0.4	0.136 4	0.038
55	56	57	JKLYJ-185	0.046	0.007 544	0.007 268
56	57	58	JKLYJ-185	0.5	0.082	0.079
57	58	59	JKLYJ-185	0.1	0.016 4	0.015 8
58	59	60	JKLYJ-185	0.1	0.016 4	0.015 8
59	57	61	JKLYJ-185/JKLYJ-120	0.24/0.05	0.052 1	0.049 12
60	61	62	JKLYJ-185	0.048	0.007 872	0.007 584
61	62	63	JKLYJ-185	0.1	0.016 4	0.015 8
62	62	64	JKLYJ-185	0.048	0.007 872	0.007 584
63	64	65	JKLYJ-185	0.048	0.007 872	0.007 584
64	65	66	JKLYJ-185	0.048	0.007 872	0.007 584
65	62	67	JKLYJ-185/YJV-3×300	0.048 /0.257 1	0.035	0.029 952
66	67	68	JKLYJ-185	0.4	0.065 6	0.063 2
67	68	69	JKLYJ-185	0.05	0.008 2	0.007 9
68	69	70	用户电缆	/	0	0
69	67	71	JKLYJ-185/YJV-3×300	0.031 3/0.192 9	0.025 4	0.021 728
70	71	72	JKLYJ-120	0.300 1	0.075 925	0.067 222
71	72	73	JKLYJ-120	0.082	0.020 746	0.018 368
72	73	74	用户电缆	/	0	0
73	73	75	JKLYJ-120	0.32	0.080 96	0.071 68
74	75	76	JKLYJ-120	0.1	0.025 3	0.022 4
75	76	77	用户电缆	/	0	0

续表

支路编号	起始节点	终止节点	型号	长度（km）	电阻（Ω）	电抗（Ω）
76	75	78	JKLYJ－120	0.27	0.068 3 1	0.060 48
77	78	79	JKLYJ－120	0.09	0.022 77	0.020 16
78	79	80	JKLYJ－120	0.13	0.032 89	0.029 12
79	80	81	用户电缆	/	0	0
80	79	82	JKLYJ－120	0.11	0.027 83	0.024 64
81	82	83	JKLYJ－120	0.07	0.017 71	0.015 68
82	83	84	用户电缆	/	0	0
83	71	85	JKLYJ－120	0.031 25	0.007 906	0.007
84	85	86	JKLYJ－120	0.125	0.031 625	0.028
85	86	87	JKLYJ－120	0.22	0.055 66	0.049 28
86	86	88	JKLYJ－120	0.590 5	0.149 397	0.132 272
87	88	89	JKLYJ－120	0.07	0.017 71	0.015 68
88	88	90	JKLYJ－120	0.336	0.085 008	0.075 264
89	90	91	JKLYJ－120	0.22	0.055 66	0.049 28
90	90	92	JKLYJ－120	0.273 6	0.069 221	0.061 286
91	92	93	JKLYJ－120	0.117	0.029 601	0.026 208
92	92	94	JKLYJ－120	0.171	0.043 263	0.038 304
93	94	95	JKLYJ－120	0.04	0.010 12	0.008 96
94	94	96	JKLYJ－120	0.102 6	0.025 958	0.022 982
95	96	97	JKLYJ－120	0.432	0.109 296	0.096 768
96	97	98	JKLYJ－120	0.211	0.053 383	0.047 264
97	97	99	JKLYJ－120	0.048	0.012 144	0.010 752
98	99	100	JKLYJ－120	0.336	0.085 008	0.075 264
99	100	101	JKLYJ－120	0.096	0.024 288	0.021 504
100	101	102	JKLYJ－120	0.048	0.012 144	0.010 752
101	102	103	JKLYJ－120	0.05	0.012 65	0.011 2
102	102	104	JKLYJ－120	0.576	0.145 728	0.129 024

表 4－19　　LY 变 9211 线 10kV 配电网支路数据

支路编号	起始节点	终止节点	型号	长度（km）	电阻（Ω）	电抗（Ω）
103	105	106	YJV－3×300	0.4	0.042	0.034 8
104	106	107	JKLYJ－185	0.245	0.040 18	0.038 71
105	107	108	YJV－3×300	0.13	0.013 65	0.011 31
106	108	109	用户电缆	/	0	0
107	108	110	YJV－3×300	0.19	0.019 95	0.016 53
108	110	111	JKLYJ－185	0.411	0.067 404	0.064 938
109	111	112	YJV－3×300	0.21	0.022 05	0.018 27

续表

支路编号	起始节点	终止节点	型号	长度（km）	电阻（Ω）	电抗（Ω）
110	112	113	JKLYJ－185	0.141	0.023 124	0.022 278
111	113	114	用户电缆	/	0	0
112	113	115	JKLYJ－185	0.045	0.007 38	0.007 11
113	115	116	JKLYJ－185	0.301 6	0.049 462	0.047 653
114	116	117	用户电缆	/	0	0
115	116	118	JKLYJ－185	0.042	0.006 888	0.006 636
116	118	119	用户电缆	/	0	0

表 4－20　联络线支路数据

支路编号	起始节点	终止节点	型号	长度（km）	电阻（Ω）	电抗（Ω）
117	14	53	联络线	/	0	0
118	46	106	联络线	/	0	0

4.9.5　电源参数

电源参数如表 4－21 所示。

表 4－21　电源参数

分布式电源编号	分布式电源连接节点	分布式电源容量（W/var）
1	8	1.5M
2	20	1.5M
3	37	1.5M
4	66	1.5M
5	78	1.5M
6	89	1.5M
7	99	1.5M
8	113	1.5M

4.10　实际案例分析

4.10.1　事故前阶段仿真结果

事故前阶段仿真结果拓扑图如图 4－50 所示。

在事故发生前，配电网断开部分开关，形成 7 片主动孤岛以抵御即将到来的极端灾害，其中，线路断开情况如表 4－22 所示。

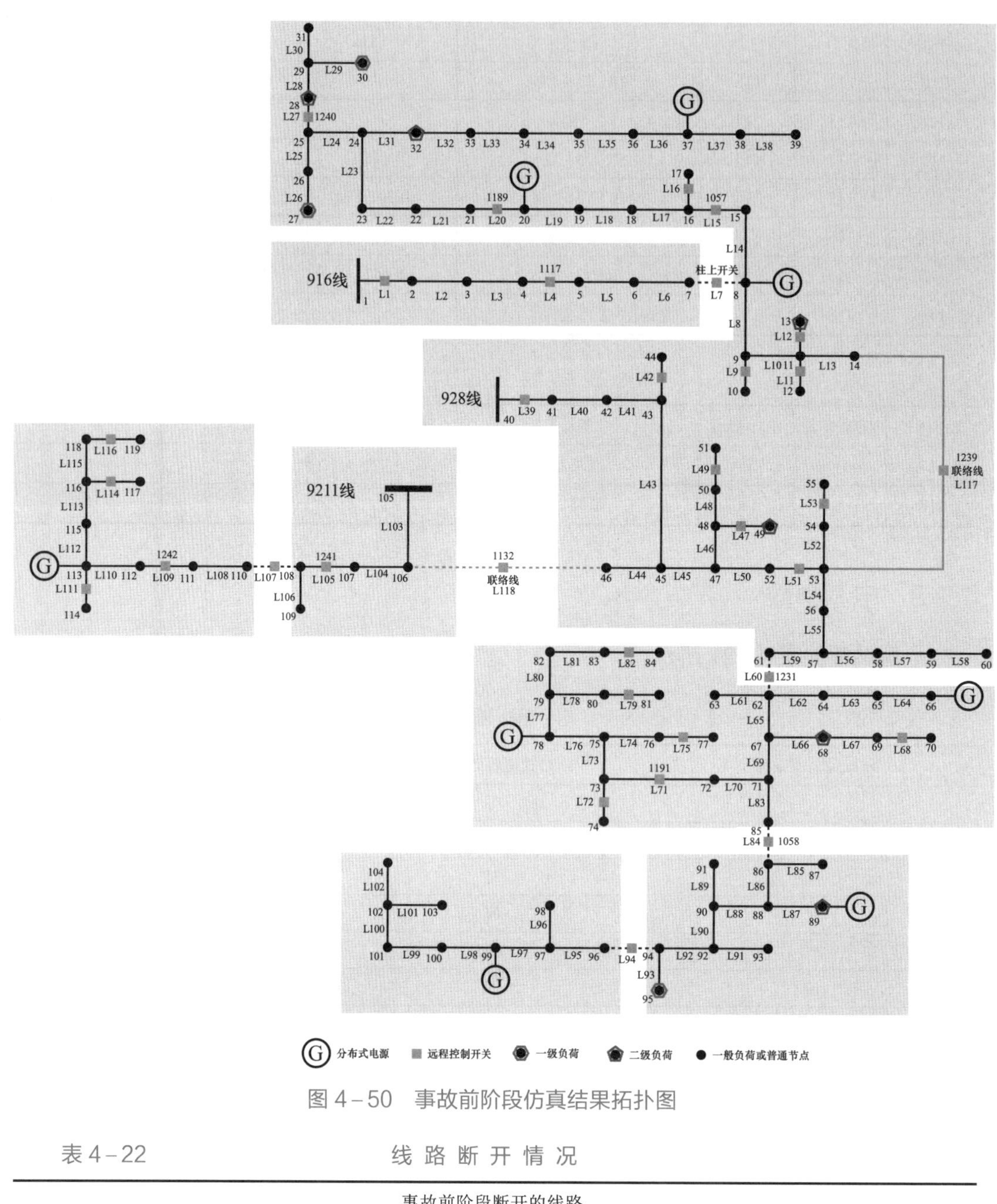

图 4-50 事故前阶段仿真结果拓扑图

表 4-22 线路断开情况

事故前阶段断开的线路
L7，L60，L84，L94，L107，L109，L118

4.10.2 退化阶段仿真结果

退化阶段仿真结果拓扑图如图 4-51 所示。

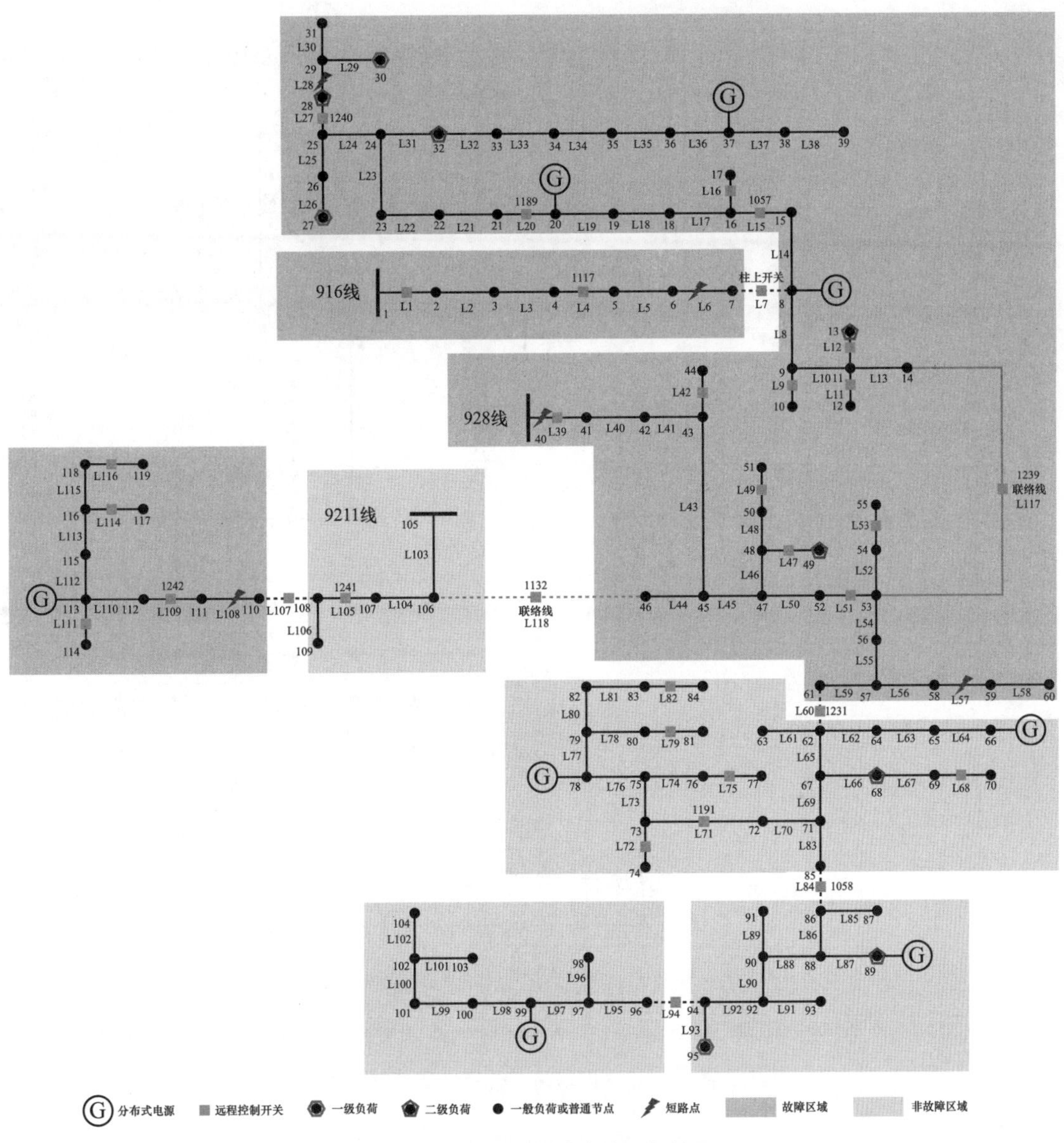

图 4－51　退化阶段仿真结果拓扑图

选取故障场景 10 进行分析，在多重故障发生且故障隔离及负荷恢复措施实施前，配电网的故障情况如图所示，多重故障导致 3 片孤岛处于故障区域，其余 4 片孤岛由于事故前预防性重构措施，处于非故障区域。

4.10.3　恢复阶段仿真结果

恢复阶段配电网远程控制开关动作后配电网状态如图 4－52 所示，远程控制开关动作情况如表 4－23 所示。

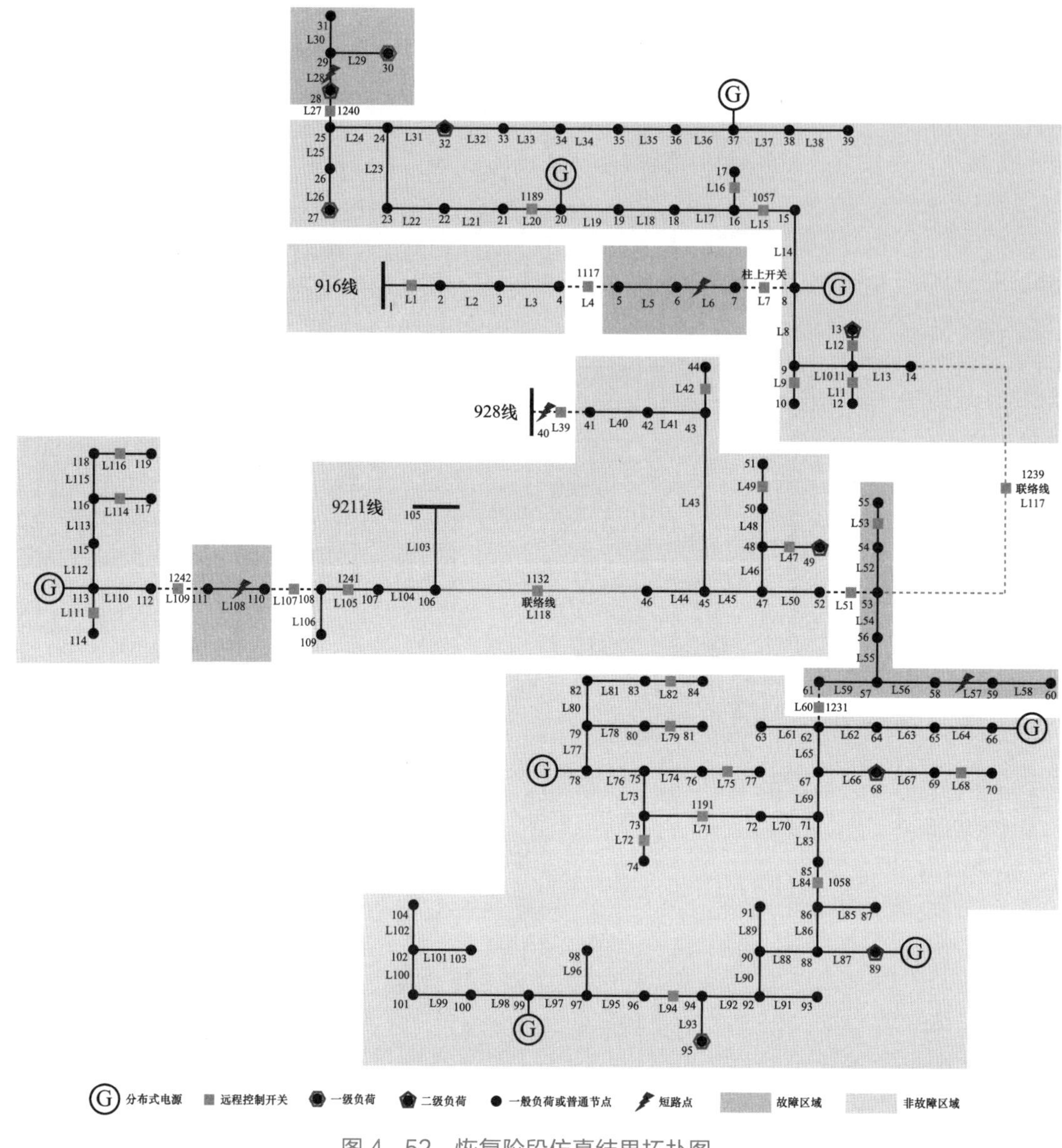

图 4-52　恢复阶段仿真结果拓扑图

表 4-23　　远程控制开关动作情况

闭合到开断	L4，L27，L39，L51，L109，L117
开断到闭合	L84，L94，L118

其中，L4 断开隔离位于 L6 的短路故障并恢复节点 1 附近的负荷；L27 断开隔离位于 L28 的短路故障；L39 断开隔离位于 L29 的短路故障；L51 和 L117 断开隔离位于 L57 的短路故障并恢复节点 8 所在孤岛的负荷；L109 断开隔离位于 L108 的短路故障并恢复节点 113 所在区域负荷。L84 和 L94 闭合使其所在区域联通形成一个孤岛；L118 闭合使节点 45 所在区域恢复供电。

4.10.4　各场景负荷生存及负荷恢复情况

其中，各场景负荷恢复曲线如图 4－53 所示，横轴表示场景编号，纵轴表示负荷恢复百分比。各场景负荷生存情况数据和恢复情况数据如表 4－24 所示。

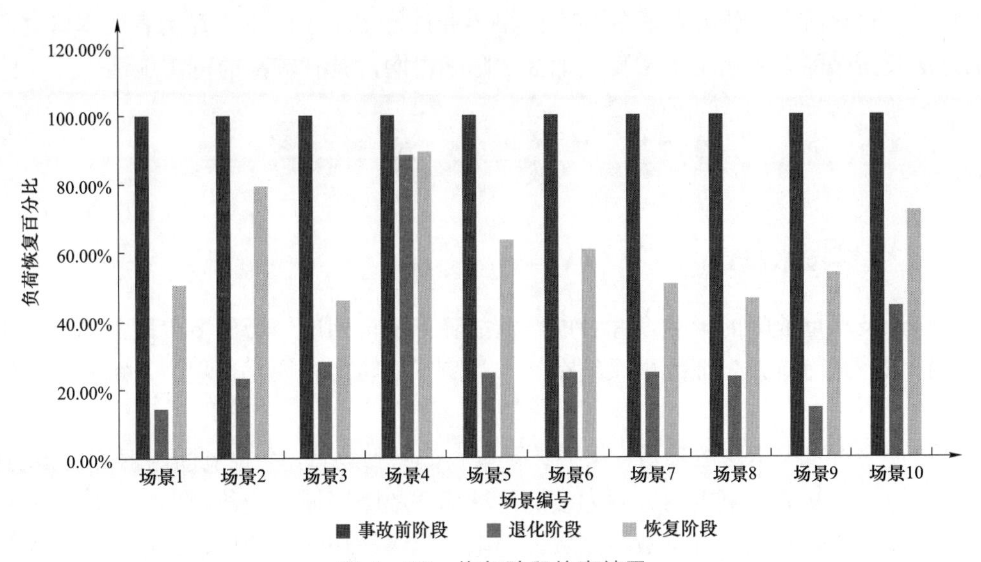

图 4－53　恢复阶段仿真结果

表 4－24　　各场景负荷生存/恢复比例统计

故障场景编号	事故前阶段 负荷供应情况	退化阶段 负荷生存比例	恢复阶段 负荷恢复比例
1	100%	14.81%	50.67%
2	100%	23.72%	79.46%
3	100%	28.34%	46.33%
4	100%	88.28%	89.51%
5	100%	24.95%	63.69%
6	100%	24.95%	60.93%
7	100%	24.95%	47.95%
8	100%	23.72%	46.42%
9	100%	12.95%	54.03%
10	100%	44.14%	72.47%

以上说明基于远程控制开关的配电网预防性重构措施能尽可能地提高配电网负荷的生存性，基于远程控制开关的配电网恢复性重构措施的实施能在故障被修复前有效恢复配电网负荷供电。

4.10.5 小结

本节将运用到宁夏某地区实际配电网进行了验证。首先，给出了宁夏某地区配电网的拓扑结构、线路参数等数据；其次，给出了基于工程数据所生成的故障参数、拓扑参数、节点参数、支路参数等边界条件；最后，进行了算例分析，详细给出了实际案例事故前阶段、退化阶段、恢复阶段的仿真结果，并进行了相应分析。算例表明本研究所提出的方法及策略能有效运用于宁夏某地区实际配电网，具有较高的可实施性。

4.11 关键技术难点

4.11.1 关键技术难点

如何计及严重故障的影响，并考虑严重故障下配电网所经历的多阶段故障过程中各阶段的特点，从而有效表征配电系统在严重故障下的防御和恢复过程，是本研究的难点之一。

极端灾害引发配电网故障后，保护装置首先检测到故障，会控制断路器等设备动作，切断故障电流，从而将配电网分割为故障区域和非故障区域。受故障影响，所有故障区域内的负荷将全部停电，所有故障区域内的电源也将被切除。随后，配电网运行人员对故障位置和配电网元件受损情况进行估计，将通过断开分段开关、闭合联络开关等操作，进一步隔离故障区域，并恢复非故障区域内的负荷。此后，随着故障的清除、配电网受损元件的修复，配合网络重构等措施协同实施，不断恢复受影响的负荷，直到所有负荷都得到恢复。因此，严重故障下配电网所经历的实际上是一个多阶段的过程，包括退化阶段、故障隔离阶段和负荷恢复阶段等。具体来讲，在故障发生后，应首先对故障进行隔离，然后对非故障区的负荷进行恢复。通过分段开关的操作，可以初步完成故障隔离和负荷恢复。在故障隔离之前，配电系统将经历退化阶段，该阶段系统功能大幅度受到影响。这一阶段的故障区域取决于配电系统的事故前拓扑结构和故障位置。在故障隔离阶段，通过打开分段开关，隔离故障，减少故障影响区域的面积。在负荷恢复阶段，基于分段开关的动作进行网络重构，恢复非故障区负荷。同时，在故障隔离阶段形成的故障区域不应在此阶段与非故障区域重新连接。上述过程也说明，多阶段过程是彼此耦合的，这为配电系统故障后的运行特性的建模带来了很大的挑战。

如何计及可再生能源出力以及负荷需求的不确定性，并构建严重故障下配电网的多阶段故障过程模型，是本研究的难点之二。

近几年来，可再生能源发电技术凭借其可提高系统供电可靠性、降低终端用户费用、降低线路损耗、改善电能质量等优点得到了全社会的广泛关注。可再生能源发电主要包括风能、太阳能等，其清洁环保、储量充足、分布广泛的特点满足了低碳经济发展的要求。然而，光伏发电、风电等可再生能源本身存在诸多问题，例如单机接入成本高、控制困难等；另外，光伏发电、风电相对大电网来说是一个不可控源，因此大系统往往采取限制、隔离的方式来处置分布式电源，以期减小其对大电网的冲击。这极大地限制了可再生能源效能的充分发挥。同时，用户侧的负荷需求也会因时段、日期、月份变化而发生较大波动，由此对于配电网故障恢复过程也会带来较大的不确定性，从而使得故障后恢复过程的分析变得较为复杂。如何考虑可再生能源出力不确定性和负荷需求不确定性构建预测曲线，从而生成配电网极端天气灾害下的运行场景，是亟需解决的问题。

当配电网中发生故障时，配电网元件故障率与极端天气因素强度相关性极高，如何确定与元件故障率最相关的极端天气因素并构建极端天气因素强度—元件故障率脆弱性曲线是必须考虑的问题。同时，故障将会在配电网中顺着电力线路进行传递，使得所有与故障相连的节点、线路都受到影响。因此，当故障发生时，首先应将故障区域与正常区域隔离开来，随后再将非故障区域的供电服务恢复。这表明恢复过程实际上是一个多阶段的过程，不同阶段采取的措施之间是互相耦合的。鉴于配电系统的韧性是通过分析整个恢复过程中的系统功能来评估的，因此在研究配电网故障恢复过程时，有必要考虑这一多阶段的过程。

如何综合考虑各种资源的特性，形成有效措施，提升配电网在故障后各阶段的性能水平，是本研究的难点之一。

极端天气等灾害往往造成配电网多重故障，影响范围大，负荷恢复难度大，为了尽快地保证关键负荷的供电，需要充分利用分布式电源、移动应急发电、自动化开关等资源。基于远程控制开关的网络重构措施能在事故前预先断开高故障率线路，能在事故后隔离故障并恢复负荷与电源的通路；基于移动式应急发电机的移动资源预先配置和实时调度措施能在事故前使配电网形成若干孤岛，在事故后使配电网形成动态孤岛，从而提高每个无故障孤岛内负荷的生存性和恢复效率。

如何综合考虑各种资源的特性，从而针对多阶段过程中各阶段特点，对不同类型资源进行充分协调，这也是本研究的难点之一。

鉴于配电系统的韧性取决于其整个故障恢复全过程的系统功能，因此在设计韧性增强策略时，需要对极端灾害下配电网的多阶段响应和恢复过程进行有效建模。如上所述，在故障隔离之前，配电系统将经历退化阶段，此时故障对系统功能的影响较大，必须采取合适的防御措施。在故障隔离阶段，通过打开分段开关，隔离故障，减少故障区域的面积，因此需考虑分段开关的优化动作。在负荷恢复阶段，基于分段开关的动作进行最优的网络重构，快速恢复非故障区负荷。总之，在这一多阶段过程中，应综合考虑和协调配电系统的抗极端事件能力和快速恢复能力，以提高系统的恢复能力。为了实现此目的，除了考虑基本的分段开关动作外，还需要综合考虑各种资源的特性，如可控分布式电源可以形成孤岛，可移动应急电源可以灵活移动并为关键负荷提供电力服务，储能系统可以向周围的区域网络供应电力等。

4.11.2　主要技术创新点

基于可再生能源发电和负荷历史数据，考虑可再生能源出力不确定性和负荷需求不确定性，构建可再生能源出力/负荷需求的马尔可夫状态转移矩阵，并依据马尔可夫状态转移矩阵生成可再生能源出力/负荷需求的预测曲线。

对极端天气因素和元件故障率进行相关性分析，建立配电网元件与极端天气强度的相关性模型，基于此模型建立极端天气下元件故障状态与正常运行状态的转换模型，采用序贯蒙特卡洛法，生成不同元件和整个系统的时序的状态转移过程，最终生成配电网的严重故障场景。

系统分析严重故障下配电网多阶段过程，计及潮流约束、拓扑约束、开关动作约束、故障传递约束、电源出力约束、操作人员位置约束等约束，建立了严重故障下配电网多阶段模型，涵盖防御阶段、演化阶段、故障隔离阶段和负荷恢复阶段。

系统分析严重故障场景下，诸如 DG、MEG、RCS 及人力资源等多种资源对于配电系统故障后恢复过程的协助作用，并基于上述资源的应用机理，提出了综合考虑多种资源协同下提升配电系统故障抵御能力的预防措施和恢复措施，综合增强极端灾害下配电网中关键负荷的生存性和故障后的快速恢复能力，提升系统的韧性水平。

提出考虑多种资源协同配置前提下的配电系统韧性提升的优化方法，通过提出事故前防御、事故后恢复等不同阶段的协同优化决策，综合利用分布式电源、移动应急发电、配电网自动化等手段，有效提升极端自然灾害后配电系统严重故障下的应急响应能力和恢复能力。

4.11.3 小结

随着极端灾害日益频发，配电网安全可靠供电面临严峻挑战。本研究内容针对如何提升配电网韧性，提升配电网对极端灾害的抵御能力和恢复能力这一问题，对极端灾害下配电网运行场景的构建方法、典型故障场景的构建方法、配电网多阶段过程、配电网面对故障的预防措施和恢复措施、综合考虑多种资源优化配置的配电网多阶段故障恢复优化方法进行了研究。

本研究内容从配电网多阶段故障恢复过程研究现状、可再生能源出力和负荷需求不确定性及极端灾害下故障位置不确定性多方面对配电网韧性提升研究的现状进行了分析。同时，本研究内容从分布式电源、网络重构、人力资源等多方面对配电网韧性提升措施和方法的现状进行了分类分析。

本研究内容从区间预测法、概率预测法、场景预测法三方面分析了现有负荷需求和可再生能源出力不确定性的预测方法，并对相关性分析法进行了介绍。然后，本研究内容基于对极端灾害下配电网运行、应对过程中的潮流约束、拓扑约束、开关动作约束、故障传递约束、DG 功率约束等约束的建模，对电源类资源、开关类资源、人力资源等方面对这三类资源运用于配电网韧性提升的机理进行了分析。

本研究内容建立了可再生能源出力和负荷需求预测方法、对极端灾害引发配电网元件故障的致灾机理进行了分析、对基于配电系统自动化的配电网故障处理过程从进行了研究、研究了基于序贯蒙特卡洛法的配电网严重故障场景生成方法。算例验证了本研究内容所建立可再生能源出力和负荷需求预测方法、配电网严重故障场景生成方法的有效性。

本研究内容从措施层面，根据配电网韧性提升措施实施的时间，分别对提升配电网故障抵御能力的预防措施和提升配电网故障恢复能力的恢复措施进行了研究。之后，基于配电网韧性提升中资源作用和措施实施的机理，本项目提出了“极端天气下考虑 MEG 两阶段优化调度的配电网防御和恢复方法”和“综合考虑多种资源协同和多阶段过程的配电网韧性提升方法”，形成了完整的配电网韧性提升方法体系。

第 5 章 “双碳”目标下配电网的负荷预测技术

负荷预测和发电预测是配电网规划中的关键环节，是变电站、网架规划重要计算依据。随着经济不断发展和社会用电需求的增长，电网最大负荷利用小时数不断下降，尖峰负荷问题日益突出。在此过程中，配电网的建设运行负担也在急剧加重，由尖峰负荷引起的设备利用率低下、资产浪费等问题亟待解决；新型负荷的出现也对配电网的运行控制提出新的要求。另外，分布式电源渗透率不断增大也是当前配电网的发展趋势。相比传统的发电方式，分布式电源具有随机性大、波动性强、出力不可控等特点，在电力规划中无法将其与常规机组同等对待，需要原有配电系统引入对分布式电源的主动协调控制能力。

在上述背景下，原有的配电网负荷预测和发电预测方法已不再适用，需要在考虑主动配电系统下新型负荷及分布式电源接入影响的基础上，研究适用于新型配电网的预测方法。

5.1 新型配电网用电需求分析方法

5.1.1 新型配电网负荷分类

依据负荷可参与电网协调的程度，将目标区域内全部负荷分为常规负荷、可调、可控负荷三类。

其中常规负荷也称作基础负荷，是保障人类生活或企业生产正常开展的基本负荷分量，是不可中断的。

可控负荷即为可中断负荷，也可称为柔性负荷，通常通过经济合同（协议）实现。由电力公司与用户签订，在系统峰值时和紧急状态下，用户按照合同规定中断和削减负荷，是配电网需求侧管理的重要保证。

可调负荷即是指不能完全响应电网调度，但能在一定程度上跟随分时段阶梯电价等引导机制，从而调节其用电需求的负荷。比如空调、热水器等。

另外电动汽车作为新兴负荷，其负荷特性与充电模式密切相关。对于采用慢速充电、常规充电和快速充电方式的电动汽车，可通过响应阶梯电价的方式参与电网调度，这类负荷属于可调负荷；对于采用在换电站更换电池方式充电的电动汽车，可通过对换电站参与电网调度，这类负荷属于可控负荷。

5.1.2　新型配电网用电需求预测模型

根据上述负荷分类，即常规负荷为L_1、可调负荷为L_2、可控负荷为L_3，$L = L_1 + L_2 + L_3$。

为了提现新型配电网中可调负荷对引导机制的响应程度，定义负荷响应系数μ：

$$\mu = \frac{L_{2A}}{L_2} = \frac{L_{2A}}{L_{2A} + L_{2B}} \tag{5-1}$$

式中：L_{2A}表示全部可调负荷L_2中，能够完全响应某种引导机制（如在高峰电价时主动停运）的部分；L_{2B}表示不响应该引导机制的部分。因此，μ可看作是对负荷引导机制调节作用的衡量。

进一步，将可调负荷中可以完全跟随引导机制的负荷归入可控负荷，将无法跟随引导机制的负荷归入不可控负荷。可将新型配电网整体负荷从是否受控角度分为两类：友好负荷和非友好负荷。为了表征新型配电网中负荷受控程度，定义负荷主动控制因子λ：

$$\lambda = \frac{L_3 + L_{2A}}{L} = \frac{\mu L_2 + L_3}{L_1 + L_2 + L_3} \tag{5-2}$$

λ表示友好负荷在配电网整体负荷中的比例。各类负荷关系如图 5-1 所示。

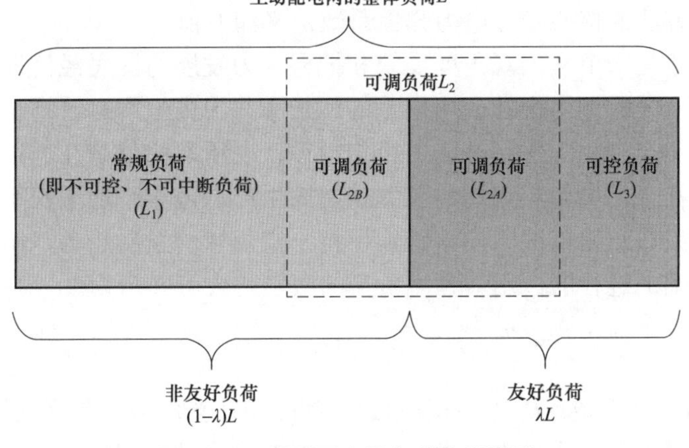

图 5-1　新型配电网负荷分类模型

5.1.3　基础负荷需求分析方法

通过用电负荷划分，非友好负荷部分包含不可中断负荷及可参与负荷响应需求但自身不参与的可调控负荷，因此这两部分负荷都归属为常规负荷，这部分负荷大小可通过调研区域用电特点和负荷特性，确定无空调时段，即默认本时段的负荷为非友好负荷，通过分析对应时段的负荷曲线，即可得出常规负荷的最大、最小值。

因此对于此部分的负荷预测，可考虑以下预测模型，并对目前配电网规划涉及的常见负荷预测常用方法进行分析介绍，总结对应的方法优缺点及适用性。

5.1.3.1 产值单耗法

产业产值单耗法是通过对国民经济三大产业单位产值耗电量进行统计分析，根据经济发展以及产业结构调整情况，确定规划期三大产业的单位产值耗电量，然后根据国民经济和社会发展规划的指标，计算得到规划期的电量需求预测值。

产业产值单耗法的预测步骤。根据近几年的社会发展情况，确定未来各年GDP的总量$\hat{G}_t$，并根据规划期内三大产业的比例变化趋势，确定各年三大产业所占的比例：$\hat{m}_{i,t}$，i=1、2、3，且有$\sum_i \hat{m}_{i,t}=1$，从而得到各年的三大产业增加值为：$\hat{G}_{i,t}=\hat{G}_t\hat{m}_{i,t}$，$i$=1、2、3。

第一，根据三大产业历史用电量和三大产业的用电单耗，预测得到各年三大产业的用电单耗。

第二，各年的三大产业增加值分别乘以相应年的三大产业用电单耗，可得到各年份产业的用电量预测值为：$\hat{W}_{i,t}=\hat{G}_{i,t}\hat{g}_{i,t}$，$i$=1、2、3。

第三，三大产业的预测电量相加，就得到了各年的全行业用电量：$\hat{W}_t=\sum_i \hat{W}_{i,t}$，$i$=1、2、3。

5.1.3.2 电力弹性系数法

电力弹性系数法是编制电力发展规划时常用的一种负荷预测方法，它计算方法简单，容易理解。预测方法的核心是对电力弹性系数定义和取值。

电力弹性系数是一个从宏观角度反映和把握电力发展与国民经济发展关系的指标，因此，它应该是一段时期内全社会用电量的增长率与国内生产总值增长率之比，显然有个明确的时间段就会有相应的基准年，换句话说，它所取的值是在一定的历史期限内，基期到末期的全社会用电量年平均增长率与国内生产总值年平均增长率之比。并且在预测中认为这种关系在正常情况下应该继续保持一定规律的发展趋势，所谓预测则应该是在此基准年的基础上进行的，用其预测负荷的数学公式可表示为：

$$k_{t_{0-t}}=\frac{E_{t_{0-t}}\%}{G_{t_{0-t}}\%};E_t=E_{t_0}(1+k_{t_{0-t}}G_{t_{0-t}}\%)_{t-t_0} \tag{5-3}$$

式中，$k_{t_{0-t}}$为电力弹性系数；$E_{t_{0-t}}\%$为基期到末期的全社会用电量年平均增长率；$G_{t_{0-t}}\%$为基期到末期的国内生产总值年平均增长率；E_{t_0}为基期全社会用电量；E_t为预测末期的全社会用电量。

根据此定义总结，电力弹性系数法就是根据已经掌握的今后一段时期内国民经济发展计划确定的国内生产总值的年平均增长率，以及选用过去历史阶段的电力弹性系数的变化规律的值，预测今后一段时期的需电量。

5.1.3.3 负荷密度指标法

在城市详细规划阶段，负荷密度指标法是针对空间负荷预测较常见的预测方法。根据规划部门批复的片区控制性详细规划图，提取各地块用地性质、地块面积、容积率和建筑面积等信息，按照地块的不同属性，分类进行负荷预测。负荷密度指标法具体可分为占地面积负荷密度法和单位建筑面积负荷密度法。

（1）占地面积负荷密度指标法，该方法负荷预测公式为：

$$P=\left(\sum D_i\times S_i\right)\times\eta \tag{5-4}$$

式中，P 为片区预测总负荷；D_i 为第 i 个地块负荷密度指标；S_i 为第 i 个地块占地面积；η 为地块间同时因数或称为同时率。

（2）单位建筑面积负荷密度法，该方法负荷预测公式为：

$$P=\left(\sum F_i\times S_i\times Q_i\times K_i\right)\times\eta \tag{5-5}$$

式中，P 为片区预测总负荷；F_i 为第 i 个地块单位建筑面积负荷密度指标；S_i 为第 i 个地块占地面积；Q_i 为第 i 个地块容积率；K_i 为第 i 个地块对应负荷类型的同时率；η 为地块间同时因数或称为同时率。

5.1.3.4 回归分析法

回归分析预测方法是根据历史数据的变化规律和影响负荷变化的因素，寻找自变量与因变量之间的相关关系及其回归方程式，确定模型参数，据此推断将来时刻的负荷值。

回归分析预测方法是一种最为常见的中期负荷预测方法，它是针对整个观测序列呈现出的某种随机过程的特性，用数理统计中的回归分析法，根据历史数据的变化规律寻找自变量与因变量之间的回归方程式，建立和估计产生实际序列的随机过程的模型，然后用这些模型去进行预测。它利用了电力负荷变动的惯性特征和时间上的延续性，通过对历史数据时间序列的分析处理，确定其基本特征和变化规律，预测未来负荷。

已知历史相关数据序列 $X_i(i=1,2,\cdots,n)$，假设这些数据和被预测量 $Y_i(i=1,2,\cdots,n)$ 有接近于一次线性的关系，则可建立一个估计一元线性回归方程：

$$\hat{Y}_t=b_0+b_1x_i \tag{5-6}$$

式中，b_0 为回归方程的截距；b_1 为回归方程的斜率。

其中上述的 b_0 和 b_1 可通过最小乘法计算求得。

其中，

$$b_1=\frac{\sum_{i=1}^{n}X_iY_i-\left(\sum_{i=1}^{n}X_i\sum_{i=1}^{n}Y_i\right)/n}{\sum_{i=1}^{n}X_i^2-\left(\sum_{i=1}^{n}X_i\right)^2/n} \tag{5-7}$$

$$b_0=\overline{Y}-b_1\overline{X}$$

式中，$\overline{Y}=\left(\sum_{i=1}^{n}Y_i\right)/n$，$\overline{X}=\left(\sum_{i=1}^{n}X_i\right)/n$，将历史数据 X_i、Y_i 代入上式，解得 X 与 Y 的关系系数 b_0、b_1。

5.1.3.5 时间序列预测法

（1）自回归（AR）法。

模型中的基本思想是：因变量是待测的负荷，而自变量则是负荷自身的过去值。具体过程为：现在值 y 可由过去值的部分加权，按照有限线性组合方式及一个干扰量 α_t 来表示。P 阶 AR 模型 M、R（P）的表达式为：

$$y_t = \varphi_1 y_{t-1} + \varphi_2 y_{t-2} + \cdots + \varphi_p y_{t-p} + \alpha_t \tag{5-8}$$

式中，p 为模型的阶；常数系数 φ_1，φ_2，φ_3，φ_4，…，φ_p 为模型的参数；干扰量 α_t 为噪声序列在 t 时刻的值。预测负荷与它过去时刻的负荷有关。

此方法是用负荷本身的历史负荷来预测，即预测 t 时刻的负荷值，需要用前 $t-1$ 到 $t-p$ 的历史值来预测，φ_p 为自相关系数，当自相关系数大于 0.5 时，此方法误差较大，不宜使用，即当负荷受外在因素影响较大，偏离历史负荷发展时，不宜采用，因此本预测方法适用于负荷相似周期内，外在影响因素较小的预测。

（2）移动平均（MA）法。

在自回归模型中，理论上，干扰的影响在无限长的时间内是存在的。一个初始时刻的干扰将会影响到未来无限长时间内的负荷值，这显然对预测的进度会有所影响。

MA 模型的基本思路是，假设干扰的影响在时间序列中只表现在有限的几个连续时间间隔内，然后就完全消失，避免了 AR 法的相关缺陷。假设，初始时刻的干扰仅在前 q 步内有影响，那么 q 阶 MA 模型 MA（q）的表达式为：

$$y_t = \alpha_t - \theta_1 \alpha_{t-1} - \cdots - \theta_q \alpha_{t-q} \tag{5-9}$$

式中，q 为模型的阶；常数系数 θ_1，…，θ_q 为模型参数，称为移动系数。

此模型与之前时刻的历史数据无直接关系，但与之前时刻的干扰因素 α_{t-1},…，α_{t-q} 相关，MA 模型的出发点是通过组合残差项来观察残差的振动。MA 能有效地消除预测中的随机波动。当时间序列的数值受周期变动和不规则变动的影响起伏较大，不易显示出发展趋势时，可用此模型。

总结：MA 模型与 AR 模型所需历史数据一致，主要通过判断历史负荷数据时序序列，确定干扰因素和移动系数。

（3）ARMA 法。

ARMA 模型是 AR 法与 MA 法的结合，其表达式为：

$$y_t = \varphi_1 y_{t-1} + \varphi_2 y_{t-2} + \cdots + \varphi_p y_{t-p} + \alpha_t - \theta_1 \alpha_{t-1} - \cdots - \theta_q \alpha_{t-q} \tag{5-10}$$

在低压台区负荷特性中，许多实际的随机时间序列，常常同时具有模型 M_{AR}（p）和 M_{MA}（q）的特性，如分别令 $p=0$，$q=0$，得到的 M_{ARMA}（0，q）就是 M_{MA}（q），M_{ARMA}（p，0）就是 M_{AR}（p），这 3 种模型之间有着密切的联系。

5.1.3.6 趋势外推法

该预测方法的原理：当电力负荷依时间变化呈现某种上升或下降的趋势，并且无明显的季节波动，又能找到一条合适的函数曲线反映这种变化趋势时，就可以用时间 t 为自变量，时序数值 y 为因变量，建立趋势模型 $y=f(t)$。当有理由相信这种趋势能够延伸到未来时，赋予变量 t 所需要的值，可以得到相应时刻的时间序列未来值，这就是趋势外推法。常见的趋势外推模型有：指数平滑法、移动平均模型、包络模型、线性回归分析法、二阶自适应系数法等。这些模型都可以根据历史数据在 Office 的 Excle 里生成，此处不再对其各个模型的具体公式算法做介绍。

5.1.4 灰色系统理论模型

灰色系统是一个信息“部分已知部分未知”的不确定系统。灰色理论主要是通过对信息进行生成转化来实现对系统的进一步认识和了解，从而实现对系统发展规律的准确把握与描述，其特点是用少量数据进行建模，并着重研究那些内涵不明确的对象。

1982 年，邓聚龙教授创立了灰色系统理论。灰色理论是一种充分结合和运用了数学思维和方法发展而来的，旨在研究和解决灰色系统相关问题的理论和方法。灰色理论的研究内容一般包括建模、关联分析、系统控制、决策、预测和规划等。

灰色理论建模：

设有序列 $x^{(0)}=\{x^{(0)}(1),x^{(0)}(2),\cdots,x^{(0)}(n)\}$，则称

$$\delta(k)=\frac{x^{(0)}(k-1)}{x^{(0)}(k)} \tag{5-11}$$

上式为序列 $x^{(0)}$ 的级比。式中 $k=2，3，\cdots，n$，当序列 $x^{(0)}$ 的级比满足 $\delta(k)\in\left(e^{-\frac{2}{n+1}},e^{\frac{2}{n+1}}\right)$ 时，序列 $x^{(0)}$ 可做可靠的 GM（1，1）建模。

灰色理论模型应用一般是结合软件实现目标预测，本文不再对灰色理论的具体计算过程作详细介绍。

5.1.4.1 需求分析方法对比总结

以上主要是对常见的负荷需求分析方法从原理、计算公式、所需关键数据进行介绍，表 5－1 将从预测方法的适用性、所需数据来源、各个方法的优缺点对以上的多种预测方法进行总结。

表 5－1 多种常见负荷需求分析方法总结对比

序号	负荷预测方法	所需数据来源获取	适用性	优缺点
1	产值单耗法	历史年经济数据、电量数据、政府文件支撑	有完整的历史数据信息。以区县、园区为单位的中长期预测	优点：由于数据与经济数据相关，因此与经济发展情况一致；如果数据统计准确，一般预测结果较准。 缺点：对于小范围的预测和短期预测效果不明显，误差较大
2	电力弹性系数法	历史年经济数据、电量数据、政府文件支撑	有完整的历史数据信息。以区县、园区为单位的中长期预测	优点：计算简单，容易理解。 缺点：历史数据影响了预测结果的准确性，由于弹性系数无限制要求，因此可能出现误差大，可信度低

续表

序号	负荷预测方法	所需数据来源获取	适用性	优缺点
3	负荷密度指标法	规划部门提供相对详细的用地规划信息，政府相关文件报告，负荷密度指标调研	有详细性用地规划资料的园区、城区、特色区域等，适合中长期预测	优点：可以不考虑历史数据资料及负荷转移情况。 缺点：此方法的准确率与负荷密度指标相关，对指标的选取很重要，不适用短期预测及农村预测
4	回归分析法	历史负荷、电量数据	适用于中短期预测	优点：只与历史数据相关，需收集的历史数据资料较少。 缺点：此方法主要是建立自变量和主要因变量之间的关系数学模型，而对因变量的预判准确率影响其最终结果的准确性
5	时间序列预测法	历史负荷数据	与历史负荷相似周期内，且受外界影响较小，适用于短期预测	优点：可以从时间序列中找出变量变化的特征、趋势以及发展规律，从而对变量的未来变化进行有效的预测。 缺点：在应用时间序列分析法进行市场预测时应注意市场现象未来发展变化规律和发展水平，不一定与其历史和现在的发展变化规律完全一致
6	趋势外推法	历史负荷数据	具有历史数据且数据呈渐进式趋势，不是跳跃式发展，适用于中长期预测	优点：有历史时间序列对应数据即可外推规划时间对应数据。 缺点：模型简单，结果准确性取决于模型曲线的拟合度，存在误差过大
7	灰色模型法	历史负荷数据	对历史负荷数据要求不高，适用于中短期预测	优点：所需基础数据较少、运算方便、对数据的变化趋势和分布无严格要求，预测周期较短时其精度较高。 缺点：一是数据离散程度较大时，其预测精度将明显变差；二是不适合长期电力负荷预测

5.2 可控、可调负荷需求分析方法

这里的可控、可调负荷指确定会参与需求侧响应的负荷，与友好负荷是对应的。这部分负荷根据涉及资源种类及特点对这部分的负荷总结如表 5－2 所示。

表 5－2 参与需求响应的负荷特点及种类

资源响应性质	荷性	源性	源荷性
响应资源种类	热水器、洗衣机、空调系统、电吹风等、工商业可调负荷	分布式风电、分布式光伏、微型燃气轮机、柴油机、抽水蓄能等	储能装置、电动汽车
响应资源特点	总量相对稳定、数量多，但分散、受用电习惯影响	总量受安装成本影响、出力受自然因素影响大、波动性和随机性强	总量受安装成本影响、响应可以完全按计划进行、响应灵活
响应方式	时间转移响应、用电响应	地点转移响应、供电响应	时间和地点双重响应、用电和供电双性响应
响应误差	有	有（新能源） 无	无
响应潜力	受总量和用电习惯影响，潜力有限	潜力较大	潜力大

对于本节研究内容里涉及的可控、可调负荷都是可以参与需求响应的，因此首先需对需求响应分类做简单分析，根据需求分类考虑需求响应度及相关影响因素从而确定此类负荷的用电需求方法。

5.2.1 需求响应的分类

目前电力市场下的需求响应可按照电力用户不同的响应方式分为以下两种类型：基于价格的需求响应和基于激励的需求响应。

5.2.2 基于价格需求响应

基于价格的需求响应是指电力用户响应市场电价的变化，而改变用电方式。例如实时电价、分时电价和尖峰电价。用户通过内部的经济决策过程，将用电时间调整到低电价时段，并在高电价时段减少用电，来实现减少电费支出的目的。

（1）分时电价。分时电价是一种可以有效反映电力系统不同时段供电成本差别的电价机制，峰谷电价、季节电价和丰枯电价等是其常见的几种形式。根据电网的负荷特性，将一天划分为峰谷平等不同时段执行不同电价或一年分季节执行不同电价，通过价格信号来引导用户采取合理的用电结构和方式，将高峰时段的部分负荷转移到低谷时段或平衡季节负荷。

目前很多国家已经在大中型工商业用户中普遍实施峰谷分时电价。

分时电价可以比一单一电价制度实现更高的市场效率和多方面的效益，包括削峰填谷和增加社会福利等方面。在电力市场初期，相对固定的零售电价与经常波动的批发市场电价存在不同步的问题，使供电公司面临一定的市场风险，而通过分时电价来实现零售电价与批发电价联动，可以使供电公司有效管理购售电风险。

（2）实时电价。电价的更新周期是确定电价体系时的一个重要考虑因素，该周期越短，则电价的杠杆作用发挥越充分，但对技术支持的要求也越高。实时电价理论已在发电侧定价方面得到了广泛的应用。由于零售侧的容量分散性和技术条件限制等原因，许多国家都只是在有限范围内实施了实时电价。

（3）尖峰电价。实时电价是理想的定价方式，但要在零售侧全面实施实时电价需要较高的技术支撑。尖峰电价是在分时电价和实时电价的基础上发展起来的一种动态电价机制，即通过在分时电价上叠加尖峰费率而形成。尖峰电价实施机构预先公布尖峰事件的时段设定标准如系统紧急情况或者电价高峰时期以及对应的尖峰费率，在非尖峰时段执行分时电价用户还可以获得相应的电价折扣，但在尖峰时段执行尖峰费率，并提前一定的时间通知用户通常为一天以内，用户则可做出相应的用电计划调整，也可为用户安装能够进行实时计量、通信自动响应电价变化的设备来自动响应尖峰电价。由于尖峰电价的费率也是事先确定的，因而在经济效率上不如实时电价，但尖峰电价可以降低实时电价潜在的价格风险，反映系统尖峰时段的短期供电成本，因而优于分时电价。

5.2.3 基于激励的需求响应

基于激励的需求响应是指电力公司、负荷服务公司等实施机构通过制定定性的或随时间变化的政策，来激励用户在系统可靠性受到影响或电价较高时及时响应并削减负荷。例如直接负荷控制、可中断负荷、需求侧竞价、紧急需求响应和容量辅助服务计划等。一般激励费率独立于或叠加于用户的零售电价之上，分电价折扣或切负荷赔偿两种方式。

（1）直接负荷控制。

直接负荷控制是指在系统高峰时段由直接负荷控制执行机构通过远端控制装置关闭或者循环控制用户的用电设备，提前通知时间一般在 15min 以内。直接负荷控制一般适用于居民或小型的商业用户，且参与的可控制负荷一般是那种短时间的停电对其供电服务质量影响不大的负荷，例如电热水器和空调等具有热能储存能力的负荷，参与用户可以获得相应的中断补偿。

电力公司一般通过最小化系统峰荷和运行成本，或者最大化用户满意度和企业利润来实施直接负荷控制。在从传统的电力工业体制转变到引入竞争的电力市场环境的过程中，直接负荷控制优化调度模型经历了从基于成本分析到基于利润分析的发展、从只考虑电力公司利益的单一目标到兼顾电力公司和用户利益的多目标的发展，另外，将直接负荷控制与其他需求响应项目如可中断负荷进行协调优化也成为电力市场下直接负荷控制研究的趋势。

（2）可中断负荷。

可中断负荷是根据供需双方事先的合同约定，在电网高峰时段由实施机构向用户发出中断请求信号，经用户响应后中断部分供电的一种方法。对用电可靠性要求不高的用户，可减少或停止部分用电避开电网尖峰，并且可获得相应的中断补偿。可中断负荷一般适用于大型工业和商业用户，是电网错峰比较理想的控制方式。可中断负荷有签订可中断负荷合同方式和通过需求侧竞价方式两种实施机制。签订可中断负荷合同，合同中通常会明确提前通知时间、停电持续时间、中断容量和补偿方式等因素，而且这些可中断负荷合同一般都需要具有引导理性用户披露其真实缺电成本的激励相容特性。

（3）需求侧竞价。

需求侧竞价是需求侧资源参与电力市场竞争的一种实施机制，它使用户能够通过改变自己的用电方式，以竞价的形式主动参与市场竞争并获得相应的经济利益，而不再单纯是价格的接受者。供电公司、电力零售商和大用户可以直接参与需求侧竞价，而小型的分散用户可以通过第三方的综合负荷代理间接参与需求侧竞价。

需求侧竞价有多种灵活的实施机制，目前的文献研究主要集中在以下两方面全部电力需求参与市场竞争有如下形式一、用户直接与发电公司签订双边交易合同，如大用户直购电。二、需求侧供电公司、电力零售商或大用户参与市场需求竞价，即提供类似发电公司竞价曲线的需求侧竞价曲线，以及针对发电公司、供电公司和大用户共同参与竞价的市场中考虑风险的供电公司最优竞价策略。

基于价格的需求响应和基于激励的需求响应不仅存在一定的内在联系，而且可实现互补。例如，实施基于电价的需求响应项目，可使电力用户响应电价的变化，并做出相应负荷调整，从而消减价格高峰以及缓解系统备用不足，进一步也可以降低实施基于激励的需求响应项目的必要性。故需求响应实施机构在制定各类需求响应项目时，需考虑各个子类的互补性。例如，美国加州公司就规定参与了的用户不可再参与等基于激励的需求响应项目。参与需求改变量的竞争这部分内容相当丰富，与电力市场诸多方面相联系。在不同形式的市场，用户可以参与主辅市场竞价，例如参与主能量市场竞价或与电能备用报价联合出清、参与辅助服务市场竞价、参与紧急需求响应竞价等在不同的时间尺度上，用户可以参与日前实时市场竞价在不同的市场运行模型，用户可以参与物理合同市场竞价根据不同的调整方式，用户可以参与增减负荷竞价。在允许需求侧竞价的电力市场中，用户可以主动参与到市场的一系列定价过程中，有利于社会效益的最大化。需求侧竞价作为系统的备用容量有利于提高系统可靠性和备用资源的灵活性，同时，实施需求侧竞价也可以显著提高需求弹性，进而有效抑制发电商的市场力和价格尖峰。

5.2.4 参与需求响应负荷分析

参与负荷响应的种类分析，荷性负荷参与负荷响应的主要为空调、热水器、洗衣机三大类型，根据用户用电行为分析热水器和洗衣机的使用基本受季节及外在影响较小，因此可将除空调外的其他可控负荷归为 L_{2B} 。只考虑空调负荷，主要是随着居民经济的高速发展和人民生活水平的不断提高各种空调系统得到了广泛应用。据测算，我国一些大中城市和经济发达省份的空调负荷已占到夏季最大负荷的 30%以上，某些地区甚至已经超过了 40%，并且在未来几年还将呈现高速增长态势。受空调负荷影响，各电网用电负荷迅速增长，峰谷差进一步拉大，而空调负荷主要集中在区域电网的最大负荷夏季高温时段。因此荷侧可调负荷主要对空调负荷进行调研分析。新型负荷主要对电动汽车进行负荷方法研究分析。

5.2.5 空调负荷计算方法研究

由于空调的负荷主要受温度变化影响，而空调作为用户负荷的一部分，直接得到空调负荷的实测数据很困难，且电网负荷的变化不仅与空调负荷有关，也涉及很多其他因素，需要综合考虑分析。目前空调负荷的测算方法主要有以下六种：最大负荷比较法、基准负荷比较法、最大温差比较法、空调数量推算法、装接容量推算法、电量比较法。

5.2.6 最大负荷比较法

最大负荷比较法是研究电网负荷变化的规律，通过比较夏季最大负荷与无降温、采暖负荷月份的最大负荷，从而确定最大空调负荷的方法。具体推算过程需要考虑以下几点。

（1）区分工作日与休息日。工作日办公场所的空调负荷较高，休息日居民和商场的空调负荷较高，工作日生产负荷明显高于休息日的生产负荷，为减少生产负荷对测算空调负荷的影响，测算时应当分别考虑工作日和休息日的最大空调负荷。

（2）确定比较月份。选择第三季度最大负荷的月份，即空调负荷最大的月份作为基准，再选择 5 月前或 10 月以后最高气温低于 25℃（此时基本没有空调负荷）的一段时期（15 天左右）的最大负荷进行比较。

（3）确定比较的时段。根据本地区的电网特性，选择早高峰或晚高峰进行比较。

（4）考虑增量的影响。由于用电需求的增长，必须考虑新增用户的增长。此外，应考虑电力需求侧管理措施及拉闸限电等削减了的高峰负荷。

5.2.7 基准负荷比较法

基准负荷比较法是直接利用电网的负荷曲线推算空调负荷曲线的方法。其基本思路是以春季和秋季的工作日负荷曲线的平均值为基础，夏季每天的负荷曲线与该基础曲线的差值就是当天的空调负荷曲线，空调负荷曲线的最大值就是当天的空调负荷。具体推算过程如下：

（1）确定最大负荷的月份，往前后各选取相同时间间隔，最低温度不低于 10℃，且最高温度不超过 30℃的两个月 A、B 作为基础月份。

（2）统计春、秋季月份（例如 3 月或 10 月）的平均负荷曲线（区分工作日和休息日）。

（3）以春季和秋季负荷曲线的平均值作为“夏季无空调负荷曲线”，取春秋两个季度的平均值可以消除负荷自然增长的影响，夏季负荷与“无降温负荷曲线”的差值就是受温度影响的空调负荷曲线。

此法承认春、秋季没有空调负荷，因此其负荷曲线受气温影响较小，不同日期的负荷曲线差异较小。夏季负荷曲线受气温变化明显，不同日期因气温不同的负荷曲线变化显著。因此，此方法测算出的空调负荷数值在平均空调负荷和最大空调负荷之间。

5.2.8 最大温差比较法

最大温差比较法假设在短时间内，宏观经济和微观经济等因素都保持不变，影响电网负荷的因素完全取决于气候的变化，即负荷的变化差值视为空调负荷的大小。具体测算过程如下：

（1）选取夏季 7、8、9 月前后不超过 20 天，气温变化在 10℃以上，同时负荷变化在 10%以上的两天作为比较日，区分工作日和休息日。

（2）确定比较的时段。由于电网负荷受较多因素影响，最大空调负荷发生的时段不一定是电网最大负荷发生的时段，因此根据人们使用空调设备的习惯，选择空调负荷比较高的时段一进行空调负荷测算。

（3）考虑重大事件的影响。虽然短时间内影响负荷变化的因素不多，但突发的重大事件也会引起负荷的较大变化。因此，测算空调负荷时要考虑重大事件的影响。

5.2.9 空调数量推算法

（1）从统计年鉴中获得本地区每百户居民房间空调器拥有数量，乘以户数，再除以 100，即可得出居民房间空调器总数从调查表中获得居民空调器平均功率，约为 1.0～1.3kW。将二者相乘再乘以同时系数，可得居民房间空调负荷。

（2）从建委或空调协会获得集中空调的数量及容量，乘以同时系数，可得集中空调负荷。

（3）两项叠加，乘以同时系数，得出空调负荷。

此方法缺少工业、商业办公等空调负荷，因此数据偏小。

5.2.10 装接容量推算法

通过调查表了解各类用户空调装接容量占总装接容量的比例。农、林、牧、渔业、建筑业、交通运输仓储和邮政业等用电主要在室外，第三季度不是主要用电季节，其各月的电量变化不大，空调负荷很少，因此可以忽略。在工业、商业、住宿、餐饮、金融、房地产、商务及居民服务业、公共事业及管理组织和城乡居民中空调负荷所占比例较大。

（1）第二产业部分行业如食品加工业、饮料制造业，医药业等由于生产工艺有恒温、恒湿的要求，有一定的空调负荷。统计调查表数据可获得各行业空调设备容量占总装接容量的比重，乘以此行业的报装容量，得出行业空调设备容量。将各行业的空调设备容量相加，再乘以空调设备运行同时率及空调最大负荷同时率可得第二产业最大空调负荷。

（2）商业用户属于第三产业，用电呈现明显季节性特点。统计调查表数据可获得此行业空调设备容量占总装接容量的比重，乘以此行业的报装容量，得出行业空调设备容量。将各行业的空调设备容量相加，再乘以空调设备运行同时率及空调最大负荷同时率可得商业空调负荷。

（3）同理可得公共事业及居民的空调负荷，四项叠加得出总的空调负荷。

5.2.11 电量比较法

假设每年春、秋季月份空调设备没有启用（常年开启的工业、商业空调设备不在测算之列），而夏季空调负荷最高。分别将夏季和不同季节（春季或秋季）两个月的各类用户的电量的差值减去自然增长部分，得到相应的空调制冷用电量，用此电量除以各类用户夏季空调利用小时数，再除以空调冷负荷率可得出各类用户空调负荷。根据本地区最大空调负荷发生的时间，选择将各类用户的最大空调负荷全部叠加可得出本地区最大空调负荷。

5.3 电动汽车用电需求分析方法

5.3.1 电动汽车类型

电动汽车的汽车类型（按使用类型分）是影响电动汽车负荷的重要因素，汽车类型的不同就意味着车辆行驶特性的不同，而不同的行驶特性必定会导致不同的充电负荷需求。电动汽车的行驶特性会直接影响电动汽车的充电时间、起始荷电状态（SOC）、充电频率及日行驶里程等信息。用户开始充电时间越集中，对系统的充电功率需求就越大；用户的充电频率则与电池容量及日行驶里程有关。电池容量大，用户的充电频率就越低；

而日行驶里程越长，充电频率一般就越高。日行驶里程反映了用户当日的耗电量，在同样充电电流下，充电时间和日行驶里程相关。不同种类的电动汽车（公交车、私家车、公务车和出租车）行驶特性不同，因此其充电功率曲线也不同。

（1）公交车。电动公交车一般具有固定行驶路线，可根据每天的行驶里程、电池每百公里耗能等信息计算出电动公交车每天所需电量，再根据电池容量等信息设立电动公交车的充电地点。

（2）私家车。电动私家车主要用于车主工作日上下班出行以及周末出游娱乐，相应的充电地点主要包括单位办公停车场、小区停车场、商场超市停车场等。

（3）出租车。电动出租车有着与电动公交车、电动私家车截然不同的运行特性。一般来说，每辆出租车都有几名出租车司机轮流驾驶，除了固定的休息时间其余时间一般都在运行，因此电动出租车可在休息时间或者换班时间进行充电。

（4）公务车。目前大部分公务车实行夜间停在指定停车地点的制度，其充电起始时间大致在机关单位下班后至第 2 天上班之前。

5.3.2 充电类型

充电可以分为慢充或者快充。慢充特点是充电时间长，充电功率较小。常规能量供给模式一般采用小电流恒压或恒流的充电方式对电动汽车进行充电，充电功率较为稳定，功率大小一般在 5～10kW，目前市面上的慢充充电桩一般在 7kW 左右。常规能量供给模式充电持续时间较长，一般为 5～8h，对某些类型电池充电持续时间甚至达到十几个小时。

5.3.2.1 电动汽车保有量预测

一般汽车保有量预测多用千人汽车保有量法估算。千人保有量预测法根据人口、经济以及人均等多个因素，参照预测区域的经济发展情况，确定人均和汽车千人保有量之间的关系，从而根据经济状况得出汽车千人保有量，再根据人口数量的变化规律来得出汽车保有量。用这种方法预测汽车保有量时，先要总结预测区域的人均变化规律和千人保有量变化规律，得出二者之间的联系。然后调查这一地区人口的变化率，通过预测人口数来确定汽车保有量。

$$千人保有量=人均\ GDP\times 系数$$

$$汽车保有量=千人保有量\times 人口数$$

5.3.2.2 充放电策略

电动汽车主要有种典型的充放电模式：单向无序充电模式，亦被称为即插即用模式，主要特点是电动汽车接入电网即可进行充电；单向有序充电模式，主要特点是电动汽车在允许时间里进行充电，但不向电网反送电力；双向有序充放电模式，主要特点是电动汽车与电网间可进行双向能量转换。由于不同的充电模式会对车辆的起始充电时间产生影响，故电动汽车的充电模式也是影响电动汽车负荷的一个重要因素；同时，电力公司也可以通过对客户的激励来改变客户的充电模式，使电动汽车负荷对电网带来有利的影响。

5.3.2.3 电动汽车充放电计算方法

通过将每一辆电动汽车充电负荷曲线累加，可得到总充电负荷曲线。充电负荷计算的难点在于分析电动汽车起始充电时间和起始 SOC 的随机性。充电负荷计算以天为单位，时间精确到分钟，全天共 1440min。第 i 分钟总充电负荷为所有车辆在此时充电负荷之和，总充电功率可表示为：

$$L_i = \sum_{n=1}^{N} P_{n,i}$$

式中，L_i 为第 i 分钟的总充电功率；N 为电动汽车总量；$P_{n,i}$ 为第 n 辆车在第 i 分钟的充电功率。

5.3.3 可调、可控用电需求预测方法总结

结合用户的用电行为习惯和可控可调负荷划分，通过以上对可控可调负荷用电需求方法的介绍，对可调、可控用电需求预测方法总结如表 5－3 所示。

表 5－3　　可调、可控用电需求预测方法总结

<table>
<tr><th>序号</th><th>可响应资源</th><th colspan="2">响应特点</th><th>响应类型</th><th>负荷预测计算处理方式</th></tr>
<tr><td>1</td><td>热水器、洗衣机、电吹风</td><td colspan="2">受用电习惯影响，季节效应不明显，受电价及政策激励影响不大</td><td>L_{2B}
非友好负荷</td><td>与常规基础负荷处理方式一致</td></tr>
<tr><td>2</td><td>空调负荷</td><td colspan="2">受用电习惯影响，但季节效应明显，负荷占比大，但受电价及政策激励影响不明显</td><td>L_{2A}
友好负荷</td><td>最大负荷比较法、基准负荷比较法、最大温差比较法、空调数量推算法、装接容量推算法、电量比较法</td></tr>
<tr><td rowspan="4">3</td><td rowspan="4">电动汽车</td><td>公交车（换电站）</td><td>可控，运行时间及路线固定</td><td rowspan="4">L_{2A}
友好负荷</td><td rowspan="4">1. 各类电动汽车保有量预测；
2. 充放电负荷预测</td></tr>
<tr><td>私家车（慢充/常规）</td><td>可调，受电价及激励政策引导</td></tr>
<tr><td>出租车（快充）</td><td>可调，电价及激励政策引导存在部分影响但影响不大</td></tr>
<tr><td>公务车（慢充/常规）</td><td>可调，运行时间基本固定，受电价及激励政策引导</td></tr>
<tr><td rowspan="2">4</td><td rowspan="2">用户资源</td><td colspan="2">可控负荷（高峰负荷期间可中断）</td><td rowspan="2">L_3
友好负荷</td><td rowspan="2">按合同约定协议负荷大小</td></tr>
<tr><td colspan="2">可调负荷（可转移用电时间）</td></tr>
</table>

第 6 章 “双碳”目标下宁夏能源互联网与配电网高质量发展策略

6.1 能源互联网与智能配电网建设规划

本章重点介绍宁夏传统电网向智能配电网、向能源互联网转型的重点方向和建设原则。能源互联网是以电网为主干和平台，将各种一次、二次能源的生产、传输、使用、存储和转换装置，以及它们的信息、通信、控制和保护装置进行直接或间接连接的网络化物理系统。它是新一代能源系统和互联网技术的深度融合及发展，是当前国内外学术界和产业界关注的焦点与创新前沿。它以互联网理念和技术构建新一代能源信息融合网络，可能会颠覆传统能源行业的行业结构、市场环境、商业模式、技术体系与管理体制，促进能源系统的开放互联和市场化，能够最大限度地开发利用可再生能源，提高能源综合利用效率。功能推广应用，从源头提升宁夏电网本质安全能力。因此，本章将从宁夏能源互联网与智能配电网建设规划原则、思路以及目标三个方面进行阐述，同时构建宁夏能源互联网与智能配电网建设规划评估指标，以衡量智能配电网建设成效。

6.1.1 宁夏传统配电网向智能配电网转型规划

6.1.1.1 宁夏传统配电网向智能配电网转型思路

以宁夏传统配电网规划为研究对象，结合宁夏能源供需形势中存在的负荷供需不平衡、电网峰谷差过大以及电力电量不平衡问题，分析区域能源互联网规划重点方向，主要研究宁夏风电、太阳能等可再生能源的时空互补性、直流电网技术、超导与新材料的应用、信息技术的应用与智能微网技术。宁夏传统配电网向能源互联网转型如图 6－1 所示。

（1）可再生能源的时空互补性。

由于宁夏存在着可再生能源大量输出、电网无法消纳方面的问题等，如果孤立地来看待宁夏各个地区的风电厂和光伏电站，这些问题会非常明显。但如果从全国，乃至从全球能源互联网的角度来看，会发现可以很好地利用各种可再生能源的时空互补性来解决这些问题。

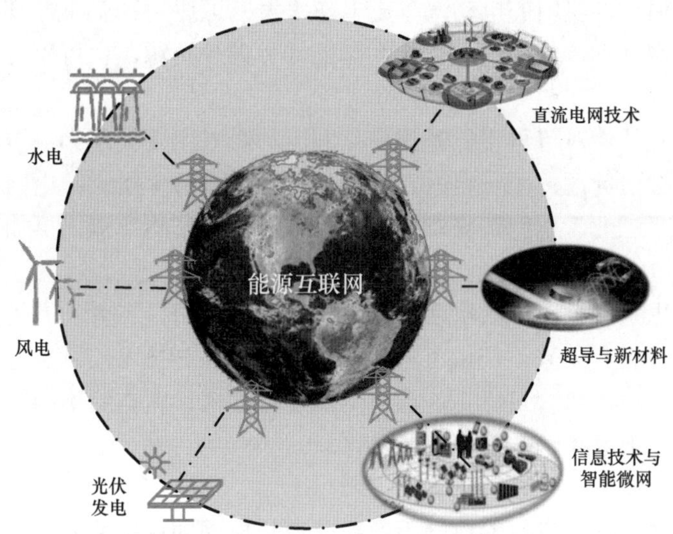

图 6－1　宁夏传统配电网向能源互联网转型

合理利用宁夏广域可再生能源时空互补性能实现能源网跨地理区域资源优化配置，同时能有助于改善宁夏电网有功功率瞬态平衡问题，提高电网运行经济性和稳定性，构建广域电网仍将是宁夏智能配电网发展的必然趋势。

宁夏电网将面临两方面的挑战，一是有功功率实时平衡的保持，可再生能源输出功率依赖于天气，随机性强，具有间歇性和波动性，而电力系统作为一个复杂的动态系统，需维持供电和用电的实时平衡，以保证系统的安全稳定。二是发电资源和负荷地理分布不平衡。

广域可再生能源时空互补性的研究，对于解决以交流电网为主的电网供应模式有很大的帮助。未来从西部地区、北部地区向中东部地区、南部地区供应能源，是一个长期的趋势，即使可再生能源占比不断增大，跨区、大范围进行各种电力资源的调度和配置也是必要的，电网仍然是要保持一个全国性的广域电网，这就为时空互补性的利用提供了一个很大的空间。

宁夏对国内的一系列可再生能源互补性做了研究，首先从国家气象局获得大量的数据，并做了一系列的研究和分析。经过研究，如果将宁夏某个区域内风电厂的电能进行互补，再进行外送，那么它的波动性相对于每个风电场都分别进行外送的情况时要小很多。如果将宁夏的风电厂通过一个有效的电网进行有机整合，那么它的波动性是可以更进一步减少的。时空互补性如果被有效地利用起来，对于未来能源的发展非常有利。

宁夏对我国太阳能的时空互补性也做同样的调查研究，如果太阳能、风能这两者再进行风光互补，效果就会进一步体现出来。与此同时，还有其他很多资源，也是可以跟太阳能和风能进行进一步互补，比如生物资源，作为一种灵活、可调度的能源，它与传统的化石能源一样，也可以根据需要进行调度，并可用来应对风电和光伏的波动性，进行互补。据统计，我国将有相当于 5 亿 kW 的生物质能资源，这样的规模已经很大。

同样，我国水电资源丰富，也可以用来对风电和光电进行互补。另外，近年电动汽车高速发展，据估计，我国的电动汽车充电功率大概可达到 5 亿 kW 级别，这 5 亿 kW 如果全部参与电网互动，规模很大，作为储能与可调控资源，也可以与可再生能源进行互补利用。

未来，时空互补性对可再生能源规模化利用的影响主要表现为：节约区域线路传输容量，解决风电远送问题；同一电网，可再生能源可渗透率增大；电网内旋转备用容量需求减小；解决“三北”电网调峰难、弃风过多的现象；功率输出更加稳定、预测精度提高。

我国电网首先是一个广域大电网，其次是分布式电网，二者的有机共存需要发展大量智能配电网的设备。未来，广域可再生能源的时空互补技术的发展方向主要有：可再生能源输电网的构建、包含可再生能源电网的运行方式、大电网不同时间尺度下储能需求评估、跨区域多端直流输电线路容量优化。

（2）直流电网技术。

相对于交流输电网，直流输电网不存在交流输电网的稳定性问题，适合于构建超大规模电力网络，特别适合于不稳间歇性、不稳定性电源的规模化接入，可更加方便接入不同类型的电源，同时，直流输电具有输电距离远、网络损耗相对小、对环境无电磁干扰等优势。而在过去，宁夏直流输电大多是指传统的直流输电，但今后的直流输电，主要是发展多端柔性直流输电，进而构造一个直流输配电网。

国内外也有很多对于未来直流网发展的研究和尝试，并有了一定的共识。如香山科学会议第 436 次学术讨论会上，国内电气工程领域众多学者对于未来电网发展趋势达成的共识：“为适应未来接纳大规模可再生能源电力和各种电源大范围电能传输、互补的需求，多端直流输电和直流输电网技术将会得到发展。”包括美国 MIT 做了一个预测，未来可能改变世界科技的，直流电网技术是其中一项。国际上也在做一些重大的直流电网工程，包括欧洲、美国以及中国，同时还包括配电网和直流配网数据中心方面的应用。美国能源署还提出了“零电网能量商业建筑计划”。

近期，国网公司规划了一个四端口的张家口到北京的多端柔性直流输电网络，以输送张家口的风电和太阳能。虽然柔性直流输电本身还有一些问题需要去解决，但一旦这些问题解决，柔性直流输电未来会有非常大的发展。在可再生能源领域，直流输电的方式是最有利的。从配电网来讲，直流输电负荷占相当大的比重，尽管现在配电网采用的是交流模式，但直流电网相对于交流电网有着很多具有先进性的优势。从未来发展来看，无论是输电网、配电网还是微电网，宁夏都需要发展直流模式或者至少是交直流共存的模式。

直流电网是宁夏未来一个重要的发展方式，相应的输电网、配电网和微电网的一些技术和装备，是宁夏企业接下来应该关心的一些重大问题。

（3）超导与新材料的应用。

材料是构造电气设备的物质基础，电气设备的功能特点在某种程度上是由材料的性质决定的。因此，采用新材料提升电气设备的性能对于智能配电网的发展非常重要，材料也将成为未来电气装备发展的一个关键点。这些年，新材料技术得到了飞速发展，从事电气装备制造的企业应该思考一下材料发展可能对企业未来带来哪些发展机遇。如半导体材料引发的电力电子领域的发展，这是 100 多年来，电工装备领域最为显著的变革性发展。又如磁性材料的引入，在电动机和变压器领域引发的变革，都是颇具变革性的进步。此外还有超导材料、电极材料等等，层出不穷。新材料的不断出现，对电气装备制造业的未来发展，提供了更多的创新空间和可能。

如今，电力电子技术已经得到了很好的发展，但是也有它不理想的地方。比如器件的可靠性、器件的损耗等问题，都是目前颇受关注的一些重大问题。从未来发展的角度来看，理想的电力电子技术，应该能够像计算机处理信息那样容易而准确地来处理电能，计算机处理信息实际上是处理小电流、低电压的信号，电力电子技术是处理大电流、高电压的信号，如果说电力电子技术能够像信息设备那样，对高压大功率的电能进行灵活地变换处理，那么构建智能配电网就会变得更加容易。

尽管距实用化、规模化推广还有相当的距离，但是超导材料在这些年所取得的长足起步，已经使超导电力应用开始进入到示范阶段。这是因为超导材料各方面的性能都得到了很大的提升，也已经在输电、限流、储能、变压器和电动机等方面都做了大量的示范工作。例如中科院电工所在超导技术方面做了一定规模的示范，示范效果很好。将来甚至可以设想，如果把输电线路和天然气输送管道集中在一起，直接用液化天然气来冷却超导体，用超导体进行输电。

国际已经开始关注超导直流输电电缆技术，同时也包括直流超导限流器。现在的直流断路器技术还面临着一些问题，距工程实际应用还是有距离，超导直流限流器具有潜在的应用价值。中科院电工所在超导技术集成方面做了大量工作，并建设了世界首座高温超导集成器。

近年来，高导电材料发展非常快，尽管还没有进入到应用阶段，但是在实验室里的展示成果已经让研究人员感受到十分鼓舞。比如基于碳纳米管掺杂的高导电铜材、铝材料或引入纳米孪晶的高导电铜，其性能较传统铜材、铝材有着相当大的提升，这将会是未来导电材料的重要发展方向，如能进入工业化，影响巨大。又如磁性材料和应用在储氢、燃料电池和超级电容器储能方面的新型能源材料，都非常值得关注。另外，还有新型智能材料和电工装备用的材料，主要涉及介电常数、磁导率和电导率等参数，如果磁导率和介电常数都可以灵活调控，进而对装备的性能进行改变，那么装备的应用也可以更加灵活，新型智能材料如果在未来能够工业化，那么它可能对装备制造业的发展产生革命性的推动作用。

如果从创新材料入手，宁夏发展具有自适应功能的电气设备和保护设备，那么宁夏智能配电网也将变得更加简单可靠。如果不需要进行检测和控制，设备可以独立响应电网的变化，那么这个设备很可能就是代表着宁夏未来智能配电网或者电气装备的发展方向。

（4）信息技术的应用与智能微网技术。

信息技术与整个系统高度融合构成一个信息物理系统，是未来的发展方向。宁夏智能配电网将能够把能源的波动性和不可控性转为用户的需求，将不可预测的这些能源，变成用户所需要的能源，能够协调众多输出功率变幻莫测的发电厂，使之满足众多电力用户的变幻莫测的用电需求。未来电网如果能做到这样的程度，那么宁夏智能配电网将达到一个很高的境界。针对宁夏规模化推广分布式能源的趋势，尤其是高比例分布式可再生能源接入的系列问题，未来以智能微网为基础构建能源互联网将是主要的发展模式之一。宁夏智能微网作为能源互联网的重要构成单元，可以通过对用户、能源、电网区域范围的聚合，解决宁夏大量分散资源参与的机制和运行问题，也可以激发宁夏更多的商业模式。针对宁夏未来智能配电网的发展趋势，总结为以下几点：

1）未来宁夏输配电网应能有效整合各种资源的时空互补性，可再生能源、生物质能、水电均是可调度能源，规模较大。因此，完善的输配电网也许并不需要大规模储能系统，储能系统将可能仅限于微网层面以保障用户供电可靠性和实现需求侧响应。

2）改变电网的结构和运行模式、提升电气设备的性能和研制新型电气设备，对于解决宁夏电网的问题非常关键。特别是，基于新材料的新型电气设备和具有自适应功能的电气设备，对于未来宁夏电网发展具有重大意义。

3）理想的电网，能够将广域范围内的各种变幻莫测的电力资源转变成满足变幻莫测的电力需求所需要的资源，并保障电网安全可靠。因此，可以把智能配电网看成是一个“能源计算网络”，用户从能计算网络中获取电力。

6.1.2 宁夏传统配电网向智能配电网转型建设原则及措施

6.1.2.1 宁夏传统配电网向智能配电网转型建设原则

能源互联网规划原则不仅包含常规配电网规划、主网架规划、通信网规划的一般原则，还应突出能源互联网应用对智能配电网规划的影响。

（1）指导思想。

能源互联网规划应深入贯彻落实“四个革命、一个合作”能源安全新战略，紧紧围绕中国特色国际领先能源互联网企业的战略目标和“一个引领、三个变革”的战略路径，加强电网统筹规划，聚焦电网发展不平衡不充分问题，将安全、优质、经济、绿色、高效的新发展理念，贯穿智能配电网规划、设计、建设、运行的全过程。坚持质量第一、效率优先的原则，落实“以可靠性为中心、资产全寿命周期管理、差异化规划、标准化建设”等先进规划理念，从结构、设备、技术、管理等方面入手，加快推动智能配电网从单一供电向综合能源互联网转变，打造可靠性高、互动友好、经济高效的一流现代化电网，推动公司电网发展转型升级。

（2）总体原则。

一是规划引领，绿色低碳。科学制定能源互联网发展规划目标，构建标准统一的电网目标网架。把好可研立项和项目储备关，不同投资渠道的能源互联网项目以规划为引领，统筹站址、间隔、廊道资源、通信需求，确保目标网架精准落地。密切跟踪内外部环境变化，及时滚动调整。坚持节能优先，清洁低碳，将大范围清洁能源优化配置和当地清洁资源充分利用相结合，依托坚强网架和智慧互联系统，优化配置源网荷储设施建设，促进多能融合，推动城市生态文明与能源系统深度融合。

二是提质增效，精益管理。进一步强化智能配电网、能源互联网差异化、标准化建设力度。深化资产全寿命周期管理，落实导线截面一次选定、廊道一次到位、土建一次建成、智能终端按需配置的建设原则，避免在能源互联网建设改造中出现大拆大建、重复建设改造。进一步细化电网规划颗粒度，深化推动“网格化”规划，实现以网格为单元的问题精准、需求精准、方案精准。完善信息化手段，依托大云物移智新技术，充分挖掘电网潜力，统筹兼顾电网效率和效益，提升电网发展质量和效率。

三是远近结合，专业协同。立足长远、统一规划、分步实施，贯彻资产全寿命周期管理理念，紧密围绕能源互联网开发建设时序，统筹做好现状电网、过渡电网、新建电网协调发展，一次网架、二次系统和信息平台协调发展。强化发展部归口、专业部门协同、技术单位支撑的规划管理体系，统一思想，切实履行专业责任，优化业务流程，建立无缝衔接的管理工作机制，实现职责明确、界面清晰的全过程闭环管理，全面支撑能源互联网与智能配电网融合高质量发展。

四是万物互联，开放共享。依托能源互联网，实现源网荷储状态全面感知、信息高效处理、应用随需部署，搭建全时空覆盖的通信网络，统一全网数据模型，建设融合开放的数据平台，推进电力系统全领域、各环节业务智慧化发展。深化互联网思维，大力挖掘能源互联网价值，积极培育和发展战略性新兴产业，聚合各方资源，带动能源互联网全产业链升级和新兴产业发展，实现政府、客户、产业链上下游企业的共同参与、资源共享、共建共治共赢，打造可持续发展的产业生态圈。

五是安全可靠，全景防御。构建本质安全电网，以高可靠性的网架结构为基础，应用技术成熟、少（免）维护、可扩展功能的高端装备，加强质量检测，采用先进施工工艺，强化全过程质量监督，构建智能安全动态防御体系，实现全天候、全业态、全场景的网络与信息安全运营，强化安全稳定标准，提升电网抵御事故风险及抗网络攻击入侵能力，打造安全可靠新型电网的典范。

6.1.2.2 宁夏传统配电网向智能配电网转型建设措施

（1）电网发展规划——跨部门业务协同、数据贯通。

由于电网发展规划涉及发展、建设、调度、交易、检修、营销、财务等各个业务部门，涵盖经济社会发展、电力历史发展、电网运行参数、各类技术规范等数据，普遍存在数据质量不高、数据源头不清、数据口径不一的问题。

为提高数据统计真实性、可靠性、统一性，可通过打破部门专业和数据壁垒，实现“数据一个源”。

加强顶层设计，提高工作的系统性、整体性和协同性。要坚持需求导向，重点围绕提高电网效能、强化精益管理、培育新兴业务、拓展增值服务等方面，全面梳理业务需求、客户“痛点”、服务“盲点”，明确系统建设和功能应用的发力点。要注重实用实效，优先用好现有网络基础设施和各类系统，突出补短板、强弱项、提效能。要整合数据资源，大力推进信息系统整合，消除数据壁垒，提高数据分析应用水平。要坚持创新驱动，加强关键技术攻关及核心产品研发，全力攻克网络安全的核心技术，尊重基层首创精神，加强外部交流合作。要坚持分类推进，细化任务目标，解放思想、主动作为，形成高“含金量”的成果。

（2）安全经济调度——市场交易与电力调度协同。

随着经营性发用电计划的逐步完全放开，市场交易规模持续扩大，但受限于输电线路容量，安全校核压力陡增。

为有效协调市场交易和电力安全调度，提高电力系统经济运行效率和质量，电网公司可通过加强对市场交易和电力安全调度的监控，制定相关的政策。

立足新发展阶段，重点抓好清洁能源消纳情况、电力中长期交易市场秩序监管，并督促完成去年监管发现问题整改。分类梳理，并会同有关职能部门逐一研究解决各电力企业提出的问题和建议，不断推动电力调度交易制度化、市场秩序规范化。同时，电力企业和调度交易机构要强化沟通协同，共同保障电力安全稳定供应；严格遵守市场规则，更好发挥市场配置资源作用；加强信息公开，提升调度交易透明度；主动担当作为，有效化解各类风险，促进电力行业低碳转型和高质量发展。

（3）设备运维检修——状态检修与计划检修协同。

适时开展电力设备检修改造是保障设备性能的重要手段，电网运维检修成本考核压力持续收紧。

为协调好日常计划检修和状态检修的关系，可通过充分利用先进的状态监测技术、可靠性评价和寿命预测技术，将每一笔运维费用都能投入到设备检修中，同时，满足日常检修要求，以更高的保证关键设备的健康运行。

在现阶段，配电网参数量测技术作为设备运维检修中的关键技术，该技术的主要作用是为促进配电网中相关信息数据的转换奠定了基础条件，同时也为工作人员在操作过程中提供了便利，这不仅减少了电力工作人员的实际工作量，同时也有效地提升其工作效率。配电网参数量测技术可以灵活地对配电网运行过程中所产生的数据进行量测与统计，并通过转换配电网中的规划数据的方式，最终将这些规划数据反馈给电力操作人员。操作人员在接收到这些规划数据之后就可以做出下一步的配电操作。此外，通过了解并实时掌握配电网络内部的数字信息数据，同时准确地判断电网的实际运行情况，能够及时排查出存在于配电网运行过程中的故障隐患，配电网参数量测技术能够预防规划在配电网运行过程中所存在的不良问题，包括部分地区漏电、不法分子窃电等问题。配电网参数量测技术还能够精准地判断用电单位的具体用电量，继而准确地计算出具体的电费，进一步促进了电费计算精准程度。过去电力企业所使用的传统配电网，其在计算用户实际用电量的过程中一般都是采用电磁表的方式，面对人们对用电量的急剧增加，该方法已经无法满足智能配电网的实际需求。自从配电网参数量测技术的诞生，为电力企业如何准确评估并解用户实际用电量工作带来积极的帮助，同时也进一步维护用户单位的基本利益，配电网参数量测技术对提升电力企业电力计费的准确率起到重要的现实意义，为保证配电网的安全可靠运行奠定坚实的基础。从目前来看，在配电网规划中引入配电网参数量测技术的应用，对推动我国配电网的可持续发展带来利好的条件。对此，电力企业必须高度关注配电网参数量测技术的进一步研发与创新。

（4）资产全寿命周期管理——规划、建设、运行、检修等各专业协同。

由于电网规划、设计、建设、运行、检修等各专业协同机制不完善，专业壁垒凸显，数据未有效贯通，目标不协同。

为避免造成资产全寿命周期管理不健全，可通资产全寿命周期管理，协调规划、建设、运行、检修等各专业协同，更好体现设备资产利用价值。

创新管理评价模式，推进管理体系高效运转。主动对标国际先进能源企业，科学制定具有中国特色的资产管理策略，优化“三位一体”多维立体评价机制，促进资产管理更高效、电网运行更安全、供电服务更优质，实现管理体系的持续完善和高效运转。

完善资产配置策略，持续提升投资效率效益。合理平衡企业发展需求、投资能力、资产效能现状，优化电网资产配置策略；建立适用于不同地区的差异化投资决策机制，协调优化投资重点和时序，实现精准规划、精准投资。

运用“互联网+”思维，深挖资产数据价值。电网资产数据体量庞大、价值丰厚，依托实物“ID”实现资产数据贯通和信息共享，建立资产信息动态监测机制，构建资产管理大数据价值挖掘体系，实现资产数据产品的深度开发和线上应用，推动资产管理向智能化、信息化方向发展。

（5）人财物集约管理——企业现有管理机制与输配电成本考核协同。

公司现有的人财物管理制度和成本费用标准与输配电价成本考核管理办法存在较大出入。

为高效提升企业现有管理机制，降低输配电成本，可通过完善实物 ID 建设，支撑公司人财物集约化管理，适应输配电成本管控对公司经营管理的要求。

深入贯彻科学发展观，以提高思想认识为前提，以标准化建设为基础，以信息化为支撑，按照统筹规划、分步实施、试点先行、重点突破的原则，加快构建集中、统一、精益、高效的管理体系，推动公司持续健康发展。一是加强人力资源集约化管理。在优化各级人力资源管理部门职能的基础上，加快建设以公司总部为决策调控中心，网省公司、直属单位为管理责任主体的人力资源组织体系。二是加强财务集约化管理。在优化各级财务机构职能的基础上，加快构建以公司总部为决策调控中心，网省公司为管理责任主体的集约高效的财务组织体系。三是加强物资集约化管理。建立网省公司物资管理组织体系及相应的物资服务机构。四是加快信息化建设。支撑坚强智能配电网建设、人财物集约化管理为重点，建设涵盖公司所有业务应用，覆盖面更广、集成度更高、实用性更强、安全性更好、国际领先的国家电网资源计划系统。

电网规划报告是电网规划成果的集中体现，分区域、分电压等级电网规划报告体系包括总报告、专项规划报告、专题研究报告。能源互联网与智能配电网融合要求下，电网规划报告应在现有成果体系的基础上进一步完善成果内容，强化能源互联网建设、数据管理等方面的内容，形成“总报告+专项规划报告+专题研究报告”的成果体系。

（6）总报告。

规划总报告包括：220kW 电网规划报告、配电网规划报告、电网智能化规划报告。

报告内容包括：规划总体思路、基本原则和发展目标，专项规划成果，整体建设规模与投资估算，以及规划效果评价。

与传统规划总报告相比，主要内容基本保持不变，只是增加能源互联网规划建设相关内容，制定能源互联网基本原则和发展目标、建设内容、重点任务、规模与投资估算等。

（7）专项规划报告。

专项规划报告包括：农网改造升级规划报告、园区电网规划报告、重要城市坚强局部电网（保底电网）专项规划报告、能源互联网规划专项报告、“新基建”配套电网专项规划、国土空间电力通信廊道专项规划等。其中：

农网改造升级规划报告：本专项规划主要为贯彻落实国家关于实施新一轮农网改造工程的决策部署，服务脱贫攻坚政治任务，按照“规划先行、突出重点、因地制宜、务求实效”的原则，统筹城乡电网发展，适应农村用电的快速增长，满足农村经济社会发展需求。

园区电网规划报告：为有效满足园区负荷增长需求，开展园区电网专项规划，提出安全、可靠、经济、灵活的产业园区配套电网网架规划，确定合理的产业园区电网建设改造工程量和投资规模。

坚强局部电网（保底电网）专项规划报告：针对严重自然灾害、外力破坏等极端情况，以保重要负荷、保民生需求为出发点，着力提高电网运行灵活性，加强坚强局部电网差异化规划设计，围绕核心供电路径和联络通道，“以点带面”构建覆盖城市主要核心区域和关键用户的保底电网，指导电网差异化建设和运维。

能源互联网规划专项报告：对接国家物联网规划，加快物联网与电力行业深度融合，梳理能源互联网发展典型场景、关键技术，开展能源互联网顶层设计和实施路径研究，制定重点任务，提出政策需求和安全保障措施。

“新基建”配套电网专项规划：结合国家人工智能、5G、充电桩、特高压、城际轨道交通等“新基建”发展，制定相应配套电网规划，提高“新基建”与配套电网规划、建设、运营的同步性，提出相应的技术标准和重点任务。

国土空间电力通信廊道专项规划：电网规划作为国土空间规划的重要组成部分，关系到未来电网发展项目立项、用地审批的多个环节。在传统电力廊道的基础上，根据能源互联网对通信的需求，开展现有变电站、输电线路及用户基础数据资料的整理校核，结合规划年、规划项目开展选址、选线论证工作，以项目为单位，逐站、逐线论证变电站、通信基站等的落点和线路走廊。

（8）专题研究报告。

专题研究需结合最新经济社会发展新形势，开展多种类型专题研究，分析电网发展面临的新挑战、新任务，为电网科学规划和能源互联网与智能配电网融合提供支撑。

常规专题研究可考虑：分压分区网供负荷预测、精准投资策略、供电可靠性分析、电源开发及供需平衡、分布式电源接入评估、新能源发展及电网安全评估、配电自动化关键技术、通信网规划、电网网格化规划、电动汽车接入电网、虚拟电厂接入电网、储能系统接入电网、并网型微电网规划、离网型电网规划等。面向能源互联网与智能配电网融合的专题研究可考虑：规划数据分析与治理专题研究、电网发展业务信息公开体系专项规划、园区综合能源系统发展专题报告、配电网承载新能源及多元负荷能力专题分析报告、能源互联网与智能配电网融合网络层规划分析报告、能源互联网与智能配电网融合应用层典型场景规划分析报告、多站融合建设及运营模式专题研究、大云物移智链等新技术应用专题研究等。其中：

常规专题研究，包括多能耦合互补负荷预测、分压分区网供负荷预测、精准投资策略、供电可靠性分析、电源开发及供需平衡、分布式电源接入评估、新能源发展及电网安全评估、配电自动化关键技术、通信网规划等专题研究与当前开展的专题研究内容基本类似，但需要考虑能源互联网规划建设对相关研究内容的影响。

电动汽车接入电网、虚拟电厂接入电网、储能系统接入电网等专题研究报告，则针对电动汽车、虚拟电厂、储能系统等需求侧资源的接入，考虑其对电网规划和电力调度的影响，分析系统接入关键技术。

并网型微电网规划、离网型电网规划专题研究报告，则重点关注微电网各类分布式电源、储能等的优化配置和安全稳定运行能力，分析微电网源网荷储一体化运营模式。

电网网格化规划：依托城市总体规划和详细规划，采用饱和负荷，细化规划单元，全面提高规划经营性和项目精准性。在此基础上，进一步拓展至以乡镇为网格单元的乡村电网网格化规划。

规划数据分析与治理专题研究：分析公司当前在电网安全运行、新能源消纳、生产经营等方面存在的数据需求和数据壁垒，提出“营配贯通”和数据资产管理的建设方案；面对海量数据，研究数据治理和筛选方法，搭建异构数据源之间的数据通道，提出数据治理策略，提高数据分析效率和质量。

电网发展业务信息公开体系专项规划：根据优化营商环境和阳光业扩工程实施要求，需要开展电源和电网并网接入等发展业务信息公开体系研究，对信息公开的类别、条目、内容，以及各电压等级变电站、线路可开放容量和资源等发展业务相关公开信息指标的计算方法和标准，提出信息公开的渠道、频次等具体措施。

综合能源系统发展专题研究：梳理国内外综合能源系统发展现状和关键技术，提出适应综合能源发展的产业政策和激励机制。

能源互联网与智能配电网融合典型应用规划分析报告：分析能源互联网与智能配电网融合在新能源消纳、智慧能源服务、智能生产管理、安全防护等方面的应用场景，提出各场景下能源互联网与智能配电网融合成效评价方法和评价体系。

多站融合建设及运营模式专题研究：分析多站融合运营主体、运维模式、盈利模式，分析各主体能量流、信息流、业务流关系。

大云物移智链等新技术应用专题研究：分析大数据、云计算、物联网、移动互联网、人工智能、区块链等新技术发展应用对电网规划的影响，提出大云物移智链等新技术应用场景和应用策略。

配电网规划涉及的基础数据主要包括：经济社会数据、电力供需数据、电网设备数据、电网运行数据、电网建设投资规模以及相关参数、指标等。基础数据的收集要充分依托能源互联网的一体化电网规划设计数据信息平台，加快建设覆盖配电网全域的数据资产体系，深化“营配调规”数据链贯通，从源头真实掌握配电网发展情况。

配电网规划要充分发挥公司“网上国网”平台、配电网规划辅助决策系统和公司各级单位各专业信息系统的作用，积极探索利用人工智能方法辅助规划工作应用，量化分析评估手段，实现规划过程信息化、规划决策智能化、规划成果可视化。

配电网规划要加强与各级政府部门的联系，及时掌握和更新规划区重要信息，提高配电网规划内容的全面性和时效性。

按照国家有关法律、法规及公司的有关规定，公司各单位应加强配电网规划数据和相关资料的保密和保管工作。

6.1.2.3 宁夏传统配电网向智能配电网转型建设目标

（1）自动化成效。

实施电网运维智能化，实时设备监控技术和远程自动控制，大幅减少系统故障率，延长电网基础设施寿命，减少设备和电网运行和维护费用。

1）智能终端。

至2023年，初步实现变电设备终端全面感知、状态自动巡视，输电线路多维度全景监测，全面提高输电线路状态感知的智能化水平，配电自动化有效覆盖率显著提升。提高厂站侧电能表和采集终端的功能智能化水平，有力支撑新能源电动汽车等新业务需要。

至2025年，实现35kV及以上变电站设备监控和智能巡视全覆盖。通过对机器人及智能视频巡检系统功能的完善，代替人工开展变电站全域巡检。输电线路完成无人机全自主巡检，实现影像数据自动识别分析。推广技术成熟的电缆隧道机器人，例如，小型红外检测和消防机器人等，实现隧道机器人产品系列化，提升智能巡检水平。配电自动化一二次融合设备覆盖率、设备可靠性大幅提升，降低运维压力；提升中压线路配电终端智能化水平，增强配电终端互通信能，实现故障精准定位、自动处理，建成智慧线路，提升供电可靠性。

2）调度自动化。

至2023年，以现有调度技术支撑体系为基础，立足宁夏电网发展和调控实际需求，总结分析电网智能化发展的成果，以先进适用的技术为支撑，充分考虑公司各个供电区域智能化发展的差异化需求，采用“大云物移智”等先进成熟技术和“物理分布、逻辑统一”的全新架构重构大电网调度控制技术支撑新体系，显著提升对大电网调控协同水平、调控效率、清洁能源消纳的技术支撑能力。建成支持运行方式计算的智能化管控平台，建成新能源场站参数、负荷参数智能化辨识支撑平台，建成稳控系统管理综合平台，完善网源协调管理平台功能，提高稳控系统管理、网源协调管理水平，实现运行方式计算的自动化。

至2025年，将结合新一代调度自动化系统的应用，实现人工智能技术在运行方式计算的示范应用，全面实现运行方式计算的在线化和实时化，实现稳定分析平台、网源协调平台、安控管理平台、无功电压平台的融合，实现离线方式计算和在线稳定分析的融合，全面提升稳定计算分析的在线化、智能化水平。

3）配电自动化。

为适应公司新时代改革发展的形势、任务和要求，以推动“大云物移智链”等信息通信新技术与配电管理工作深度融合为手段，全面实现设备状态透明化、数据分析全景化、诊断决策智能化、设备管理精益化，以技术变革促管理变革，进一步夯实电网安全基础，持续提升配电管理质效，有效促进客户服务水平，推动传统配电网向能源互联网迈进。

至 2023 年，全区配电自动化主站应用水平进一步提升。配电自动化主站除现有的数据采集、安全防护、红黑图异动功能外，将进一步注重拓扑分析、状态估计、解合环分析等、配电网故障研判等应用的应用成效；实现配电网工程管控系统全链条系统化、数字化管理，功能不断优化，实现与数据中台、业务中台的数据共享与功能集成。

至 2025 年，推动配电自动化主站智能化升级，强化配自主站故障区间判别功能、集中式 FA 故障隔离功能、非故障区间供电恢复能力；强化配自主站单体设备状态分析能力、单条线路分析能力；细化管理网格，从以公司为单位统计指标，分解至线路、区域、班组。进一步提升配电网信息安全防护能力。

（2）互动化成效。

1）低压用户实现全费控。一是以推行“购电制”电费缴纳方式为原则，依托用电信息采集系统和营销业务应用系统，开展“购电控”业务工作。二是开发用电信息采集系统电价下装和召测功能，实现本地费控用户电价远程核查，提高电价核查工作效率，提升电价管理水平。

2）实现线损监测自动化。按照“从高到低、先简后难，试点先行，全面提升”的原则，开展用电信息采集系统线损功能应用工作，在采集系统中建立线损模型，实现变电站母线电量平衡率、10kV 公网线路线损率和台区线损率的日监测及自动统计。结合营销基础数据治理工作，现场核实变电站、线路、台区与客户的供售对应关系，对系统冗余垃圾数据进行清理，提升线损模型维护准确率。

3）实现反窃电监测预警。一是推进电力用户计量装置在线监测功能应用，对高压大用户用电情况进行实时监测，通过专变终端交流采样回路的接入，实现双回路比对分析，提升反窃电监测能力，有效减低重大窃电案件发生频率。二是对采集的计量装置电压、电流、功率等信息进行分析，结合线损异常，对有窃电嫌疑的用户进行判断，提高反窃电效率。

4）实现客户双向互动服务。开发营销业务应用系统短信平台数据接口，当用户剩余金额低于报警门限时，采集系统自动触发短信告知业务，通过调用营销系统数据，向用户发送用电信息短信，为用户提供“方便、及时、快捷”的服务。

5）实现采集系统辅助电能质量监测应用。开发采集系统与电能质量在线监测系统和供电电压自动采集系统的数据接口，实现台区停电事件和供电电压值自动推送。一是完成高、中压用户供电可靠性数据推送，提升宁夏公司电网安全运行水平和优质服务水平。

二是完成 B、C 类电压监测点的接入，实现配变台区变压器出口及用户电压进行实时监测，为进一步加强电压管理和提升居民用电质量提供可靠保障。

（3）信息化成效。

1）通信网：至 2020 年底，省级通信网将形成全面覆盖所辖范围、以智能通信设备为主的智能通信网，网络结构得到进一步加强，传输网形成双平面相互支撑的分层结构、所承载业务按流量合理分布；调度、行政交换系统的容量及接入能力得到显著提升，实现 35kV 变电站的全面覆盖，高清电视会议系统建成并覆盖全部县局及以上直属单位；宁夏电力通信一体化管理平台得到有效完善，实现全网资源管理及统一调度管理。至2023年，有效整合骨干传输网光缆资源，提升光缆安全可靠性，进一步丰富光缆资源，为传输网独立双平面建成提供有力支撑。至 2025 年，持续开展薄弱光缆线路的补强、ADSS 光缆“三跨”整治及重要通信站点光缆双沟道改造工作，提升安全可靠性。优化网络结构和接入层至骨干层的接入方式，合理化网络层次，提升传输网的承载能力。

2）信息化平台：通过开展电网 GIS 空间信息服务平台扩展，实现移动 GIS 的基本图形操作、数据采集功能和分布式空间数据管理，满足各业务系统对电网 GIS 平台的需求。公司完成基于大数据的电网智能化预测与决策试点应用，实现数据中心对日常生产、经验的全方位服务，提高管理决策的支撑能力。通过开展人力、财力、物力集约化，提升公司人力资源基础数据质量，提高财务管理效率和质量，实现物力集约化的精细化管理和物资供应链的全过程管控。公司通过运营监测（控）系统与业务系统数据的高度集成，实现智能配电网数据在线监测、在线分析，为公司智能配电网发展决策提供依据。公司通过营配一体化应用，实现业扩、停电、抢修的实时互动；购供售全过程管控；服务资源科学配置；线损精益化管理。通过营配数据质量管控平台，实现自动数据核查，完成营配贯通数据质量综合智能分析、信息网络安全体系优化、信息安全督查提升、一体化信息集成平台深化应用试点等项目，为智能配电网的发展提供强有力地支撑。

6.1.3 宁夏智能配电网向能源互联网转型规划

6.1.3.1 宁夏智能配电网向能源互联网转型的思路

能源互联网能够通过互联网基础设施、云计算数据中心、地理空间监测设备等信息技术和通信技术手段，感测、分析、整合城市运行核心系统的各项关键信息，对包括民生、环保、公共安全、城市服务、工商业活动在内的各种能源需求做出智能响应，充分保障智慧城市发展，进而为城市居民创造更美好的生活。能源互联网还能以水、电、气、汽、风、油等能源介质为监测对象，对企业生产、建筑与家庭用能进行实时采集、计算分析和集中调度管理，大幅提高节能等等。能源网架体系建设的核心是智能配电网，信息支撑体系建设的核心是能源互联网。

结合宁夏配网发展和传统业务协同中存在的容载比不均衡、线路重过载比例偏高、电网结构不满足“$N-1$”校验 10kV 线路占比偏高、部分设备运行年限偏长、绝缘化率较低和传统业务中存在一定数据壁垒的问题，以宁夏公司和电网发展需求为导向、

“3+4+5”为宁夏智能配电网向能源互联网转型的思路，指导宁夏公司能源互联网建设，推动宁夏电网向能源互联网转型升级，助力国网宁夏电力打造“双样板”。“三个坚持”：坚持规划统筹引领、坚持专业协调统一、坚持综合示范推广；“四个围绕”：绿色、安全、智慧、价值；“五条发展路径”：开发能源新技术、创立能源新形式、培育能源新业态、优化能源生产新布局、构建能源新制度。图 6－2 为宁夏智能配电网向能源互联网转型的思路。

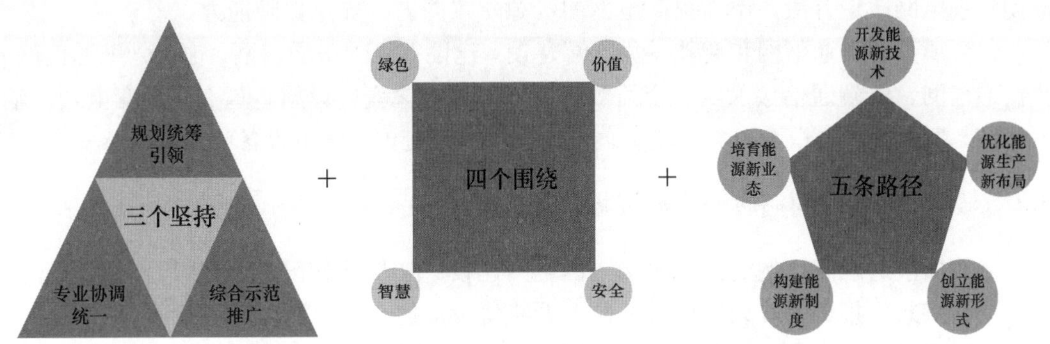

图 6－2 宁夏智能配电网向能源互联网转型的思路

（1）开发能源新技术。

1）高密度大容量储能、远距离无线输能、分布式可再生能源并网等能源新技术；

2）积极发展能源大数据、能源云计算、能源物联网等能源信息技术；

3）人工光合、陶瓷电池等能源材料技术；

4）微生物驱油、微生物产气等能源生物技术。

（2）创立能源新形式。

1）煤炭高温热解等传统能源形式的新型利用等；

2）风光热储、页岩气、可燃冰等新能源的推广利用；

3）根据能源未来发展趋势，积极探索前瞻性能源新形式，争取获得革命性突破。

（3）培育能源新业态。

1）新型组织模式，如基于分布式分散式的虚拟电厂等；

2）新型商业模式，如基于互联网技术的能源交易平台等；

3）新型服务模式，如基于大数据的节能解决方案等。

（4）优化能源生产新布局。

1）持续推动能源供给侧结构性改革，进一步提高清洁低碳的绿色能源供应规模；

2）结合资源禀赋与经济高质量发展空间布局，优化调整能源供应区域布局。

（5）构建能源新制度。

1）具有开创性与前瞻性的催生型新制度；

2）改革和完善现有制度和政策支撑体系的适应性新制度；

3）加快基础设施建设与电网升级改造，对电网运行、设备在线监测、运行环境监测、智能巡检等领域的终端感知设备进行规划建设，全面支撑能源互联网业务需求。

6.1.3.2 加强各级电网协同发展规划

（1）持续加强智能配电网建设。优化完善省级主网架和配电网协调发展的电网架构，深化应用大电网安全控制、新能源接入等新设备、新技术应用，持续提升大电网安全运行水平，提升更大范围的能源资源优化配置能力。

（2）利用现代信息网络技术改造提升传统电网。广泛应用 5G、人工智能等先进技术，推动传统电网改造升级，不断提高电网的资源配置能力、安全保障能力。

（3）加强各类通信网和智能采集终端建设。建设省级骨干通信网、地市骨干通信网、数据通信网、终端通信接入网，全面覆盖各电压等级输变电设施。重点建设变电站、输电线路、配电网、用户侧 4 类智能终端，进一步提升变电、输电设备状态全面感知水平。

6.1.3.3 加强源网荷储协同发展规划

（1）加快适应高比例清洁能源接入的电网建设。加快现代配电网建设，满足分布式电源灵活接入。推进调峰调频电源和储能系统建设，提高大电网平衡调节能力。

（2）不断提升绿色电气化水平。拓展电能替代广度深度，积极推进交通、建筑、工业、农村等领域的电能替代，提高电能在终端能源消费中的比重，全力推进绿色低碳发展。

（3）加快推动能源互联互通。构建以电网为核心的，油、气、电、氢、冷、热等多种能源互补协调的能源供应体系，实现能源灵活转换、集成优化与高效利用，因地制宜开展多能互补综合能源示范工程。

同时，加快信息系统建设，实现能源网架运行态势的实时感知与数据采集、分析、处理，实现业务、数据、物联设备的业务融通、数据畅通和高效管理。

6.1.3.4 源网荷储运行态势感知与协同控制

（1）加快互联网技术与能源电力融合。聚焦电网数字化、网络化和智能化发展，借助大云物移智链等先进信息网络技术和智能采集终端，实现厂、站、端各类发用电信息的智能实时采集，推动能源系统、信息系统和社会系统的深度融合；提升源网荷储运行态势全景感知能力，打造面向社会通用开放的源网荷储服务云平台，实现源网荷储运行协同控制，提升电网安全保障和智能互动能力。

（2）统筹推进配电网一、二次系统与信息系统规划。加强配电网自动化系统建设和物联网技术应用，提升配电环节物联感知、平衡调节、安全防御、应急保障能力；探索配电网与电动汽车、储能、分布式电源、微网等主体的能量和信息双向友好互动，适应分布式能源即插即用，实现系统与用户的广泛互动。

（3）加强数据治理。智能终端采集的能源网架运行数据，涵盖文本、声音、图像、视频等各类结构化和非结构化数据，通过对数据的批流一体处理、API 数据接入、数据质量管控等，实现源网荷储运行态势数据的实时监测预警，为源网荷储协调控制提供强有力的信息驱动。

6.1.3.5 智能化业务应用系统建设

（1）加快打造网上电网平台。贯通电网规划所需的营销业务应用系统、用电信息采集系统、电能量采集系统、财务管控系统等系统数据，提升智能规划、高效前期、精准投资、精益计划、自动统计和协同服务支撑能力。该系统实现系统间数据处理与交互机制。

（2）深化新一代调度自动化系统研发与应用。构建能源互联网智能调控体系。借助智慧用能服务平台，实现多种能源、储能和柔性负荷的智能调节和优化运行。加强电网设备运行状态大数据、人工智能故障预判等技术应用，建立健全设备状态感知准确、故障预警精准、应急抢修高效的运维体系。

（3）打造新能源数字经济平台。推动跨业务、跨平台、跨领域的数据融合应用，全面提升数字化技术能力，加强数据治理和运营，推动电网、管理、服务、产业等数字化转型。

6.1.4 宁夏智能配电网向能源互联网转型建设原则及措施

6.1.4.1 宁夏智能配电网向能源互联网转型建设原则

依托能源配置平台，坚持国网公司战略定位、信息系统深度融合、清洁能源绿色应用，加强数据价值挖掘，对内提升业务服务质量，对外拓展新兴业务，构建智慧能源综合服务体系、共建共治共享的能源互联网生态圈建设。

（1）坚持国网公司战略定位。

坚持以“建设具有中国特色国际领先的能源互联网企业”战略为引领，以打造“双样板”为目标，结合宁夏地区的优势与特色，积极探索宁夏电网向能源互联网转型的发展路径，充分发挥电网优势之源，积极探索能源转型发展的具体路径，助力宁夏社会经济高质量发展。

（2）坚持信息系统深度融合。

应用“大云物移智链”等先进信息技术，加强信息通信技术、控制技术与能源技术的深度融合，以“两系统、一平台”为核心，支撑输、变、配电智能管控深化应用，做细精益化管理、做实智能化管控，推进基础设施建设，打造坚强智能电网，为公司打造“双样板”提供坚强的基础保障。

（3）坚持清洁能源绿色应用。

坚持“清洁低碳、安全高效、智慧共享、坚强送端”的发展思路，将清洁能源高质量发展作为能源互联网发展的核心，紧跟宁夏经济社会高质量发展的最新要求，积极探索电能替代、绿色交通等清洁能源消费模式，充分彰显公司“六个力量”，支撑国家发展战略落地，助力建设经济繁荣民族团结环境优美人民富裕的美丽新宁夏。

（4）坚持业务机制创新开放。

坚持科技创新、管理创新、机制创新及经营模式创新，加强“长板”、补齐“短板”，培育新动能、满足新需求、破解新问题。以价值创造为出发点，升级传统能源市场运营模式，加快新业务、新业态创新。从技术上、功能上、形态上推动电网向能源互联网升级，全要素发力推动宁夏公司和电网高质量发展。

（5）构建智慧能源综合服务体系。

一是推动综合能源全业务融通。以客户需求为导向，提升综合能源系统规划设计、优化运行、建设运营能力；加强用能优化服务，提升客户综合能效水平；持续强化接入、供电、计量、结算等市场服务能力，提升市场主体获得感和满意度。

二是创新服务模式和服务产品。全面构建完善的新型服务模式，在综合能源服务、电动汽车充电服务、源网荷储智能互动、客户智能感知服务等方面，提供以电为中心，多能互补的服务产品，满足客户个性化、多元化用能需求。

三是持续优化营商环境，提升卓越服务品质。打造“互联网＋”服务、办电信息公开、电力可靠保障、均等化服务、绿色用能服务等，全面推行“阳光业扩”，打造“便利化、透明化、标准化、规范化”业扩服务，提升能源互联网价值创造的外部效益。

（6）共建共治共享的能源互联网生态圈建设。

一是优化完善适应高比例新能源的电力市场机制。建立源网荷储互动的清洁能源市场化交易机制，依托能源互联网建设，以电力交易平台为枢纽，组织新能源、储能与电力用户开展直接交易，实现源网荷储互动，促进新能源就地消纳。依托全国统一电力市场建设容量市场，引入竞争机制解决以新能源为代表的增量发电资源优化配置问题，全面合理规划发电机组容量需求总量及结构，引导电力供应向绿色低碳转型发展。

二是推进电力市场与其他市场的协调运营。推进电力市场与碳交易、排污权交易、可再生能源消纳责任权重、绿证交易等相关能源市场的协调运营，引导新能源充分竞争，推动新能源发电企业通过技术革新提升发电能力、降低发电成本，提高新能源补贴效率，有效促进新能源消纳。建立清洁能源与柔性负荷需求响应交易机制，利用价格等市场化手段，引导用户削峰填谷，改善电网调峰特性、增加负荷侧调峰能力，延缓为满足尖峰负荷所需的电网及电源投资。

三是支持广泛接入的电力零售市场与能源互联网生态圈。围绕资源增值复用、业务创新赋能、数据共享应用、平台建设运营等方面，积极培育、布局与开拓新业务、新业态、新模式，打造公司盈利新的增长极。在综合能源服务、分布式光伏服务、电动汽车服务、能源电子商务、产融协同等领域开展产品研发和市场开拓，带动产业链上下游共同发展，推动各类主体深度参与，共建共治共享能源互联网生态圈。

6.1.4.2 宁夏智能配电网向能源互联网转型建设措施

（1）新能源消纳——源—网—荷—储协同。

由于集中式新能源高比例接入、分布式新能源广泛接入、交直流混合运行等，造成大电网形态发生变化，宁夏地区面临较大的负荷平衡或新能源消纳压力。

为提高电网大范围、大规模配置资源的能力，可通过强化源—网—荷—储协同规划、建设和运行调度。

作为能源互联网的核心和纽带，电力系统的“源—网—荷—储”互动运行模式能更广泛地应用于整个能源行业，对带动整个能源系统的资源优化配置至关重要。

面向电力系统的“源—网—荷—储”互动运行是指电源、电网、负荷和储能之间通过源源互补、源网协调、网荷互动、网储互动和源荷互动等多种交互形式，更经济、高效和安全地提高电力系统功率动态平衡能力，本质上是一种实现能源资源最大化利用的运行模式和技术。其主要内涵包括以下几方面。

源—源互补：不同电源之间的有效协调互补，即通过灵活发电资源与清洁能源之间的协调互补，解决清洁能源发电出力受环境和气象因素影响而产生的随机性、波动性问题，有效提高可再生能源的利用效率，减少电网旋转备用，增强系统的自主调节能力。

源—网协调：在现有电源、电网协同运行的基础上，通过新的电网调节技术有效解决新能源大规模并网及分布式电源接入电网时的“不友好”问题，让新能源和常规电源一起参与电网调节，使新能源朝着具有友好调节能力和特性（即柔性电厂）的方向发展。

网—荷互动：在与用户签订协议、采取激励措施的基础上，将负荷转化为电网的可调节资源（即柔性负荷），在电网出现或者即将出现问题时，通过负荷主动调节和响应来改变潮流分布，确保电网安全经济可靠运行。

网—储互动：充分发挥储能装置的双向调节作用。储能就像大容量的“充电宝”，在用电低谷时作为负荷充电，在用电高峰时作为电源释放电能。其快速、稳定、精准的充放电调节特性，能够为电网提供调峰、调频、备用、需求响应等多种服务。

源—荷互动：智能配电网由时空分布广泛的多元电源和负荷组成，电源侧和负荷侧均可作为可调度的资源参与电力供需平衡控制，负荷的柔性变化成为平衡电源波动的重要手段之一。引导用户改变用电习惯和用电行为，可汇聚各类柔性、可调节资源参与电力系统调峰和新能源消纳。

源—网—荷—储资源广泛存在于能源互联网各个环节，具有参与主体数量众多、分布分散且源荷双侧不确定性强等特点。唯有在调度层面把握和控制电源、电网、负荷和储能之间的互动，才能提高能源互联网的安全性和经济性。可以说，“源—网—荷—储”互动调控相当于能源互联网的智慧大脑。

为了引导“源—网—荷—储”互动，调度层面应借助物联网、5G、大数据、人工智能、区块链、移动互联等支撑技术，构建“源—网—荷—储”互动调控体系。这一体系包括两个层面：充分认识互动对象，分析其互动特性，建立互动模型，并计算互动对象的互动潜力，以及在不同的市场机制、外界环境下能发挥出多大的响应能力；提升不确定性环境下的分析和调控能力，掌握“源—网—荷—储”互动环境下的电网安全分析方法，突破协同优化技术和互动控制技术等，从整体上把握互动环境下电网调控运行分析方法的脉络，攻克互动领域的基本理论问题与关键性技术。

（2）电力市场交易——中长期与现货市场协同。

受电力市场开放、降低输配电价、电量增长减速等因素驱动，电力市场化交易蓬勃发展，加上辅助服务市场和现货市场放开，中长期与现货市场存在一定的矛盾。

为协调好中长期电力合约交易、现货市场交易和辅助服务市场交易的关系，保障电力系统安全稳定运行，可通过加强相关协同机制建设。

加快电力市场交易建设，积极培育售电市场主体。加大力度推进增量配电业务改革，对试点项目从模式设计、规划衔接、工程建设、运营管理的全过程予以具体跟踪协调，针对关键共性问题，提出指导解决意见，督促地方加快推进。进一步放开增量配电业务，建立可复制的模式，在更大范围推广，降低输配成本，提高供电服务水平。

（3）营销用电服务——客户友好用电与供需互动协同。

随着智能用电设备、电动汽车、储能、柔性负荷等双向互动负荷的广泛接入和需求响应。当前，仍然存在营配数据不贯通、“站线变户”关系不准确、故障研判与处置实时性不足的问题。

为更好地为用户提供高质量供电服务是优化营商环境、满足人们美好用电需求的必然要求，可通过优化客户友好用电与供需互动协同机制，提升客户友好用电与供需互动协同。

1）在管理层面，完善数据治理，精益数据管理，形成数据责任矩阵清单，建设数据质量长效管控机制，开展常态数据质量监测、劳动竞赛，编制业务指导书、管理规范。

2）在技术层面，研发数据质量校核工具、上线数据质量认责工具、以大数据手段探寻“账实一致”，多措并举实现数据管理与业务融合、治理前置、管理责任明确到人、减员增效、提升公司营配贯通数据质量，明确“站线变户”关系、提高故障研判与处置实时性，形成可复制可推广经验。

（4）信息安全管理——开放共享要求与信息保密协同。

在构建开放共享互联的能源互联网生态圈的同时，信息保密面对严峻形势。

为加强信息安全管控、保障电网安全运行，可通过加强开放互联与信息保密协同，规范万物互联的终端安全策略管控原则，强化各类移动终端和App的数据防泄漏措施，实现“物—物”“人—物”“人—人”安全互动。

1）推进整合，加快部门内部信息系统整合共享，推动分散隔离的信息系统整合。

2）促进共享，推进接入统一数据共享交换平台。加快建设能源互联网数据共享交换平台，完善能源互联网数据共享交换平台，开展能源互联网信息共享试点示范，研究构建能源互联网数据共享交换平台体系。

3）完善标准，加快建能源互联网信息共享标准体系。建立健全建能源互联网信息资源数据采集、数据质量、目录分类与管理、共享交换接口、共享交换服务、多级共享平台对接、平台运行管理、网络安全保障等方面的标准，推动标准试点应用工作。

4）信息保密协同。加强安全保障，强化建能源互联网信息信息资源共享网络安全管理，推进建能源互联网信息信息资源共享风险评估，切实按照相关法律法规要求，保障建能源互联网信息信息资源使用过程中的隐私。加强建能源互联网信息信息资源采集、共享、使用的安全保障工作，凡涉及国家秘密的，应当遵守有关保密法律法规的规定（各地区、各部门负责）。加强统一数据共享交换平台安全防护，切实保障建能源互联网信息信息资源共享交换的数据安全（各级数据共享交换平台建设管理单位负责）。

基于能源互联网发展理念内涵和功能定位，从资源要素协同、技术标准协同、信息物理协同、业务应用协同等方面研究建立完善的协同规划管理模式，提高能源互联网规划建设成效：

1）以“资源优化、管理协同”为基本原则，基于能源互联网发展规划的新特征，以规划指引、成果应用为导向，加强规划成果体系管理，契合发展阶段和发展需求，提高规划成果的应用指导价值；

2）运用协同管理理论（1+1＞2），梳理优化各部门融合规划管理职责，加强各部门内部信息协同、业务协同和资源协同；

3）应用全过程管理理论，建立涵盖前期准备、方案编制、方案评审、方案实施、滚动调整的全过程管理流程，为能源互联网规划的高效运作提供重要保障；

4）构建完善的能源互联网规划工作内容框架，提高规划编制的针对性和有效性；

5）搭建全程、全景、实时的能源互联网与智能配电网融合规划信息化支持平台，借助“大数据”技术，采集分析公司内外各类数据，强化能源互联网建设对智能配电网规划的支撑作用。

6.1.5 宁夏智能配电网向能源互联网转型规划目标及关键指标

6.1.5.1 阶段划分

综合考虑实现“两个一百年”奋斗目标的战略安排、《能源生产和消费革命战略（2016～2030）》等部署，瞄着“中国特色国际领先能源互联网企业”战略目标要求，公司能源互联网与智能配电网融合发展规划可按照 2020～2025 年、2026～2035 年两个阶段的战略安排。

（1）到 2025 年，基本实现业务协同和数据贯通，基本实现统一物联管理，能源综合服务平台具备基本功能，初步建成能源互联网，电网智能化数字化水平显著提升，能源互联网功能形态作用彰显，基本建成具有中国特色国际领先的能源互联网企业；

（2）到 2035 年，全面实现业务协同、数据贯通和统一物联管理，能源综合服务平台具备强大功能，形成共建共治共享的能源互联网生态圈，全面建成具有中国特色国际领先的能源互联网。

6.1.5.2 目标要求及关键指标

能源互联网建设目标是：通过智能配电网和能源互联网建设，充分应用“大云物移智链”等现代信息技术、先进通信技术，实现电力系统各个环节万物互联、人机交互，大力提升电网运行数据自动采集、自动获取、灵活应用能力，宁夏对内实现“数据一个源、电网一张图、业务一条线”，对外广泛连接内外部、上下游资源和需求，打造宁夏能源互联网生态圈。至 2025 年，基本建成区域能源互联网。

（1）能源网架上。电网主网架坚强可靠，安全稳定。宁夏境内 750kV 主网架进一步得到强化，建设以宁夏为起点的第三条直流外送通道，330/220kV 电网实现四分区运行，短路电流水平整体降低，主网架输供电能力、抵御事故风险能力和资源优化配置能力持续提升，有力支撑负荷供电和新能源发展。配电网短板加快补齐，城乡差距显著缩小。城乡用户年停电时间缩小到 5 小时以内，配电网结构、供电能力、安全隐患等方面问题得到有效解决，满足新能源及多元化负荷接入需求，实现源网荷储智能互动和各类能源综合利用，支撑清洁低碳、安全高效的能源体系建设。

（2）信息支撑上。广泛运用先进数字化技术和互联网理念，充分融入数据要素，实现“大云物移智链”等新技术与电网的深度融合应用，促进公司数字化转型。大数据中心建设方面，构建完成资源充足、应用便捷的企业级数字基础平台，形成共性数据服务能力，实现全业务协同和全流程贯通。工业互联网建设方面，充分满足前端业务需求，提升电网及客户全息感知能力，推动移动互联体系向内外部赋能，实现对电网业务和新兴业务的全面支撑。5G 等新技术应用方面，瞄准 5G、人工智能、区块链等数字化关键技术，深化业务场景与新技术的融合应用与技术攻关，助推公司传统业务迭代升级和新兴产业发展。

（3）价值创造上。按照“促新能、强主网、扩外送、优配网”的实施路径，打造“清洁低碳、安全高效、智慧共享、坚强送端”能源互联网，持续发挥外送优势，实现可再生能源发展“两个 50%”目标（可再生能源装机占比 50%，发电量占区内售电量 50%）要求，满足“两个 1000 亿”电量目标需求（区内售电量 1000 亿千瓦时，外送电量 1000 亿千瓦时）构建“安全可靠、经济高效、灵活先进、绿色低碳、环境友好”的现代一流配电网，持续扩大电动汽车充电桩接入规模，电能占终端能源消费比重超过 30%。深化多能源互通互济和业态创新，形成共建共治共赢的能源互联网生态圈。国网宁夏电力精准承接国网公司战略目标指标体系，细化形成宁夏能源互联网规划目标体系。

到 2035 年，全面建成能源互联网。能源互联网关键技术全面领先，能源、信息、社会系统深度融合，形成以智能电网为平台的能源生态圈，支撑清洁低碳、安全高效的现代能源体系构建，助力尽早实现碳中和。

6.1.5.3 重点方向

“十四五”期间，宁夏公司将紧盯能源互联网建设目标，按照“统筹协同、突出重点、赋能应用、共建共享、安全可控”的基本原则，从宁夏电网发展实际需求出发，充分考虑各供电区域智能化发展差异，建成全面感知、智慧共享、技术先进、安全可靠与一次电网深度融合的智能化体系。

（1）服务宁夏电网高质量发展规划。构建宁夏“数据一个源、电网一张图、项目一个库、业务一条线、应用一平台”的电网规划与智能决策体系，实现“电网诊断—电网规划—项目可研—项目实施—项目后评估”全过程信息化精细管理。

（2）促进宁夏清洁能源消纳。加快宁夏新能源外送通道建设，推动协调控制技术与体制机制创新，深挖用户侧调峰潜力，进一步发挥电网优化配置能源资源的优势，提升新能源消纳能力。

（3）提升宁夏电网安全运行水平。开展宁夏新一代电力调度自动化系统、一体化通信网、调控云建设，开展源荷侧可调控资源挖掘，实现“源网荷储”全局协调控制。加快配电自动化升级改造，构建差异化配网故障综合研判处置体系，提升电网安全稳定运行水平。

（4）提升宁夏客户服务水平，培育发展新兴业务。开展宁夏智能配电网营配贯通优化提升，实现配电物联网建设；打造智慧能源综合服务平台，提供信息对接、供需匹配、交易撮合等服务，助力营销业务、网上国网、综合能源服务、智能用电等业务开展，为新兴业务引流用户，实现新兴业务贯通互联。

（5）构建完善的宁夏安全防护体系。从网络安全检测手段建设和应用、管理信息大区网络安全防护体系、电力专用安全防护设备技术升级、配电自动化信息安全防护 4 个方面入手，加快构建宁夏自主可控的全场景立体安全防御体系，为电网安全稳定运行提供保障。

6.1.6 宁夏能源互联网与智能配电网建设规划评估

6.1.6.1 能源互联网与智能配电网建设规划评估指标构建原则

评价指标体系的建立是对配电网进行综合评价的基础，评价指标体系是用来反应被评价的对象各个特征之间的相互联系的指标，它是一个具有内在结构的整体。对于被评价对象而言，指标体系的选择是否合理决定了评价结果的正确与否，所以，为了使评价结果更加科学准确，在构建指标体系时，应遵循一定的原则。

（1）系统性。构成指标体系的每一个要素之间要具有一定的逻辑关系，它们之前相互独立但又彼此联系，每一个指标不仅能够反映被评价对象的一个侧面的特征和状态，所有指标结合起来还应该能够反映被评价对象这个统一体的内在联系，所以评价指标应该是一个自上而下、不可分割的统一整体。

（2）典型性。典型性原则是指每一个指标均应该具有代表性，即应该准确的反映出所在方面的特性，应该做到即使减少指标的数量，也能够准确反映出被评价对象的特征。

（3）动态性。被评价对象的特性不可能是永恒的、一成不变的，所以指标体系的建立也应该考虑到这一因素，不管是时间尺度和空间尺度如何变化，指标体系都能够准确表达被评价对象的特性，所以，指标体系应具有动态性。

（4）简明科学性原则。指标体系的建立不是随意的，而是具有一定规律的，能够客观反映被评价对象的真实性，不能是虚构的，应能够充分反映配电网规划的特点和状况；除此之外，指标的个数也不宜偏多，指标越多，冗余性就越大，会使评价结果偏离实际，但也不能过于简单，不能遗漏信息，造成评价结果错误不真实的现象。

（5）可比性、可量化性。指标体系建立的目的是能够准确评价配电网规划的特征，而评价必然需要一定量的数据，所以指标体系的建立必须具有可量化性，并且计算方法必须统一、简单明了；在进行指标的筛选时，各个指标之间应能够相互比较，目的是选择最具有代表性的评价指标体系，使配电网规划的评价结构更科学、合理、准确。

宁夏能源互联网的发展既要有政府的政策支持，又要有企业的建设与参与，还要有学术研究与创新的支撑，也应该是“产—学—研”一体化打通的。所以将从政策、产业、技术、创新、建设、公众生态 6 个方面，全方位评估宁夏能源互联网发展态势，由此构建宁夏能源互联网发展的一级指标。在此基础上，可以从政策、产业、技术、创新、建设、公众生态 6 个方面，基于能源互联网建设发展关键指标，分别进一步构建相应的二级指标，见表 6-1。

表 6－1　　能源互联网指标体系

三大体系	四个维度	宁夏能源互联网特性指标	2020 年现状	2025 年目标
能源网架	绿色发展	非化石能源占一次能源比重	4.2%	—
		可再生能源电量占发电量比重	19.05%	28.00%
		可再生能源发电利用率	97.00%	保持 95.00%以上
		电能占终端能源消费比重	30.72%	31.54%
		单位 GDP 能耗水平	0.064（万元/万 t 煤）	0.065（万元/万 t 煤）
		输电能力	1400 亿 kW	2200 亿 kW
		大电网延伸覆盖率（以行政村为单位）	100%	100%
		促进通过电网实现碳减排量	3034 万 t	4944 万 t
		并网可再生能源装机容量	2616 万 kW	4500 万 kW
		市场化交易电量占比	53.00%	60.00%
	安全保障	供电可靠率	99.93%	99.987%
		电能质量	99.978%	99.993%
信息支撑		信息安全防护能力	—	95%
	智慧赋能	能源互联网技术水平	—	达到国网公司先进，西北领先水平
		数字化发展指数	—	95%
		源网荷储协同服务指数	—	达到国网公司先进，西北先进水平
		输电线路智能化率	70%	100%
		智能变电站覆盖率	23%	45%
		配电自动化覆盖率	91.70%	100%
		智能电表覆盖率	99.85%	100%
		站点光纤专网覆盖率	100%	100%
		客户服务数字化指数	90%	95%
价值创造	价值创造	普遍服务水平	99.96%	99.97%
		综合能源服务业务收入	1.54 亿元	3 亿元
		服务客户规模	427.29 万户	524 万户
		客户服务满意度	—	99.97%
		获得电力指数排名	前 10 名	前 10 名

6.1.6.2　能源互联网与智能配电网建设规划评估指标构建思路

通过构建科学合理的评价指标体系，应达到以下目标：① 对某一个城市的配电网规划的水平进行综合评价，确定该城市的配电网规划水平等级，并确定出配电网的薄弱环节和供电风险点，为后续的发展工作提供指引作用；② 对不同城市的配电网规划发展程度进行横向比较，分析各个城市之间存在的差异，总结出每个城市的优缺点，便于城市之间的相互借鉴学习。

智能配电网的核心价值是反应各个利益相关者的核心需求，而需求需要通过价值来体现，所以对配电网规划进行评价实际上是对配电网给各个利益相关者带来的核心价值进行评价，本质上是用来衡量各个利益相关者核心需求的满足程度。因此，在构建指标体系时，应该考虑配电网发展原因、建设效果和发展方式等问题。

（1）配电网发展原因。

简单地讲，发展配电网的就是以利益最大化为最终实现目标，而达到这一目标就需要通过不断满足各个利益相关者的核心需求这一手段。在中国，电力用户、社会以及电力企业这三者均属于利益相关者，而这三者对于电网的需求也不尽相同。电力用户的要求是用电风险最小化并且能够获得质优价廉的电能供应；对于社会，当然是以节能环保为目标；而对于电力企业而言，企业效益的最大化是其生存的需要和追寻的最为关键的因素。由此可见，电力用户、社会和电力企业这三者的需求各不相同，甚至截然相反，所以在进行配电网规划时应当充分考虑这三者之间的关系，应当避免出现处理不当造成此消彼长、利益缺失等的问题，实现配电网的和谐快速发展。

（2）配电网建设效果。

之前提到过，配电网的建设目标是实现利益的最大化，因此，要实现这一目标不可能是简单地用几个模糊的目标来界定，而是要使用具体的可以衡量的指标来反映配电网的特征。配电网的特点和内容可以用网络结构水平、负荷供应能力、装备技术水平和运行管理水平等几个方面来表示。

（3）配电网的发展方式。

配电网的发展方式关键核心是配电网建设的技术问题。一定层面上，先进技术的发展和引用以及一些关键技术上的创新直接决定了配电网建设的结局，也就是说，技术水平决定了配电网的建设水平，其中，涉及的技术主要有：网络拓扑、计量体系、需求侧管理、调度、物联网、分布式能源接入等，要想准确反映这些技术的水平，需要建立一些可以量化的指标，然而技术类指标涉及的领域比较广泛、繁杂，可操作性和可比性较弱，且指标并不会直接对最终的评价结果产生直接作用，因此，在指标体系的构建过程中，我们暂时不考虑技术类指标。

6.1.6.3 能源互联网与智能配电网建设规划评估指标构建流程

宏观和微观指标之间其实是密不可分的，并且存在着一定的因果关系，所以考虑到这种密切联系，可以从宏观指标的构建过渡到微观指标的构建，即通过宏观指标来构建微观指标，具体思路如下：因为宏观指标中的每一个因素都可以对应的反映智能配电网的一个特性，所以可以通过分析其组成部分来得到相应的宏观指标：对于每一个宏观指标，可以对其进行详细分析，并进行转化分解，总结出各个指标对应的下属指标，即二级指标；对每一个下属指标进行汇总归纳总结，即得到微观评价指标集。

由以上三个步骤可以看出，微观指标实质上是在宏观指标的基础上而来的，所以应对指标分解和转换的概念作进一步地解释。

指标分解的任务是通过对配电网中各个特性的下的因素进行总结分析，并细化，最终确定出每个指标的下属指标，方法是根据不同的考察点，明确评价指标所针对的对象，选择合适的维度，对指标进行分解。

指标分解可分为以下两类：

指标根据维度分解。同一个指标，可以按照不同的维度分为不同的类型，维度包括时间、空间和对象等三个维度，而且，根据维度来对指标进行分解往往比较容易实现。如，针对网损率这一指标，可以从时间、空间和对象上来分，时间上可以分解为年月日等时间段，空间上可以分解为若干个调度区域，对象上可以是对不同的设备进行分析，从而进行分解。

指标界根据不同维度划分。是指将某个指标的界限分解到时间、空间和对象等三个维度上，以期能够更好地完成预定的目标。如，调度部门希望网损率指标的最大值为 a，为了更好地完成这一目标，部门可以将这一指标界分解到不同时间不同区域不同设备。

对影响指标的各个因素进行分析，即为指标转化。通过对影响指标的各个因素进行分析，选择合适的方法对指标进行评估量化，完成指标及指标界的转化。这样做的目的是将分析得出的指标通过量化方法转化为可以用数字衡量的一系列下属指标，从而达到对配电网规划综合评估的目的。与指标分解一样，指标转化也分为两类：对指标影响因素进行分析。通过数据挖掘、业务流程重组等方法找到对指标存在影响的因素，可以更好地对指标进行分析。

对指标界进行转化。在数据挖掘等方法对指标的进一步分析的基础上，将指标界进行转化，即指标界转化为影响因素的界。与对指标影响因素进行分析相比，这一分类方法更难，需要针对具体的问题采用不同的手段进行具体分析，常用的方法有：潮流计算、灵敏度分析，也可以通过贝叶斯网络、聚类分析等方法，对指标和其影响因素之间进行概率分析。

以上通过对指标分解和转化的概念和分类方法的介绍，可以将安全性需求指标、优质性需求指标、可持续性需求指标等一系列的宏观的指标分解转化为针对具体的某一个配电网在某一特定时间、空间或者对象上的便于量化的微观指标，进而构成微观指标集。

6.1.6.4 能源互联网与智能配电网建设规划评估指标的选取

为了降低指标之间的冗余性，使每个指标之间保持独立性，应明确各个指标的具体定义，除此之外，指标的选取应遵循可量化、易于计算、基础数据容易获取等原则，以便精确评价配电网规划各个方案的实施效果。

（1）安全性指标。

衡量网络安全高效运行，并且运行具有灵活可靠性的一个指标即为应该能够同时满足N 和 N−1 两个安全性准则条件，也就是说，即使在运行过程中，一条线路存在故障，其他线路也应该能够正常运行。配电网的供电安全性是指对于任意一个时间节点，可能出现故障的电网在这个时间节点上能够保持负荷的持续性的能力。配电网具有“发输配送”同时性的特点，一旦配电网中的某一个环节存在故障或者需要检修，都会对整个配电网系统带来供电中断的风险，所以，提出用电压合格率作为衡量配电网安全性的一级指标。

（2）可靠性指标。

通过对供电中断原因的统计发现，配电网故障造成用户供用电中断的可能性高达80%，也就是说，在造成供电中断的所有原因中，配电网故障影响最大；由于电力系统在整个结构上其实是相同的，即在电磁上彼此联系，网络结构上彼此相同，这就犹如若干个串联在一起的灯泡一样，很容易引起连锁反应，即只要配电网某一节点出现故障，很可能造成大面积停电事件发生。配电网的连接终端即为电力用户，所以配电网出现故障，会影响整个电力系统向用户供电的行为，对电力系统的供电质量直接产生负面作用。供电可靠性主要体现在负荷供应水平和故障自愈能力两个方面。首先介绍负荷供应能力，即当配电网出现故障行为时，电力系统能够保持供电持续性，避免出现大面积停电事故的能力：故障自愈能力，即当出现故障后，电网能够快速找出事故原因，并且对故障进行隔离，在第一时间恢复供电的能力。对于负荷供应水平和故障自愈能力这两个一级指标，分别选取若干个下属指标作为二级指标。对于负荷供应水平，选取主变“$N-1$”和主变“$N-2$”以及中压线路“$N-1$”和“$N-2$”这四个指标反映转供能力和规避大面积停电的能力：对于故障自愈能力，选取固态开关安装率、动态不间断电源应用率和分布式电源、储能等自备电源用户比例这 3 个指标来反映配电设备和用户侧备用电源的使用情况。

（3）经济性指标。

经济性评价指标主要是用来反映配电网经营运作过程中的配电网总体收益情况、网损率与设备利用率等概况，主要涉及的是经济效益方面的指标。可以根据对经济效益和效率评估数据的不确定性，对整个配电网进行敏感性、风险和盈亏平衡等方面的分析。通过对配电网规划中的若干方案进行经济性评价分析可以使配电网项目更具有科学性，并能够提高项目的整体收益率。经济性评价的二级指标有：高压配网线损率、中低压配网线损率、配网综合线损率、单位线路长度造价、单位变电容量造价、单位资产供电负荷、单位资产供电量和投入产出比等。因为经济性评价是反应配电网规划方案是否科学可行的一个重要标准，经济性评价的优劣直接决定了配网的投资规划，对配电网的经济性进行评价可以使配网建设项目减少决策失误，提高项目的经济收益率。配电网建设是一个庞大的系统工程，其经济性并不能以单一的经济性指标进行简单判断，还应考虑智能配电网建设所体现的社会价值，即在进行评价时，还应该充分考虑配电网建设对社会、国家带来的价值。

（4）互动性指标。

互动性指的是电网与电力用户之间的交互，即电力及电能信息在两者之间传递交换的能力，互动性指标是对配电网规划方案和智能配电网要求是否符合的反映。互动性越高，电网的服务质量就相应的越高。因为互动性为电网与电力用户之间的互动，所以会涉及信息的采集、传输、处理和分析等功能，所以，电网往往采用智能电表、高级量测体系（AMI）和客户信息系统（CIS）等之间进行配合使用来完成以上功能的操作。互动性的二级指标有智能电表安装率、客户服务信息系统覆盖率和用电信息采集系统覆盖率等三个指标。

（5）协调性指标。

协调性是指配电网规划能够满足社会和国家可持续发展的要求，要能够保证智能配电网的建设与“源—网—荷—储”的建设理念保持一致。电力系统虽是一个复杂的系统，但作为一个系统就存在着整体性，也必然存在着一个薄弱环节，所以要达到整个配网的安全高效运行，就必须保持配电网的协调性。为了更好地反映配电网的协调性，使评价结果更加准确，选取智能输配电网变电容量比、中高压智能配电网变电容量比和中压线路平均装接配变容量三个指标作为协调性指标的二级指标。宁夏能源互联网与智能配电网规划方案及发展策略。

宁夏能源互联网与智能配电网规划方案及发展策略应紧密结合当前宁夏地区能源供需形势任务，着力破除公司传统业务协同面临的瓶颈，又要适应公司新型业务发展趋势。

随着科学技术的不断进步，智能配电网这一理念逐渐进入人们视野。一个理想的智能配电网能够使海量分布式电源实现“即插即用”的目标，同时能够服务众多用户，实现相关电力信息和业务的实时交流。结合能源供需形势中存在的负荷供需不足、电力电量不平衡问题，以及传统业务存在的数据壁垒，各专业协同能力不足。推动智能配电网和能源互联网协调规划研究，统一能源互联网规划目标和方向，提高智能配电网规划质量和效率。

智能配电网和能源互联网二者相辅相成、融合发展，因此，通过能源互联网与智能配电网融合发展对智能配电网进行优化建设是十分必要的，鉴于此，基于宁夏电网现状提出宁夏能源互联网与智能配电网规划方案及发展策略。

6.1.7 宁夏传统配网向智能配电网过渡规划方案及策略

结合能源供需形势中存在的负荷供需不足、电力电量不平衡问题，以及传统业务存在的数据壁垒，各专业协同能力不足。通过开展配网智能化建设，既可以提高供电可靠性，又能精准应对突发状况，既可使电力企业日常管理工作更具科学性和高效性，又能在一定程度上降低电力企业的管理成本。

6.1.8 终端数据采集和建立全配电网模型

6.1.8.1 调整配网结构

在对宁夏配网的结构进行调整的过程中，通过调整 10kV 配电网线路结构，实现对线路结构的改造与分区。对宁夏配网的主干线路的升级和优化在较大程度上使配网结构不合理的问题得到一定的改善，并且使 10kV 配电网线路设计更符合配网智能化需求。

6.1.8.2 配电终端设备全覆盖建设

目前宁夏电网智能终端设备投入已全面开展，在推动配网智能化全方位建设和升级的过程中需加大资金投入，在原有配电设备上加装通信模块和监控终端，并整合不同地域进行详细划分，规避解决主次不分等问题。例如，在城市中心区的配网线路智能化建设过程中，需注意，城市中心区域是供用电的重点地区，集中数量较多的工商业、金融业、休闲娱乐文化企业等。这便要求在该区域的线路构建必须具备高效的监控隔离以及快速处理的能力。基于此，就必须在中心区域的配网智能化升级阶段采用光纤通信方式来完成对终端的监控管理。综合考虑成本和成效的平衡，可适当采用相对低成本的故障定位技术，通过分布式的网架布局实现故障的智能隔离，完善配网系统的智能化水平。至 2025 年，宁夏地区实现高损配电变压器台数将为 0，配电自动化覆盖率实现 100%。

（1）集中打造多源信息融合配电自动化系统。全力推进新一代配电自动化主站建设及应用，完成配电自动化主站云化改造，全面融入配电物联网体系，打造多元数据融合接入的配网运行监测平台。在应用统一中低压配网图模和营配完全贯通的基础上，集中处理配网设备状态、环境监测、安防消防等多类规约数据，实现配网运行多层级的状态监测与管控。

（2）差异化构建配网故障综合研判处置体系。充分挖掘数据应用价值，通过多专业多系统数据共享综合研判，实现配电自动化系统对配网故障的主动精准快速研判。优化故障处理机制，差异化制定“一线一案”技术改造方案，馈线自动化与配网分级保护相结合，最小化快速隔离故障区域。研究故障监测分析技术，站内设备与站外设备协同配合，实现单相接地故障准确定位快速切除。

（3）深化配电网二次系统网络安全防护体系建设。基于新一代配电自动化系统梯级防护架构，优化完善配电网二次系统的网络安全防护的体系架构。推进现场终端间实时安全交互体系建设，构建配电网二次系统纵向–横向全方位的防护体系。全面实现配电二次设备安防的融合，确保“数据有效融合、可信本地共享”。

（4）强化配网运营数据分析能力。提升配网运行监测能力，及时发现配电网设备运行薄弱环节，强化配电网精准建设；开展供电网格评价分析，提出差异化运维策略；开展服务全过程数据深度挖掘，支撑配电、营销和调控专业管理水平提升。

（5）基于电网资源业务中台完善配电侧运营体系。常态化开展电网资源业务中台日常运营工作；建立针对共享服务、数据、模型、应用接入等长效机制，满足公司各类应用服务调用需求；升级技术支撑平台，持续优化和完善配套管理工具；建立统一信息模型可视化管理系统，支撑模型动态配置、迭代完善。

（6）扎实搭建基于中台的企业电网资源微应用群。基于电网业务中台建设成果，完成配电网相关管理系统的微应用全面改造及运行，构建全面支撑运检作业的微服务能力框架，最终形成面向各专业用户、管理人员的“一系统、一平台”电网资源微应用群。

6.1.9 配网的高级分析以及管理分析

6.1.9.1 配网模型动态变化管理机制

配网模型采用红黑图的管理机制，能够令配网模型动态变化变得更加的简易。因此在进行配网模型动态变化管理时，可以对运行设备的开始运行到老化以及退役的整个过程全部完成监督管理以及维护，有效地延长设备使用周期。

6.1.9.2 网络建模和拓扑分析

现在均是利用网络建模的工具来构建配网的自动化。在应用网络建模工具的整个过程中，可以更加高效、方便地实现网络建模以及拓扑分析等操作。利用网络建模能够有效地完成自动绘制变电站接线图的任务。网络拓扑结构模型有着很好的自动拓扑分析能力，能够有效地帮助配网设备连通关系、完成实时分析以及完成更深的认识。

6.1.9.3 解合环操作分析

在利用传统的办法分析解合环的操作时，主要是通过以前总结的经验来判断辨别操作的正确与否。在实现配网智能化的全面升级后，可以很好地呈现出完整的配电网模型，有关调度工作人员在解合环操作时能够直接利用计算机完成满载，通过对结果的分析和研究完成后续的解合环操作。这样就可以合理科学避免因为一些经验误判而导致的损失。

6.1.9.4 对短信平台的构建

目前，国内的智能配网建设呈现增长的趋势，更多的终端设备开始被实际应用，有效增加配网智能化的范围，强化智能化的水平，从而有效缩短处理故障的时间，提升处理故障的效率。如果地市级主站能够有效地完成与省公司信息平台的对接，能够快速地完成对配网稳态运行中故障的辨别，同时与每个分区之间的区别相结合，把不同的信息准确的发到每个区域的管理部门，就可以实现故障处理效率的提高，显示出配电网智能化技术的优越性。

6.1.10 实现全局性跨平台数据共享和交互

通过对配网调度平台进行构建可以更好地将一些配网的智能化信息及时发布，由此也可通过对一个总平台合理运用实现对相关分平台的高效管理。同时，通过使用移动设备来实现快速运维信息传输，替代传统意义上指令一对一的人工传送方法，在平台内部实现数据一对多发布和调度管理，进而实现对配网调度制度及管理技术水平的提高。

6.1.10.1 宁夏配网 SCADA

电力系统的常用系统为 SCADA 系统，若未完成进一步的升级改造将会严重掣肘当前部分高效管理方法的应用。尤其是在相关数据的实时采集、传输及相关图像的处理等环节，会严重影响到配网智能化应用的水平。

首先，通过对宁夏配网 SCADA 系统进行智能化建设，既可以完善该系统的基本功能应用，又可以实现对相关数据的实时采集和分析以及数据的生成和传输，在处理图像方面也有着极为明显的效果，进而实现对整个配网系统相关故障的及时有效处理。

其次，通过对宁夏配网 SCADA 系统进行智能化建设，能够实现对新投运后正处在磨合期设备或者老化期设备以及维护期设备进行详细的分析以及跟踪，进而保证配网能够长期处在较为高效健康的运行周期中。

最后，在完成对宁夏配网 SCADA 系统的升级改造后，将在很大程度上降低供电期间发生电力损失的概率，规避为窃电行为的发生。针对宁夏配网 SCADA 系统的升级改造，其重点环节包括变电站模型的升级、图形导入环节的升级、负控系统模拟导入的改造及对无线公网数据传输环节的升级等内容。在对变电站模型以及图形导入升级过程中，考虑到在主网和模型接口之间的输入和输出均是依靠相同口令，因此只需将主网的变电站图形和模型进行导出，相关的数据传送到宁夏配网 SCADA 中，便可实现在宁夏配网 SCADA 系统中对本地模型与变电站模型的拼接工作。而在对负控系统模型进行导入的过程中，考虑到宁夏配网 SCADA 系统和计量自动化系统所处的安全分区具有一定的差异性，进而导致宁夏配网 SCADA 系统对于一些来自计量自动化系统所发出来的数据接收环节存在系统耦合不完全的问题。在此情况下，若要实现对数据的快速交换处理，就需要将该处理的设计从数据的接收口向着耦合传输的方式进行转变，将其设计成为由一方负责数据的接收和清理，另一方则负责数据的传输和定时提交至系统等工作。经典应用场景主要包含三方面内容：首先，结合实际需求在低压线路节点位置架设监测终端设备，这可确保低压电气线路真正实现故障自动监测与上传；其次，利用科学技术与方法针对配电变压器开展数据整理、电气量监测等工作；最后，对智能电容器数据信息进行收集与统计，这可确保监测电容器有功与无功功率、路数、电容器温度、投切状态等工作时具有较强的科学性、精准性、实时性。

6.1.10.2 宁夏新一代配电自动化系统

建设新一代配电自动化主站系统，就必须充分重视配电网负荷资源调度。配电自动化作为实现配电网智能自动化的重要手段，配电网资源调度是关键，这对于提高电网供电安全性和效率是极为有利的。

国网宁夏电力以做精智能化调度控制、做强精益化运维检修、加固信息安全防护为目标，以“6+1”模式应用新一代配电自动化主站系统。“6”是建成银川供电公司等 6 个市级供电公司生产控制大区主站系统，“1”是建成省级信息管理大区主站系统。生产控制大区主站系统用于监测、控制生产设备，管控配电网智能设备；信息管理大区主站系统用于整合配电网基础数据，实现故障分析等高级功能应用。

相比旧系统，新一代配电自动化主站系统在整体性能上有了较大提升，采用“省级集中”与“地市分布”相结合的平台部署方式，数据采集由单一采集转变为多区、多源采集，根据采集和控制的需求进行安全分区、双向认证，可完成跨区信息同步、跨区数据同步、线路监测、智能台区监测、故障综合研判、智能短信告警、终端管理、指标分析、缺陷分析等多项功能，实时数据的处理量由 100 万条上升到 600 万条，支撑配电网调控运行、生产运维管理、状态检修、故障抢修、缺陷及隐患分析等工作。

国网宁夏电力新一代配电自动化主站系统应用以来，故障处理成功率较系统应用前提高 22.78 个百分点，非故障区域恢复成功率较系统应用前提高 34.21 个百分点，非故障区域平均恢复供电时间由 18.42 分钟缩短到 15.38 分钟，倒闸操作时间由 46.28 分钟缩短到 10.22 分钟，供电可靠率较系统应用前提升 0.024 7 个百分点。

新一代配电自动化主站系统不仅拥有“最强大脑”，还装上了“千里眼”。一旦线路发生故障，新一代配电自动化主站系统就像医生一样，通过信息管理大区主站系统与生产精益运维系统、能量管理系统、供电服务指挥系统、电网资源业务中台完成数据交互，并进行大数据分析，判断故障发生位置，确定设备缺陷点，立即隔离故障区，协助抢修人员快速消除故障，短时间内恢复供电。应用新一代配电自动化主站系统，运维人员有时不需要去现场就可以遥控指挥处理设备故障，实现电网“自愈”。

6.1.10.3 宁夏供电服务指挥系统

在供电系统上，各类用电客户数据还处在十分分散的阶段，并且运检、营销各专业系统信息未互通，没有共享的阶段，这种情况就大大降低协同效率。这种现象也促使智能供电服务指挥系统的产生，将打破各部门之间的信息孤岛，让企业的竞争力和发展速度得到提升，用电秩序得到维护，同时重点用户的电力供应得到保护，进一步为用电供应提供良好的保障。在宁夏对供电服务指挥系统进行改善还是十分容易的，但是在部分区域还是存在电网总体薄弱，供电能力存在不足的现象，尤其是在恶劣天气的情况下，应对能力较差，造成频繁停电的现象，这种情况更需要对供电服务指挥系统提供智能化，让智能化解决各类问题，为用电客户提升供电可靠性和优质的服务水平。

在传统电网中，客户只能被动地接受供电，不能在自己的用电需求情况下进行用电，能够行使自主的权利少之又少，而且在能够享受的服务过程中存在很多的弊端，仅涵盖查询使用或剩余电量、打印发票清单、维修服务等；对于一些其他需求都是不能得到提供的，并且高峰负荷严重，能源利用效率低，给供电企业造成不必要的电能损失和电费损失。另外，客户对供电可靠性和电能质量的要求也不断更高。电网企业对于很多决策上的策略没有提供有效的解决办法，例如，错峰、避峰、限电等。都没有从节能减排方面进行考虑，忽视很多核心的调控对象，没有将供电服务指挥与节能减排相结合，因此没有真正达到目的。目前，电力服务主要依靠供电企业人员的经验积累，费时费力，而智能化、自动化的供电服务系统可以更加完善的将用户各类信息情况进行统筹。它是可以在结合客户信息、用电情况、实施电网运行情况来进行统筹的。达到对供电的正常维护，保障电力抢修过程，提高供电服务水平，同时对全省供电服务的提高起到积极作用。

传统的供电服务指挥系统是以“接线员”“传声筒”的角色为重点传输信息对象，对于现场的故障情况以及实施有效策略都不能很好地进行运作，以至于让指挥与客户之间的沟通困难，实际需求也难以实现链接。以往的供电服务指挥系统都是分散性的，无法实现营销系统、调度系统、客户系统、生产设备管理系统等电力相关系统的无缝集成，在一定程度上没有对省市县客户四个级别的供电服务提供完善的供电服务指挥系统，所以将对影响电力行业的发展。

目前各个国家对于供系统的改善越来越重视，但是宁夏也不例外，对于供电系统的信息化服务以及管理都开始重视起来，因此都在积极致力于智能化供电服务指挥系统，以客户为导向的服务更加完善，同时也让供电行业的服务更加标准化。主要采用的应对措施如下：

6.1.10.4 加强人才培养以及应用智能化软件

为实现宁夏电网产业的发展，应加强对人才建设，尤其是系统指挥管理人员以及抢修人员培养更应该加以重视，两者皆是智能化供电服务指挥系统的重要人员。系统指挥管理人员是建立了客户与抢修人员之间的联系，并且还能更好地为客户服务，在故障抢修指挥、配电设施状态监控方面都起到了促进作用，能更好地为相关问题安排解决。同时抢修人员是实现智能化供电服务指挥系统的只要参与者与实施者，其在工作中的效率与进度直接影响客户的评价，因此要加强熟悉电网行业的发展与需求，进而提高整体的水平。

智能化供电服务指挥系统中可以为客户的需求提供充分的准备，基于客户想要了解更多关于用电方面的资料，可以通过软件进行查找，例如“掌上电力”App 或是通过短信等渠道向客户主动通知，以往仅可以查找剩余电量以及维修服务等，现在可以根据智能化进行改善，可以实时监测自家用电的过程，这种方式在一定程度上给客户提供了安全感。

在宁夏电力企业中传统的供电服务指挥系统是利用窗口模式的电脑单机管理系统把客户的信息整合在一起的，基于智能化的供电服务指挥系统，是以服务器的模式来完成对客户信息的整合。实时掌握客户和社会各方面对供电服务的需求，合理调配服务资源，以强大的数据系统为支撑，全面精准的进行营配调操作。智能化软件的建设不仅能够在信息整合上起到重要的作用，还能在错峰、避峰的环节起到决定性的作用，在用电高峰期很多电网企业没有实行实质性的措施。

6.1.10.5 提高对故障报修全过程监控

客户在通过客服电话 95598 向智能化供电服务指挥系统进行故障报修和被受理之后，由国家电网公司供电服务指挥中心受理，派发至各地市公司级，地市公司再将故障报修工单转派至县公司班组进行工单处理。而智能化供电服务指挥系统中供电服务指挥平台在工单处理后能够及时与客户联系，进行回访，在很大程度提高客户在享受电力资源过程中的获得感。并且实现现数据实时同步，对故障报修工单接单、到达现场、现场勘查、恢复送电等所有环节实现全流程监控。

6.1.10.6 提高对配电设备进行运维检修的主动性

近年来，由于经济的发展以及居民生活水平的不断提升，宁夏部分地区基础配电设备的建设与运行情况，在用电高峰期、外界环境较为恶劣时期，往往难以满足社会对电力资源的需求程度。因此智能化供电服务指挥系统可以对实时供电数据的监控情况全局掌控，对于居民用电过程中所出现故障、跳闸、停运等的问题，向供电所发起检修运维提醒，同时供电所通过 App 向智能化供电服务指挥系统回填运维检修情况，在基础配电设备未进行升级扩建的状态下，通过智能化供电服务指挥系统主动对电网异常运行点进行分析和推送，提高配电设备运行的稳定性，延长配电设备的使用年限，以保证地方区域对电力资源使用的稳定性。智能化供电服务指挥系统将分散式转为一站式管理，简化服务流程，并且实行分工协作的方式，有效提高服务管控能力，让解决问题的速度得到提升，不断满足客户的需求。

6.1.11 宁夏智能配电网向能源互联网过渡规划方案及策略

能源互联网和智能配电网有着本质的区别，尤其是广义的能源互联网概念区别之一就是，智能配电网有中心，即便未来融合交通网络、融合互联网技术，它的中心依然是电力系统。再回头看能源互联网概念，广义的概念里应当是没有中心的能源供需系统，甚至这一系统可以满足全球能源输送和使用，这是一个大胆的畅想。目前，很多专家学者将能源互联网视为智能配电网的再延伸，这不全部是从能源互联网的本质内涵出发，或者考虑现有能源系统的现状。电力系统两百年的发展历史以及取得的成果，给人类社会的进步提供强劲的支撑。

智能配电网与能源互联网的主要差别在于以下几点：

（1）智能配电网的能量形式主要是电能，重点在于电能的输送和使用上更加高效和智能化，而能源互联网追求各种能量形式的融合，将电能和化学能、余热能或者机械能等放在一个大能源系统中。

（2）智能配电网的物理实体主要依托以特高压为骨干的电力系统，而能源互联网是将电力系统、交通系统甚至是人们的生活能量融入进去，比如你在健身房运动储能然后再链接到能源互联网。

（3）智能配电网对于分布式能源主要采用的是就地消纳或者集中转移消纳的控制方式，能源互联网所链接的消纳对象无比广大，因此不刻意追求局部或部分消纳，而是转变成全网式的消纳方式。

总的来讲，能源互联网比智能配电网具有更大的广延性、开放性。

6.1.12 能源互联网与智能配电网规划融合要求

能源互联网与智能配电网融合的目标与方向是建成国际领先的能源互联网，当前，国网公司已建成坚强可靠的智能配电网，但随着“大云物移智链”、5G等新技术的发展，分布式发电、储能、电动汽车、智能设备终端等海量新主体接入大电网，对电网发展规划提出新要求。同时，各类柔性负荷也进一步赋能电网，负荷需求更加灵活可控，意味着，能源互联网的发展也会进一步指导促进电网规划的高效合理，优化资源配置效率。

6.1.12.1 以坚强电网为核心推动能源网络互通互济和安全可靠

坚强电网作为能源互通互济的基础平台，需要加强宁夏区内源网荷储协同规划，持续优化电网结构，真正构建各类能源大范围高效配置的物理平台。同时，面对日趋复杂的电网运行环境，需要构建自主可控的安全防御体系和多层级协同运行控制体系，推动调度、运维和用能服务等全业务链智能化升级，保障互通互济的能源网络更加安全可靠运行。

6.1.12.2 以信息化手段支撑能源网架规划建设，推动清洁能源发展

清洁能源传输与大范围优化配置既离不开智能配电网提供的电力通道，也离不开能源互联网提供的优化配置信息和调控运行策略。宁夏地区作为清洁能源富集区，统筹区内、区外两个电力市场需求，开展多能耦合场景下的负荷预测，加快清洁电网外送通道规划建设与智能化调度，是能源互联网与智能配电网融合的重要驱动力。

6.1.12.3 以客户为中心的公司经营发展转型升级需要

当前，公司经营面临着一系列压力和挑战：国内经济下行压力加大，用能需求增速放缓；能源消费理念和消费方式发生深刻变化，电力服务需求呈现多样化、个性化、互

动化等特征；电力市场化改革要求和“降电价”预期，电网业务面临日趋激烈的市场竞争。客户是能源互联网服务的中心，只有更好地加强配电自动化系统建设和物联网技术应用，提升配电网可靠性和智能互动化水平，构建智慧能源服务体系，才能更好地破解公司生产经营困局，满足人民美好生活用能需求。

6.1.12.4 以机制与业态创新的能源互联网生态体系建设需要

机制与业态创新是实现能源互联网价值创造的重要抓手。当前，互联网经济、数字经济等社会经济形态发生变化，对传统电力带来巨大挑战。需要推动形成共建共治共享的能源互联网生态体系，汇聚各方力量促进业态创新和跨界融合，培育发展新动能，推动形成各方优化互动、资源配置高效的市场体系。

加快推进能源互联网建设，实现传统智能配电网与能源互联网的有机融合，提升全息感知、广泛连接、开放共享、业务创新能力，推动能源互联网数据融通，对内实现质效提升，对外实现融通发展，支撑中国特色国际领先能源互联网企业建设。能源互联网建设将使电网更坚强、智能，进一步发挥电网优化配置能源资源的优势，有力推动清洁能源消纳，满足新时代人民群众日益多样化的新型用能需求。

6.1.13 能源互联网与智能配电网规划的互补性

智能配电网规划是典型的复杂系统优化规划问题，属于非线性规划问题。智能配电网规划将统一的规划问题解耦为两个子问题：变电站选址定容和网络规划。变电站选址定容阶段，通过将变电站和负荷的网架抽象为联系两者之间的直线，减小负荷距离，体现降低网损的规划目标；网络规划阶段，将变电站选址定容子问题的规划结果作为已知量，按照已知条件进行网架的规划。通过两者之间的不断迭代，反复求解，得出最优的规划结果。通过减少两个子问题之间的联系来降低整个规划问题的复杂度。

能源互联网下的智能配电网规划也面临同样的难题，甚至因为分布式电源、柔性负荷（含电动汽车和储能）等，使智能配电网规划问题更加困难，所以也同样需要解耦。解耦的基本原则为：将规划全过程分解为电力电量平衡规划和网络规划。

与单一能源规划相比，能源互联网的规划不仅为一个多目标优化问题，还面临着更多的复杂性和不确定性，包括更多的优化对象，如在 CCHP 系统中，热电比例、蒸汽压力、冷热水温度、管网的直径和长度等都是待确定的变量；各能源耦合和转换带来复杂的约束关系；能源输入和输出中存在多重不确定性和相关性，比如能源输入中风能、太阳能等能源的不确定性和能源服务中各种用能需求的不确定性，同时输入输出之间还可能存在时间或空间上的某种相关性，如气象变化将同时对风电、光伏发电和用户的冷热需求造成影响；各能源的服务半径和动态特性的差异使优化模型在时间和空间尺度的选择上难以把握。

6.1.14 能源互联网与智能配电网规划的衔接性

在考虑分布式可再生能源、负荷预测需求侧响应、柔性分析、电动汽车储能和交直流混合配电网，在不改变现有规划技术原则基础上，形成能源互联网下配电网规划。

通过能源互联网对配电网规划的影响分析，得到能源互联网下规划方法：

（1）基于最大供电能力的配电网规划方法；

（2）以可靠性为中心的配电网规划思路；

（3）“源网荷储”协调模式应用于配电网分布式电源最大接纳的规划技术路线和含负荷曲线预测；

（4）柔性负荷互动影响评估技术的主动管理模式的配电网规划方法。

以可靠性为中心的配电网规划思路：由于能源互联网下对配电网提出更高的可靠性要求，建立以可靠性为中心的规划路线必不可少，包括基于可靠性评估的配电网薄弱环节确定，和基于可靠性影响因素分析的提升可靠性措施建立。以可靠性为中心的配电网规划思路的技术路线可总结为可靠性评估，预测规划电网的可靠性并找出影响可靠性的薄弱环节；可靠性影响因素分析，发现提升可靠性的措施；最终实现进一步提升可靠性水平的目标。

“源网荷储”协调模式应用于配电网分布式电源最大接纳的规划技术路线和含负荷曲线预测：分布式电源接入主动消纳意指在考虑到当地负荷特性及配电网网架的承受能力的前提下，将适当容量的分布式电源接入配电网的合适位置，从而适应负荷增长的需求并满足网架的限制。

柔性负荷互动影响评估技术的主动管理模式的配电网规划方法：主动管理模式的配电网规划方法的核心思路是建立规划配电网的时序特性，并基于时序特性进行配电网规划方案的评估。整个规划思路采用两层规划：

第一层：体现在分布式电源布点决策上，以成本最优为目标；

第二层：体现在主动控制行为上，以分布式电源切除量和负荷损失最小为目标，其优化目标通过主动控制行为的顺序完成优化。

6.1.15 能源互联网与智能配电网融合发展策略

随着科学技术的不断进步，智能配电网这一理念逐渐进入人们视野。一个理想的智能配电网能够使海量分布式电源实现“即插即用”的目标，同时能够服务众多用户，实现相关电力信息和业务的实时交流，且由于宁夏人口众多，用电用户分布密集，因此，通过能源互联网与智能配电网融合发展对智能配电网进行优化建设是十分必要的。

6.1.15.1 能源互联网下宁夏智能配电网架构与能量流动状态

（1）能量输入。

智能配电网利用分布式新能源本级网络和上级能源网络实现能量输入。由于宁夏能量源的差异需要具体考虑规划模型的选择，智能配电网利用的分布式新能源有波动性较强的特点，因此若在应用旧式配电网时还需要考虑消纳方面，同时有弃风和弃光的可能性。然而能源互联网中的多能融合实现多负荷的融合。有效加强新能源的消纳水平。由此，有必要研究是否应在智能配电网中实现全部消纳。由于配电网自身所需的能源由注入功率所影响，因此，从上级能源网络方面来看仅仅与其负荷量有相关性。为了减少对上级网络造成影响的可能，需要对注入功率进行限制。

（2）能量转化。

当配电网与能源负荷相匹配时，只有利用能量交换器才能同时完成和电、气、热、冷等多种类型的能源的匹配。此类设备通常有电转气、冷热电联供等类型。同时随着能源匹配需求的增加，此类设备的应用前景将进一步扩大。电转气设备的技术原理通常有电转氢气和天然气两类，其能量转换率分别为 80%和 75%左右，这个转换效率约占一个装置的 50%。电转氢气的原理利用电解反应，有效规避催化反应所引起的能量损失，且这类设备的能量转换率高于电转天然气类设备。然而，由于目前这一技术原理的仍在发展之中，负荷需求特性需要进一步分析测算，且氢气的单位能量密度是甲烷的 1/4，同时目前电转天然气技术发展更快，利用相应设备能够在节约资金的前提下实现大规模和远距离的天然气运输。将天然气作为燃料进行做工制度是冷热电联供，通过在燃烧中形成的预热烟气做到供暖和制冷，从而有效降低能源损耗率。如果冷热负荷较高，则能够将电网中得到的电能利用电制冷剂供应冷负荷，也可以利用天然气燃烧实现对热负荷的供应。另外，为了满足不同的负荷需求，还应该实现不同能量的储存。

（3）能量输出。

由于能源互联网由多种能源网络融合而成，因此其负荷类型多种多样，智能配电网在输出能量时必须考虑到不同类型能源的负荷特征。通常电力负荷在 24 小时中有午高峰和晚高峰，且没有季节性。但是冷热负荷会随集结地变化而受到影响。由于夏季处于制冷期，主要冷负荷为主要变化的数值，通常峰值出现在午间。冬季处于采暖期，热负荷为主要变化的数值，其最大值集中在夜间。春秋季节为过渡期，处于冷热负荷的低谷期，两类负荷量显著低于电力负荷。天然气负荷会在早、午、晚趋于最大值，早午数值较为接近，且在工作日与休息日也略微存在区别。工作日期间，早高峰来临时间早，而休息日时早高峰会有所推迟，基本可与午高峰看作一个高峰。影响天然气负荷的因素有气象和日期类型。每一天的波动幅度都比较大，有明显峰值，但是每日都具有相似性。负荷特征的差异影响着转换设备的安排，同时也控制着智能配电网的运行。

6.1.15.2 能源互联网下宁夏智能配电网规划策略

（1）技术支撑维度方面。

在加强坚强配电网架建设的基础上，积极推进配电终端和配网调控一体化智能技术支持系统建设，一二次电网融合，实现对配电网的灵活调控与优化运行，提高配电网的可靠性水平与电能质量；加强配电网生产指挥与运维管理的信息化系统建设，为配电网规划、运行维护和管理提供全面支撑，并实现各类应用系统的有机整合以及与调度、用电等环节的双向互动；配电环节智能化有助于提高电网供电可靠性、系统运行效率以及终端电能质量；有助于结合先进的现代管理理念，构建集成与优化的配电资产运维与管理系统。构建具备集成、互动、自愈、兼容、优化等特征的智能配电系统，配电网网架坚强、网络智能。

建设用电信息采集终端，为实现智能用电服务提供技术支撑；建设智能用电小区/楼宇、建设智能用能服务终端、建设用户侧分布式电源及储能监测终端，开展电网企业与用户之间的双向互动，提高终端用户能源利用效率和电网运行效率；建设电动汽车充放电设施感知终端，满足电动汽车能源供给需求、提高终端能源消费中电能比重，实现电动汽车与电网的双向能量交换。

目前，由于能源互联网发展的快速崛起，分布式电源的应用和电动汽车的使用成了必然的发展趋势。从技术支撑维度方面对智能配电网进行具体规划时，可以将负荷检测作为实现智能配电网规划的重要手段，以此来实现智能配电网规划的经济性和高效性。把相关企业作为规划的对象，通过实现实时负荷监控平台的构造，能够有效把握不同类型用户的用电负荷量，便于及时对其进行科学的指导，实现智能配电网规划的基本要求。所以，从技术层面来看，能够通过实时负荷监控对智能配电网规划奠定基础。

（2）多元融合维度方面。

从多元融合维度方面进行分析更多关注智能配电网络的规划方面。能源互联网的不断发展，促使用电用户加强对配电布局规划的合理性，不断接入配电网的发散式发电、用电设备使其成为管理有序和规划配电网的合理方式。所以从对分布式电源和电动汽车进行有序管理的角度下，急切需要提高智能配电网规划的工作效率。目前，随着能源互联网的快速兴起，在接入分布式电源和对电动汽车进行充放电的过程中，对配电网进行规划的具体措施就体现多元融合维度。针对分布式电源的接入来说，能够利用分布式电源来实现规划区部分负荷的提取。但是，由于规划工作有必要遵循负荷与分布电源的时序特征，因此，需要分析其负载波动规律，以便为规划策略提供理论根据。此外，配电网结构的改良离不开微电网的影响，通过介入微电网能够有效加强智能配电网的建设，显著减少能耗，降低规划方案所需成本，在满足保护环境的前提下，跟随未来智能配电网发展潮流。

（3）方法优化维度方面。

随着能源互联网对智能配电网规划的影响不断加深，在对配电网进行规划时有必要考虑的指标也越来越多样化。所以规划配电网的策略还需要更进一步的改动，不断预测负荷，综合考虑方案改革标准，科学合理的实现对配电网的规划。具体来说，通过把传统负荷模型合成到创新配电网规划模型中，在目前科技手段的支持下，快速获取规划智能配电网的相关数值，经过数据整理和模型建立，有效实现新型因素与配电网规划工作的相互适应，提高智能配电网规划的经济效应。能源互联网发展的演变和推进给电力行业带来前所未有的挑战和机遇。这其中智能配电网规划是受到影响最大的环节之一，随着目前电力系统发展不断白热化，只有应用能源互联网对智能配电网进行规划，才能紧紧跟随快速发展的科学技术，不断改革创新，为电力企业的发展提供前进动力。

6.2 宁夏能源互联网与智能配电网规划融合典型场景与规划

本章对能源互联网与智能配电网融合典型场景与发展策略进行研究，从技术支撑维度方面、多元融合维度方面、方法优化维度方面提出面向城市能源互联网管控技术与应用、园区综合能源系统、智慧小镇等各类能源互联网与智能配电网融合典型应用场景，并从能源生产（清洁化）、能源消费（电气化）、能源利用（高效化）、能源发展（智能化）、建设模式（多样化）提出计及典型场景差异化的能源互联网与智能配电网融合发展策略和规划实践。相比于传统交流配电网，直流配电网在线路成本、网络损耗、传输容量和电能质量等方面都具有无可比拟的优势。对于负荷集中的城市来说，配电网的建设往往面临着线路通道紧张、供电容量不足、供电半径较短等问题，直流配电是有效的技术解决方案；以冷热电联供系统为代表的联供型微网可因地制宜地利用当地能源，来满足宁夏小型区域内的多能源需求，系统通过各微源设备来提供多种能源需求，通过储能装置来平抑系统能量的波动，缓解系统的负荷高峰。

6.2.1 能源互联网与智能配电网规划场景构建思路与原则

本节提出计及典型场景差异化的能源互联网与智能配电网融合发展策略和规划实践。具体电网建设思路、智能化建设思路和集中式供暖设备接入思路如下：

（1）电网建设技术思路。

10kV 及以下配电网电缆线路采用双环、单环等接线形式，架空线路按照多分段适度联络的思路完善网架结构；10kV 网络结构应简单清晰，便于运行和配电自动化实施建设；优先选用高可靠、免维护、小型化、低功耗的配电设备；进一步简化设备型号形式，提高配变、环网柜、柱上开关等主要设备配件的标准化程度。

35kV 及以上电网结构坚持安全可靠原则，确保故障条件下具有充足的相互支援能力和负荷转移能力；设备选型应序列化，提高主变压器、开关柜、组合电器等主要设备的标准化程度；主变压器选择节能环保、故障率低的有载调压设备，各电压等级主变额定空载损耗及噪声水平符合相关要求；开关柜、组合电器、保护设备等关键指标符合相关要求。对于吴忠同心地区，固原海源地区等供电面积大，人口密度稀薄，10kV 线路供电半径过大的地区，建议建设“简易 35kV 变电站”。相对普通变电站而言，简易变电站具有建设周期短、占地面积小、投资少的优势，进一步加强、完善地区电网架构，提高区域供电可靠性。

（2）智能化建设技术思路。

全面开展配电自动化建设改造，配电自动化功能和配置遵循经济实用的思路，在馈线自动化的基础上，不同类供电区采用差异化方案。馈线自动化模式采用集中式全自动或半自动方式、故障指示器方式等。

配电自动化改造结合配电网网架及一次设备改造同步进行，新建开关站、环网柜、柱上开关按照在线路中分段、联络作用的不同确定“二遥”“三遥”方案，配置相应自动化终端设备或预留配电自动化接口。10、0.4kV 通信接入网应根据城市建设具体情况和配用电应用系统对不同区域的功能要求，充分考虑配网改造工程多、网架频繁变动的特点，因地制宜，合理选择通信方式，采用多种通信方式相结合的思路组建安全可靠、先进实用、经济高效的配电网通信系统。

（3）集中式电供暖设备接入思路。

1）集中式电供暖设备接入应符合电网规划，不应影响电网的安全运行及电能质量。

2）“煤改电”重要电力用户单电源供电应改为双电源供电，电源配置应符合《重要电力用户供电电源及自备应急电源配置技术规范》（GB/Z 29328—2012）。

3）采用电磁感应加热方式的电锅炉不宜与电梯电源在同一母线上接入，避免谐波影响。

4）集中式供热方式宜采用专用变压器供电；供热负荷超过 3000kWh，宜采用 10kV 专线供电。

5）集中式电供暖设备供电电压等级应根据当地电网条件、最大用电负荷、用户报装容量，经过技术经济比较后确定。供电半径较长、负荷较大的用户，当电压不满足要求时，应采用高一级电压供电。

6）10kV 电压等级接入的应选择 S13 及以上节能型变压器，临近居民区应使用低噪声变压器或采取降噪措施（建设配电室、建设隔音墙或吸声屏障等），安装在配电室内的变压器应使用干式变压器。

7）10kV 电压等级接入的专用变压器容量可选取 200、400、630、800kVA，必要时可选用 1000kVA 容量；专用变压器的容量应在电锅炉额定功率 1.1～1.5 倍之间。

8）专变设备周边环境恶劣（基础低洼积水、存在易燃易爆物品、易被车撞等）及严重影响巡视和操作时，应考虑迁移。

6.2.2 能源互联网与智能配电网规划融合下规划原则

“十四五”期间国网宁夏电力深入学习贯彻习近平总书记扶贫开发重要战略思想，落实党中央、国务院决策部署，始终把加强农村电网建设改造作为电力扶贫重大举措，实现贫困地区人民由“用上电”向“用好电”转变，全力助推宁夏打赢脱贫攻坚战，实现全面脱贫。

到 2025 年，“跨越提升、增实力、强优势”卓有成效。宁夏城市智能配电网可靠性全面提升，市辖区可靠性控制在 99.988 6%以上，用户平均停电时间分别不超过 90 分钟，配电自动化、信息化水平实现跨越式提升，智能配电网发展总体水平实现国内一流，供电服务质量增强实力，城市和农村综合电压合格率分别达到 99.99%和 99.98%，电网节能环保工作强化优势，110kV 及以下综合线损率控制在 3.368%以内，110kV 主变压器 $N-1$ 通过率由 95.35%提升至 98.33%，线路 $N-1$ 通过率由 95.46%提升至 98.03%，容载比为 1.89。农村供电能力提质增效，户均配变容量达到 2.83kVA/户。

能源互联网与智能配电网规划典型场景的选取既符合宁夏地区能源发展现状，又体现中国特色国际领先能源互联网企业战略目标，场景选取具有一定的代表性和可推广性。

6.2.2.1 服务用户

能源互联网场景选取要立足于服务用户，主要体现在两个方面：

（1）服务发电企业、电力用户等，提升常规业务服务品质要始终把服务人民美好生活需要作为能源互联网与智能配电网融合发展的出发点和落脚点，加快前端资源整合、营配业务集约融合，全面构建完善的新型服务模式，提高客户供电服务质量和均等化水平，提升“获得电力”指标，持续优化电力营商环境。

（2）服务新兴业务主体，推进新业态创新发展。一方面，引导激励分布式能源、柔性负荷、储能、虚拟电厂、电动汽车等各类新兴市场主体广泛参与和友好互动；另一方面，鼓励推动综合能源服务、电动汽车充电服务、能源电子商务等新业态新模式，带动产业链上下游共同发展。

6.2.2.2 支撑改革

能源互联网场景选取应有力纵深推进三大改革和一个革命，具体体现在以下四个方面：

（1）支撑电力市场化改革。积极推进电力市场化改革，持续扩大市场化交易规模，统筹做好现货交易与中长期交易、省内市场与省间市场、主能量市场与辅助服务市场、电力交易与其他市场交易的关系，保障电力市场交易健康有序运转。

（2）支撑国资国企改革。推进国企改革，在更高层面更大范围推进混合所有制改革，建设中国特色现代企业制度，做强做优做大国有企业，实现国有资本保值增值，增强国有经济竞争力、创新力、控制力、影响力、抗风险能力，这就要求必须转变公司发展方式，转换发展动能，以改革激发活力、增强动力、解放生产力，突出“市场化、透明度、高效率”。

（3）支撑公司内部体制机制变革。推进公司内部体制机制变更，建立更加灵活高效的经营管理机制，优化集团管控模式，完善差异化管控体系。建立健全适应市场化的组织架构，持续优化公司各环节的业务流程和管理机制，坚定不移实施创新驱动，系统推进公司科技、业务、管理全方位创新，不断提升管理效能。

（4）支撑能源革命。要按照“四个革命、一个合作”的能源安全新战略，服务能源发展新战略，推进能源转型升级。稳步推进能源互联网与智能配电网融合规划建设，应将实现清洁能源在更大范围的优化配置作为重中之重，不断提升绿色电气化水平，推动能源清洁发展、绿色消费。

6.2.2.3 数据价值

能源互联网场景选取要充分体现数据信息支撑和价值创造能力，发挥能源大数据在能源互联网规划建设中的重要作用，主要体现在两个方面：

（1）能源大数据的采集、分析与应用能源大数据是能源互联网信息支撑体系的重要组成部分，也是数字化智能系统的信息流组成，覆盖能源开发利用各环节及相关社会活动的信息采集、传输、处理、存储、控制。能源大数据的采集、分析与应用，可以赋能传统业务，为电网生产运行提供决策依据，是实现“两个转变”、能源互联网与智能配电网融合的必然要求。

（2）数据共享与价值创造能源大数据不仅是电网生产运行的基础，也应成为能源互联网生态圈共建共治共享的基础。能源数据共享将为培育新业态、新模式，推动用能优化，带动上下游产业链发展提供源源不断的信息支撑。

6.2.2.4 技术创新

能源互联网场景选取要充分体现大云物移智链等先进信息技术、控制技术、能源技术等的深度融合应用，主要体现在三个方面：

（1）先进信息通信技术应用。加快大云物移智链、5G 等新技术在能源电力领域的融合创新和应用，推进信息系统与能源系统的深度融合，不断提升电网数字化、智能化水平。

（2）能源运行控制技术应用。针对高比例可再生能源、电力电子装置接入需求，加强电力芯片、传感与量测、多能转换技术、运行控制技术等新技术、新设备研究与应用，提高能源网络互通互济能力，形成完善的技术支撑体系。

（3）网络安全防护技术应用。构建能源互联网网络安全防御体系，提升能源互联网安全态势感知能力和智能化、动态化网络安全防护水平，实现对物联网安全态势的动态感知、预警信息的自动分发、安全威胁的智能分析、响应措施的联动处置。

不同场景特点分析如表 6－2 所示。

表 6－2　　不同场景特点分析

场景	能源生产清洁化	能源消费电气化	能源利用高效化	能源发展智能化	建设模式多样化
城市互联网	弱	中	中	强	强
区域综合能源系统	中	强	强	中	强
智慧小镇	强	强	强	强	强

6.2.3 场景一：城市能源互联网管控技术与应用

6.2.3.1 能源互联网与智能配电网融合下城市能源互联网管控技术发展策略

（1）城市综合能源互联网技术研究。

结合城市经济发展，分析城市能源互联网管控需求，结合边缘计算、云计算等互联网技术，建立多流融合、云边协同的城市能源互联网管控体系架构，在边端建设信息－能量集成、多方资源共享的能源互联网用户入口，在“云”端开发聚合城市灵活性资源的智慧物联管控服务平台，构建城市级海量分布式资源开放共享的能源互联网业态。

借鉴电力系统信息交互标准化的经验，采用公共信息模型（CIM）面向对象的建模方法，构建基于扩展 IEC－CIM 标准的城市综合能源物联信息模型，从系统拓扑、量测、设备等多个方面描述城市综合能源物联系统，为后续实现能源数据的价值挖掘、提高能源使用效率提供信息模型基础。

探索城市综合能源泛化可信接入共性关键技术，研究城市综合能源跨域数据融合治理技术，以及城市综合能源协同共享安全防护技术，在实现城市综合能源协同共享的同时兼顾多方主体诉求，为实现能源数据的价值挖掘奠定可信采集、汇聚及安全保障基础。

（2）城市综合能源接入技术研究与关键物联设备研制。

研究 5G 广域网（包括新近纳入 5G 标准的 NB－IoT）、电力无线区域专网（包括有中心和无中心形态）、电力线载波等多种设备及用户接入技术，构建城市综合能源万物互联通信方案；研究设备到设备、设备到用户等终端直接通信技术，实现端到端的直接可信通信；研究多接入边缘计算基带和处理架构设计技术，提出 SoC 芯片集成设计框架，自主可控研制多接入边缘计算基带 SoC 芯片。

针对城市综合能源末端用电和精准用电调控所需，研究能量信息感知过程，提出高速高精度采集方法，研制 ADC 芯片、能量专用传感终端；依托对综合能源智能调控算法的研究，设计能源调度策略，研制低时延安全可靠物联终端，形成面向综合能源智慧管控场景的低时延安全可靠物联终端技术方案，支撑面向城市综合能源智慧管控场景应用，实现对综合能源末端用电设备的监测和精准用电调控。

针对配电网络低压断路器智能化所需，研究断路器电路保护、边缘侧软硬件实时响应、多接入通信、状态识别、健康监测、大数据故障诊断法分析、预测性维护等技术，采用模块化、芯片化和整体高可靠性设计方法，研制具备智能分析、边缘侧实时响应、多模式通信等能力等功能的低压智慧物联断路器。

（3）城市能源互联网及智慧管控平台技术研究。

研究融合设备体域网的综合能源末端可信融合与安全组网技术，探索电力设备监测的体域网构建方法，构建基于轻量预言机的可信采集机制，研制无线/载波智能线缆终端和边缘区块链网关，建立综合能源末端可信融合与安全组网机制，实现城市综合能源物联数据的可信采集、汇聚与分发。

研究面向城市能源互联网管控的 5G 通信技术及装备，设计业务数据模型及交互协议，基于“国网芯”实现业务安全接入和数据加密，构建基于 WIDS 无线指令监测技术的终端边界防护机制，突破终端 TDD 高效率收发时隙转换、MIMO 用户及邻区用户干扰抑制、小区边缘功率控制等关键技术，研制 5G 广覆盖终端装置和 5G 安全终端装置，提升业务数据传输安全性。

研究融合时空位置与综合能源的数据智能分析技术，设计基于元数据模型的数据治理方法和融合时空位置的能源数据特征提取方法，建立融合时空数据的城市综合能源场景分析模型，研制融合时空数据的能源智能分析工具，设计适用于不同城市综合能源场景的在线异常用能、用户特征、客户画像等方法。

研发城市综合能源智慧管控与应用平台，融合分层和 DDD 领域驱动设计技术，建立基于微服务的应用服务拆分与组合机制、海量异构物联终端智能管理机制，设计基于数据立方的海量数据存储方法，构建分布式数据挖掘管理调度引擎，研发城市综合能源智慧管控与应用支撑平台，集成开发能源 SCADA、能效分析、能源管理、能源服务、能源交易等基础应用，建设城市综合能源智慧管控与应用平台。

（4）能源数据价值挖掘及典型场景衍生服务技术研究。

针对多源高维数据来源广泛、规范性和有序性不足等问题，发展基于 Relief 算法及时效规则的数据修复算法，形成可扩展、通用性强的综合能源大数据预处理技术。建立综合能源系统状态感知的频繁模式网络模型，确定城市综合能源系统运行状态和运行全貌。

基于城市综合能源大数据分析及处理技术，分别面向政府运行管理、规划建设、经济分析、安全供能、公共服务以及企业和个人用能分析等场景，建立多场景下的能源数据模型，深入挖掘能源数据的潜在价值，服务城市经济社会发展。

设计面向多场景的城市综合能源智慧管控与应用平台的高级应用模块，包括运行管理应用、规划建设应用、经济分析应用、公共服务应用、用能分析应用以及供能安全分析应用，并完成各应用子模块的开发，完善和提升平台功能，充分发挥能源大数据的潜在价值，为示范工程落地提供技术支撑。

（5）城市能源互联网管控应用示范。

研发城市能源多源全域数据融合集成引擎及系统集成，构建通用数据集成的公共数据模型，设计协议定制的框架协议插件动态加载机制和消息集成的安全加固方法，研制通用数据映射规则、标准化安全消息集成、服务 API 管理等组件，构造城市能源多源全域数据融合集成引擎，形成构建集成实施方案。

研发轻量级城市综合能源智慧管控在线可视化系统，融合基于 BIM/IFC 标准的城市综合能源智慧管控可视化技术，构建轻量化高可用视图模型，研制基于图形显示组件与在线模型编辑组件，设计业务应用场景驱动的可视化系统解决方案，研发融合能源流、信息流、价值流全要素的城市综合能源智慧管控在线可视化系统。

开展城市能源互联网管控应用示范及成效分析，设计面向宁夏银川的示范部署方案，集成城市综合能源智慧管控与应用平台和智慧交通、智能物流、、用能监测、能量管控等城市各领域应用系统，部署能源数据价值挖掘及衍生服务高级应用服务，开展城市级综合能源智慧管控与服务的示范应用，并对示范效果进行成效分析，为项目研究成果转化及向特大城市推广提供实践依据。

6.2.3.2 能源互联网与智能配电网融合下城市能源互联网管控技术规划

针对城市能源互联网及智慧管控架构技术，设计云边协同的城市综合能源物联网架构，采用城市综合能源物联网“能量—信息—价值”融合建模技术，构建城市综合能源物联及智能管控标准技术体系；针对城市综合能源接入技术与关键物联设备研制，突破用户接入技术、SoC 芯片技术及智能传感设备，研制智慧物联高精度器件及物联终端，打造低压智慧物联断路器；针对城市能源互联网及智慧管控平台技术，综合能源末端可信融合安全组网方案及电力设备体域网技术，加强面向城市能源互联网管控的 5G 通信技术及装备研制，提供关联位置信息与能源异构数据的北斗时空数据分析服务，打造城市综合能源智慧管控与服务平台；针对能源数据价值挖掘及衍生服务技术，突破城市综合能源大数据分析及能源状态感知技术，形成面向多场景的能源数据价值衍生服务技术及高级应用。以模型架构标准体系为基础，自主研发芯片、网关、终端等设备，打造城市智慧物联管控平台，提供能源数据价值挖掘与衍生高级应用服务。将以上研究成果转化为示范应用平台，构建用户与场景驱动的应用模型，在宁夏银川开展城市能源互联网管控应用示范。

（1）城市综合能源互联网技术研究。

总结城市经济发展的共性问题和示范城市的个性问题，分析物联管控需求，建立多流融合、云边协同的城市能源互联网管控体系架构；分析城市能源资源运行机理，构建基于扩展 IEC－CIM 标准的城市综合能源物联信息模型，从系统拓扑等方面描述城市综合能源物联系统；研究城市综合能源泛化可信接入共性关键技术，构建基于预言机的数据轻量级末梢可信采集方法，建立基于元数据模型的城市综合能源跨域融合数据自治策略，构建基于零信任框架的城市综合能源安全防护机制，制定基于软件定义的城市综合能源物联安全防护边界。

（2）城市综合能源接入技术研究与关键物联设备研制。

针对城市能源物联网中采集设备采集、传输与处理能力的不足，拟采用高精度感知、先进通信、边缘服务等方法，突破复杂环境高精度感知采集器件、边缘物联终端制备、用户接入等关键技术，自主开发 ADC 芯片、多接入边缘计算基带 SoC 芯片、专用传感终端、物联断路器；采用 5G 广域网、电力无线区域专网、电力线载波等技术，结合边缘计算、安全可信通信技术，构成城市综合能源物联通信方案；通过研究低时延高性能技术架构、综合能源智能调控算法、数据可重构实时处理及分布式快速可信接入等技术，形成低时延安全可靠物联终端技术方案，研制面向城市综合能源服务的物联终端。

（3）城市能源互联网及智慧管控平台技术研究。

针对城市综合能源物联网多主体多业务复杂个性化应用场景需求，拟采用体域网构建、轻量预言机可信采集机制、安全接入及数据加密、数据治理及特征提取、微服务架构设计等方法，突破综合能源末端可信融合与安全组网、电力设备体域、5G 增强覆盖与安全承载、融合时空信息的能源异构数据分析等关键技术，研制无线/载波智能线缆终端、融合边缘区块链网关、5G 广覆盖终端与安全终端等装置，研发城市综合能源管控与应用平台，实现城市综合能源海量异构终端接入、能源数据治理与共享、融合时空数据的智慧服务等，形成“可信接入－协同共享－智能管控”的城市级综合能源智慧管控平台系统解决方案。

（4）能源数据价值挖掘及典型场景衍生服务技术研究。

针对多源高维数据来源广泛、规范性和有序性不足等问题，发展基于 Relief 算法及时效规则的数据修复算法，形成可扩展、通用性强的综合能源大数据预处理技术。构建表征能源系统状态评价指标体系，采用聚类算法对能源系统状态等级进行动态划分；通过建立能源系统状态评价指标与采集数据之间的变换关系，采用多层关联度分析方法对能源系统状态进行评价、安全预警、故障诊断以及演化趋势分析，实现城市综合能源系统状态的智能感知。

借助于数据统计、机器学习、传统数据挖掘，领域普适知识挖掘，以及数据可视化等技术进行数据价值挖掘，获取个性化用能需求、不同用户用能特性、网络能源损耗时空分布等特性，进行用户互动与需求管理、用能预测、智能用能与网络降损，以及用户用能方案的私人订制等业务管理。采用穷举方法构建能源数据衍生服务基础场景，利用主成分分析法对基础场景进行场景价值分析与筛选，完成典型场景构建。

采用机理分析与数据驱动结合的方法，建立多场景下的能源数据模型，研究典型场景服务的核心算法及技术。基于智慧管控平台开发面向典型场景的高级应用模块，包括运行管理应用、规划建设应用、经济分析应用、公共服务应用、用能分析应用以及供能安全分析应用等，完善和提升平台功能，充分发挥能源大数据的潜在价值，为示范工程落地提供技术支撑。

（5）城市能源互联网管控应用示范。

针对城市能源信息多元差异化分布特点，选择典型应用场景，设计用户与场景驱动的应用模型；融合项目架构、关键技术及研制的终端、网关与系统平台，研发城市能源多源全域数据融合集成引擎、轻量级城市综合能源智慧管控在线可视化系统，构建业务平台于一体的应用示范平台；集成城市综合能源智慧管控与应用平台等系统，安装或升级物联断路器、智能线缆终端、区块链网关、5G 广覆盖终端等设备，部署能源数据价值挖掘及衍生服务高级应用服务，进行研究成果整体示范应用；从体系架构、平台及装置、价值创造三个层面设计项目成果验证方案，构建城市能源互联网管控应用示范评价指标体系并开展示范应用成效分析。

结合宁夏实际情况，从城市能源互联网管控体系架构、关键核心技术、平台研发以及示范应用推广等方面提出立体化全方位的城市综合能源智慧管控解决方案，具备可行性和先进性。

（6）在宁夏城市综合能源互联网管控架构方面。

边缘计算、云计算等技术得到大量应用，并为宁夏城市综合能源互联网研究提供技术与理论基础。

在城市综合能源接入技术研究与关键物联设备研制方面，国内外研究机构在高精度感知技术、边缘服务技术、数模混合高密度集成电路设计技术、多功能片上系统集成技术等方面已开展大量研究工作，为宁夏城市综合能源互联网研究提供理论和技术支撑。在研究思路上，综合运用 CIM 面向对象建模技术、安全技术、联盟链方案、柔性计算架构、人工智能等先进技术，建立多流融合、云边协同的城市综合能源智慧物联管控体系架构和标准化信息模型。

（7）在城市综合能源接入技术研究与关键物联设备研制方面。

国内外研究机构在高精度感知技术、边缘服务技术、数模混合高密度集成电路设计技术、多功能片上系统集成技术等方面已开展大量研究工作。针对电网环境应用需求，定制化研制 ADC 芯片和 SoC 芯片，通过核心部件自主可控多功能赋能的方式，研制城市综合能源互联断路器，实现对传统断路器的智慧互联化；通过高校数据处理技术、微型化容器动态加载技术、低时延协同管控机制、协议兼容及适配技术等的研究，研制面向综合能源服务的互联终端，为城市综合能源服务接入和能源调度提供支撑。

（8）在城市综合能源智慧管控平台方面。

近年来物联网、5G、北斗得到大量应用，为当前项目组研究提供技术与理论基础。通过开展无线/载波智能线缆终端、边缘区块链网关、5G 广覆盖终端与安全终端、城市综合能源智慧管控平台等装备研制，建立城市综合能源智慧管控平台技术架构体系。综合运用物联网技术、体域网技术、区块链技术、5G 通信技术等，形成城市综合能源信息物理融合的核心装备。

（9）在能源数据价值挖掘及典型场景衍生服务技术研究方面。

选择大数据挖掘与机器学习相融合方法，研究综合能源系统大数据分析处理方法，与当前计算机科学与能源科学前沿研究方向相契合。通过无监督学习及有监督深度学习方法分析处理城市能源系统大数据技术，循序渐进地开展能源大数据分析处理的基础理论、融合应用及衍生服务研究和关键技术开发，形成理论研究—技术开发—高级应用—示范验证闭环。

（10）在城市能源互联网管控应用示范方面（如图 6－3 所示）。

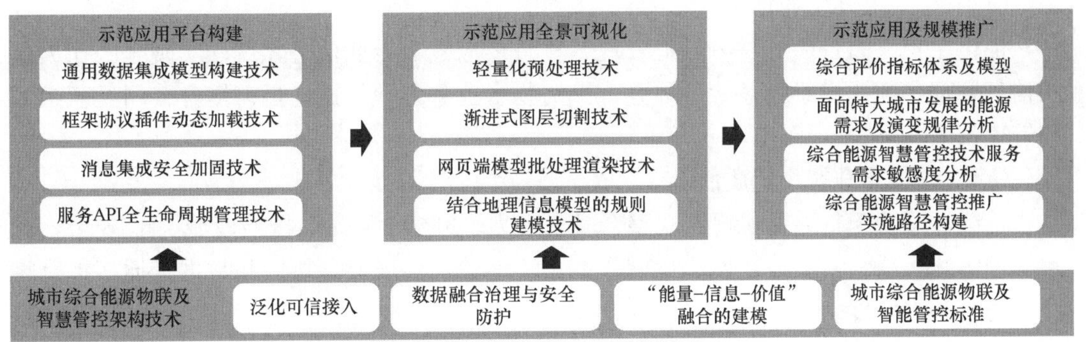

图 6－3　城市能源互联网管控应用示范

能量管理、柔性负荷控制、需求响应技术得到大量应用，并为城市能源互联网管控应用示范的研究提供技术与理论基础。通过融合研制的终端、网关与系统平台，形成用户与场景驱动的应用模型及解决方案，在宁夏开展城市级综合能源智慧管控的示范应用并开展成效分析。在研究思路上，综合应用数据融合技术、可视化技术、复杂系统多维指标方法，构建业务平台一体的应用示范平台，结合示范去多业态分布的能源物理设施及信息系统现状，设计和部署本研究成果并进行验证，为可复制、可推广的规模化应用提供实践依据。

（11）网上电网系统应用融入。

随着 Internet 在全球的迅速普及，计算机网络将成为人类信息世界的核心和网络经济发展的驱动力。在此背景下，宁夏电网企业必须在网络环境下，利用网络特性，对现有的用电管理系统、配电网自动化系统、远程抄表系统等信息资源进行重新优化配置，建立电力市场环境下的宁夏网上电网系统应用融入，以便能更好地辅助宁夏电网企业决策管理。从决策层面上以最高决策层为主导，突出战略营销的重要地位。宁夏电力体制改革使得电力行业进行大规模整合，这种整合使供电企业的战略目标、营销理念、动态控制能力都要进行重新调整，必然导致传统的业务领域、外部形象、内部业务流程等发生一系列变革。

为适应变化，必须要寻找能够引导内部变革和外部发展方向相统一的全新企业运营理念，来打造企业的核心竞争力，这些目标的实现必须由企业的最高决策层来直接主导。宁夏网上电网系统应用融入服务创新主要体现在三个方面：一是企业内部机构设置、业务流程能够满足顾客需求导向要求；二是健全智能电网的功能环节，提高服务效率；三是要尽可能借助社会化服务体系，最大限度地满足客户服务需求并尽可能降低服务成本。通过提升服务电网运行水平、全面提升企业精益管理、大力提升客户优质服务，加快网上电网系统应用融入。

（12）服务电网运行水平。

建设设备精益管理、配电自动化、供电服务指挥、网上电网等应用系统，完成风—光—储、综合能源等系统接入电网，增强电网运行灵活性和可靠性，提高电网安全经济运行水平。

（13）全面提升企业精益管理。

优化完善人力资源、财务精益管理、物资供应链等专业信息系统，实现全公司人员的信息管理，建成多维精益管理体系，缩短物资业务办理周期，显著提升公司经营绩效和管理水平。

（14）大力提升客户优质服务。

持续开展营配贯通优化提升，整合掌上电力、95598 网站、国网商城、电 e 宝、光伏云网等线上渠道，完成“网上国网”的推广运营，实现业务协同和数据贯通，提升客户参与度和满意度。

6.2.3.3 能源互联网与智能配电网融合下工商业屋顶光伏规划实践

（1）工商业屋顶光伏项目技术优势。

1）稳定现金流，增加企业收入。很多的工商业老板并未意识到，闲置的大面积屋顶是宝贵资源，特别是生产性企业屋顶少则几百平多则几千平或上万平。如果在这些屋顶上都安装上光伏电站，可以盘活企业固定资产，增加稳定的现金流，企业效益变得更好。

企业用电量大，用电单价高，峰值电费高，安装光伏发电后，企业可以自发自用，余电上网。

2）节省峰值电费，余电上网销售。特别是高耗能的生产性企业，安装光伏电站可以节省很多的电费支出，不仅可以省钱，还能赚钱。对于分厘必争的生产性企业来说，光伏发电的收益率相比很多传统生产企业高了很多，非常值得投资。

3）促进节能减排，产生良好的社会效益。地方政府都会给生产性企业下达节能减排指标，部分高耗能企业无法完成，只能接受高额的罚款。安装光伏电站可以完成节能减排能效，没有地域限制，只需要在限制的屋顶上安装一套光伏系统，就可以达到节能减排目标。无噪音、无辐射、无排放、无污染等多种优点，光伏发电已经成为中大型企业的必选配置。

4）隔热防寒，增加环境舒适性。很多的生产性企业都是彩钢瓦屋顶或者小平层，到了炎夏就需要高额的降温成本。光伏板具有隔热的功能，在屋顶上铺上光伏组件后，可以有效地降低楼下厂房的温度。可以让楼下工人更加舒适的工作，生产设备也能平稳运行，间接降低了企业的空调、风扇和冰块的降温成本。

（2）工商业屋顶光伏项目应用前景。

近年来，我国政府出台了一系列政策文件，鼓励开发利用新能源。工商业屋顶光伏项目将工业发电与工商业有机结合起来，在提高土地利用效率的同时，使该模式成为工商业用电与发电相结合的典型发展模式，对工商业的发展有许多借鉴意义。为解决光伏发电用地问题，技术人员需要不断突破当前技术屏障，使工商业屋顶光伏项目具有更高的可行性。此外，清洁发电与企业节能减排的双重目的，要求技术人员要将太阳能发电与工商业用电紧紧地结合起来，使其共同发展。作为新型的经济环保模式，工商业屋顶光伏项目存在着巨大的发展空间。

工商业屋顶光伏的模式体现着人与自然和谐共处，这种模式所形成的工商业“自发自用”“一种资源、两个产业”集约发展模式，不需占用额外工商业和住宅用地，大大提高单位面积土地经济价值，实现社会效益、经济效益和环境效益的多赢。

工商业屋顶光伏项目未来发展潜力巨大。随着我国城市化进程加快，城市及乡镇工商业建筑越来越多。据估算，每 8000m^2 的空置屋顶可建设 1MWp 的太阳能电站，每年由此可节约标煤 348t，减少二氧化碳排放约 1000t，同时可以带来可观的发电收益，电费和养殖收入两不误，是很好的创收途径。

宁夏太阳能资源丰富，是我国太阳辐射的高能区之一。其地势海拔高、阴雨天气少、日照时间长、辐射强度高、大气透明度好，年均日照时数多达 2835h，年日照百分率达 64%，年太阳能辐射总量在 4936～6119MJ/m^2 之间，由南向北平均几乎每 10km 递增 50MJ/m^2。据 1961～2004 年宁夏太阳辐射资料统计表明，全区平均 5781MJ/（m^2 • a），其空间分布特征是北部多于南部，南北相差约 1000MJ/（m^2 • a），灵武、同心最大，达 6100MJ/（m^2 • a）以上，且太阳辐射能直接辐射多、散射辐射少，对于太阳能利用十分有利。图 6－4 为工商业屋顶光伏发电项目图片。

图 6－4　工商业屋顶光伏发电项目图片

综上所述，为实现西部地区光伏发电等新能源项目的大力开展，助力当地“30·60双碳项目”的实现，需要立足于工商业新模式，不断推进光伏发电与工商业的综合性发展，实现光伏发电与工商业用电的有机结合，达到充分利用土地资源的效果。因此，工商业屋顶光伏项目建设对于宁夏改善日间用电高峰、实现工商业用电结构和优化地区能源结构意义重大，且项目建设具有良好的成本和市场需求优势，市场前景良好。

6.2.4 场景二：园区综合能源系统

6.2.4.1 能源互联网与智能配电网融合下园区综合能源系统的发展策略

以冷热电联供系统为代表的联供型微网可因地制宜地利用当地能源，来满足小型区域内的多能源需求，系统通过各微源设备来提供多种能源需求，通过储能装置来平抑系统能量的波动，缓解系统的负荷高峰，但冷热电联供系统解决的是小型建筑或微型区域内的能源供给问题。若需要在更大的区域范围内实现多用户的多种能源负荷需求，需要通过能量的实时传递来实现系统内各用户的实时电、热负荷需求，综合能源系统即为通过热电耦合的多网络联合系统，系统内存在电、热能量流，各能源流之间通过分布式电源进行耦合，系统内可通过能量流的传递来满足系统内各节点的实时电、热负荷需求，实现在更大范围内多种能源的互补和利用。

美国早在2001年就已提出集成能源系统的发展计划，要求电力和天然气协同规划；加拿大在2009年颁布实施了综合能源系统指导意见，将此政策上升为国家战略；欧洲诸国在欧盟第7框架（FP7）中，提出泛欧网络（Trans-European Networks）和智能能源（Intelligent Energy）。在我国，国家电网和南方电网公司在关于进一步推进综合能源服务业务发展行动计划中，提出要大力发展热电冷三联供技术、综合能源系统等相关技术。可见，突破传统能源模型架构，实现多类能源互联集成和互补融合，发展多能互补系统，提升多能源高效清洁利用，已成为世界能源领域的必然选择。

目前，世界范围内对经济和环保问题的紧迫要求促进可持续型社会的进一步发展，因此，独立的、单一的网络结构形式已经不能满足日益增长的多元化能源需求（比如天然气、电、热等能源形式）。传统形式上对单独网络的优化结果往往不能精确地对综合性网络实施精确的、对多种能源需求系统的调度计划，而综合能源系统则由于存在能源的互联和耦合而更能适应多种能源形式需求，因此规划的结果更具有精确性和可靠性。对综合能源系统的研究大部分集中在对电力网络、热力网络和天然气网络形成的综合能源系统的传输侧的研究，而基于配用电侧的研究则相对不成熟，针对综合能源系统的优化和规划问题则更加不完善，因此配电侧的综合能源系统仍然需要更系统、更具体的研究来提高能源的利用率。

为了积极响应国家推动能源领域改革、实现第三次工业革命的号召，电网公司围绕电网建设的信息化、自动化、互动化与智能化，对风光等可再生能源接入、冷热电多能源系统优化调度、综合用能模式、考虑冷热电多能源的需求响应技术等内容开展初步研究工作。从目前已建成或正在建设的示范工程效果来看，主要是以电力能源为主体，重点关注电网的安全、可靠供电、用户服务能力的提升等，在考虑综合能源高效利用、经济运行、供需平衡、多能源优化协调等方面研究和实践相对较少，未能全面体现区域综合能源系统带来的经济效益和社会效益，尤其是在提升区域综合能源系统整体利用效率方面的研究和实践力度还不够，缺少对多能源的耦合机理、多时间尺度互补特性、多管理主体等特性的综合考虑。

（1）协调规划发展策略目标。

能源互联协同发展系统是指以电力系统为中心，借助信息化设备资源，实现电、气、热、可再生能源等“多能互补”和“源—网—荷—储”各环节高度协调的区域性能源平衡系统。基于规划区的能源结构，提升能源利用，优化产业结构和能源消费结构，建设不同规模的园区综合能源系统，满足多样化的用能需求。搭建能源信息管理平台，通过园区智能楼宇和计量信息系统等对园区用能需求进行实时监控，采用先进的通信技术手段，实现信息及时共享。开展能源互联网商业运营模式，为用户提供灵活用能服务。实现能源高效利用，节能绿色环保发展的建设目标。

（2）园区综合能源系统协同优化的配电网策略的基本框架。

在对园区综合能源系统协同优化的配电网策略的基本框架进行确立时，要将试验区的全部能源供需以及各种形式的资源配置考虑进去，使其成为一个系统，再对其进行统筹规划。在能源获取、输送、分配时，要基于试验区的各种能源信息共享平台的建设，实现对热、电、冷、气、水等多能源的利用，也可尽可能地得以实现供需灵活接入、信息协调互动、节能减排和绿色环保发展的目标。

（3）建设思路。

系统的实现技术路径首先应该建立在目标用户的现状分析，基于基础能源的规划构建二次系统，分析园区的源网荷储现状，明确分布式能源、清洁能源以及变配电站和储能的现状及未来规划，对电、热、冷负荷进行收资和预测，甚至对园区目前自动化的水平和设备部署进行详细的了解，从而规划符合用户需求，支持区域能源良性发展的能源管理系统。多能流综合运行管理系统作为连接供需两端，围绕能源生产、能源转换和流转、调配、能源消费全过程的能源管理和服务，采用最新的 GIS 技术，利用物联网、大数据处理等先进技术，实现对电力、热能、天然气等的生产、消费在线监测及各用能单位能源信息的监控管理，应用大数据开展电力、冷热、天然气及企业的能效分析、能源预测、能源平衡等。致力于打破原有独立能源网运行模式，提高能源综合利用水平。统一区域能源发展目标、发展战略及功能布局，实现区域能源系统的层层分解，将各类能源需求分布、分布式能源布局、能源产业发展、能源服务和环境保护范围等统筹规划，根据能效的最终目标，确定能源转换路径。整体功能规划包括综合能源监管、需求响应、运营维护、智能巡检等功能，并考虑综合能源运营商的需求，建设多能交易系统子模块，支持运营商的经济目标实现，实现园区能源体系的多能协同综合管理。

（4）提供多样化的园区综合能源系统协同规划管理服务。

园区综合能源系统协同优化的配电网规划工作开展过程中，因其信息交流方式和分享模式的差异，其对应的管理工作可能会存在一定的问题，将会影响其各项工作的质量。

为此，必须加强对管理平台建设工作的重视，通过对其能源应用方向等进行必要的调整，及时将相关服务工作准备到位，明确其工作过程中存在的问题并及时引入对应的管理措施，保障其各项工作的工作质量。同时，还需要结合电网运行系统的工作要求开展多样化的信息平台建设工作，使得用户使用反馈和能源综合管理以及用户数据信息管理等工作都可以以合理方式开展，对保障其工作质量等具有重要意义。加强对用户使用体验的重视，结合常见用户使用问题和缴费问题等，推出特色化的服务系统，方便用户各项工作以合理方式开展，降低用户各项操作的复杂程度，保障其整体工作质量。通过应用互联网技术等相对较新的技术，用户操作的时间成本明显降低，电力企业的人力使用成本等也明显降低，可以实现双方共赢的建设目标，对保障其工作效率等具有重要意义。

（5）合理选择园区综合能源系统协同优化配电网技术。

1）新型配电网综合规划技术。传统配电网规划过于保守，未对分布式电源的大范围接入对配电网所产生的影响给予考虑，导致电网资产利用率大打折扣。实际上，新型配电网综合规划技术既可以确保综合能源协同优化配电网系统安全、稳定运行，又能够完成差异化设计和概率性负荷预测，通过快/慢动态仿真分析来建设可靠的通信网络，使可再生能源利用率、系统供电可靠率得到有效提升。

2）多源协同园区综合能源系统优化调控技术。该技术可以借助微网自治控制、柔性负荷自动需求响应和可再生能源梯级调用，并结合设定的优化策略来确保新型配电网的协调优化和能量跨区平衡运行。根据对可靠性和时效性的不同需求，结合园区综合能源系统协同优化配电网不同层级的运行目标，可以将多源协同优化调控划分为分层控制、就地控制和全局控制三种模式。

（6）盈利模式与价值创造。

宁夏区域综合能源系统的价值网络是为创造某一价值活动，而让能源生产系统、能源转换系统和能源储存系统通过一定的价值联系而形成的互动网络。其价值网络的形成是以用户需求为出发点，利用价值创造和价值分享机制，把各能源子系统虚拟为价值网络中的一个经济实体，各系统根据自身特点被动或主动地进行交易，从而实现价值的创造、传递和分配。基于一般性价值网络的形成机理，其核心是确定 IES 价值网络中各参与主体的一系列价值活动，包括价值创造、价值主张和价值获取，价值主张创造什么价值，价值创造如何利用现有资源和技术创造价值，价值获取即各主体期望得到什么样的价值回报。宁夏区域综合能源系统市场群体分为用户和电力市场。在对用户的价值主张进行分析时，需要将用户分为两类，第一类是生产型消费者，即含分布式电源的用户，既希望享受个性化、定制化的能源服务，又希望降低用户侧的用能成本，减少用能费用，同时希望提高分布式能源发电的价格以获取收益；第二类是普通消费者，即不含分布式的普通用户，其价值主张体现在用能的充足性、便捷性、清洁性以及可选择性，在享受系统带来的节能收益的同时降低用能成本。宁夏区域综合能源系统电力市场是电能生产者和使用者通过协商、竞价等方式就电能及其相关产品进行交易，通过市场竞争确定价格和数量的虚拟主体，综合能源系统运营商可以通过该平台进行电能交易，而用户也可以将多余的电能在该平台上进行交易。其价值主张为在认可系统的价值主张并符合自身价值实现目的后，通过提供平台进行能源交易，而获得预期收益和回报。

6.2.4.2 能源互联网与智能配电网融合下园区综合能源系统的规划

“十四五”期间，宁夏地区大力发展开放型经济，打造一批开放型经济重点园区，园区实行企业化经营管理，在开放型经济比重达 50%以上的园区享受自治区给予综合保税区相关优惠政策有利条件驱使下，各大园区经济开发开放的趋势更加强烈，用电需求大幅增加、入驻企业要求高品质供电服务，售电主体多元化。在多个售电主体并存的情况下，加快落实与各大园区相适应的管理创新和制度转变，主动对接园区建设，把握“先算合理收益、再适度投资”原则，争取政策支持。

（1）分析依据。

从影响程度（效益）、投资策略、（收益）风险程度等三个维度进行归类分析，如表 6－3 所示。

表 6－3 园区分析依据

序号	影响程度	类别		投资策略	风险程度	关注程度
		大类	小类			
1	极重要	Ⅰ类	A	竞争	高风险	国网公司级
2	重要	Ⅱ类	B	选择	中风险	省公司级
3	一般	Ⅲ类		限制	低风险	地市公司级

依据园区级别、园区功能定位、园区 GDP、园区电网规模、园区负荷大小、效益好坏、是否存在竞争风险（易形成自供区、增量配电业务试点地区）等 7 个方面的影响程度大小，确定园区类别，进行投资策略选择，并评估所选择投资策略的风险程度，最后进行成效分析。

园区分为三类：Ⅰ类为负荷大、易形成自供区、增量配电业务试点地区，特点为极重要；Ⅱ类为城市开发区、高新技术开发区、商业园区、一般省级、市级工业园区，特点为重要；Ⅲ类为区县级园区、农业园区，特点为一般。A 为可控，B 为不可控。

（2）具体思路。

1）结合各园区规划，全面梳理园区电网现状，分类汇总园区存在的各类问题，以问题为导向，指导园区电网规划。

2）全面分析增量配电业务和售电侧放开的电力体制改革对现有园区电力供需、电力购售以及公司市场份额的影响；以及园区土地利用情况对站址规划及线路廊道规划的影响。

3）根据宁夏园区总体情况，结合电力体制改革的影响，分类选取中卫工业园区、宁东能源化工基地开发区、吴忠金积工业园区、苏银产业园等 4 个园区为典型园区，并据此进行分析（如表 6－4 所示）。

表6-4 典型园区选取

序号	园区名称	地理位置	特点	影响程度
1	中卫工业园区	中卫市沙坡头区	负荷增速快、易形成自供区、增量配电业务试点	极重要
2	宁东能源化工基地开发区	灵武市灵州区	负荷增速快、易形成自供区、增量配电业务试点	极重要
3	吴忠金积工业园区	吴忠市利通区	负荷增速快、重点规划园区	重要
4	苏银产业园	银川市兴庆区	负荷增速快、重点发展园区	重要

4）根据已有、新增及潜在园区特点，以典型园区为示例，进行近、远期负荷预测。

5）根据园区负荷预测结果，结合园区级别以及重要性等特点，充分考虑园区发展前景，确定高、中、低压配电网规划技术原则以及电源、用户接入、廊道、站址规划原则。

6）合理安排变电站布局建设及配电网规划，做到“受得进、落得下、送得出、用得上”，突出主动服务理念，积极引导用户合理接入系统，保证电能质量和供电可靠性，满足园区近期、中期负荷接入需要及各类电源接入需要，具体：

a. 根据园区性质、级别、负荷规模以及风险程度，制定220/330kV及以上变电站规划策略，园区220/330kV变电站应按链式或环网考虑接入，全部纳入输电网规划，防止用户以低成本形成双辐射线路向园区供电，形成增量市场的220/330kV终端变。

b. 提出园区近期启动前期工作或开工建设的110kV变电站布点策略及廊道使用策略，优先考虑可能成为增量市场试点且有负荷增长的核心区域，并应占据关键通道（特别是规划的架空线路通道）。

c. 电力线路迁移按“谁主张、谁出资”的原则进行线路迁移，必须以目标网架确定的截面及回路数统筹考虑建设规模，占据廊道及争取站点。

d. 提出园区用户专变接入、专变回购策略，10kV专线接收及回购策略，10kV专线及专用间隔使用条件。

e. 提前考虑园区的住宅小区、商业、金融、办公等区域配电室位置的预留。

f. 规范园区与各地电网规划、建设、调度、运监、客服、维护协同推进的服务体系建设，拓宽园区智能化、电能替代范围，从公司收益和用户需求角度出发，既保证投资见效，又合理引导企业用电。

g. 积极进行园区电网投资策略研究，估算电网建设规模及资金需求，突出精准布局园区电网和投资，确保投资成效。

宁夏已有24个各类工业园区，其中国家级工业园区5个，省级工业园区18个，地市级工业园区1个。现有园区规划面积4183.42km^2，已建成面积1265.195km^2。园区远景年GDP约12 697.21亿元，规划人口约153.22万人。目前已有14个园区发布控制性详规，10个有园区规划。按负荷性质分，工业园区22个，其中银川公铁物流园为物流业、商业综合园区；泾源县轻工产业园区为工业、商业综合园区。

随着新能源、分布式电源、电动汽车充换电设施等多元化负荷日益增多，由智能配电网、中低压天然气网、供热/冷网、交通网等系统组成区域能源互联网成为能源互联网与智能配电网融合发展的重要应用场景。园区综合能源系统网协同规划示意图如图 6-5 所示。

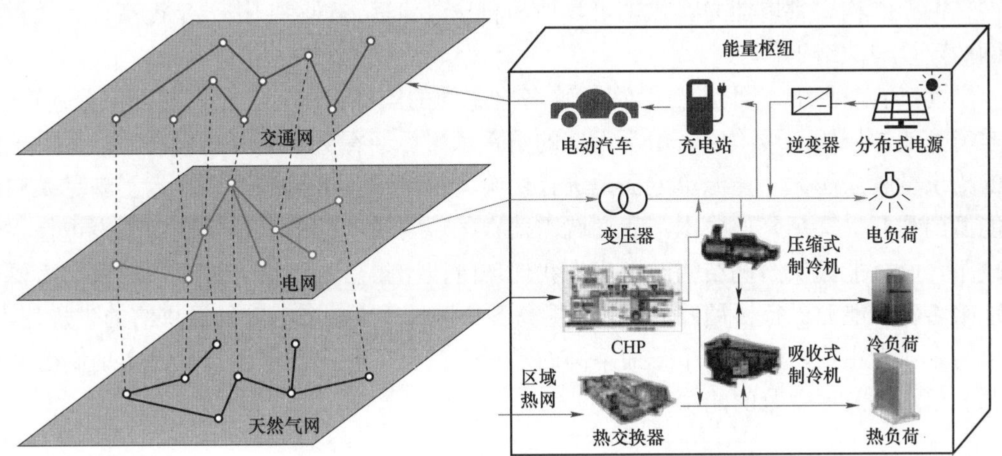

图 6-5 园区综合能源系统网协同规划示意图

与传统的能源分供方式对比，综合能源系统系统有如下优势：

（1）能源利用效率高。CCHP 系统可实现合理的能源梯级利用，一次能源利用效率可达 80%。

（2）损耗小。系统紧靠终端用户而建设，不用建设长远距离的大电网，减少了输配电损失，同时还减少大量投资。而传统大电网，电站与负荷中心相距很远，经过远距离输电配电，能量损耗较大。

（3）污染小。作为一次能源，天然气清洁而环保。不仅没有大量废水废渣的排放，而且在燃烧过程中，大大降低了二氧化碳，氮氧化物、硫化物等温室气体及有害气体的排放，有效改善环境质量。

（4）削峰填谷。夏季不用供热，燃气用量很少，而此时由于天气炎热，制冷电力负荷却很大。因此，天然气综合能源系统系统消耗天然气，提供电力，可以缓解夏季用电高峰的压力；另外也能采用低谷电蓄冷，白天制冷高峰期再释放出来，减少高峰时期电力的使用，达到削峰填谷效果。

（5）运行灵活，保障独立能源供应安全。综合能源系统系统相对独立，运行灵活，可与大电网相互配合。即使公共电网出现故障，也可自行与大电网断开，独立向用户供电。大大避免了因拉闸限电、自然灾害造成电力崩溃等问题而造成巨大的经济损失和社会安全隐患。

（6）经济效益好。因其能源利用效率高，余热得到充分利用，在供暖季和供冷季都能保持高效地运转。系统运行灵活，总能耗小，因而带来的经济效益也是显著的。

通过综合能源系统和单纯配电网系统中分布式电源的优化配置，依托宁夏地区网省公司资源、管理、服务优势，围绕服务地方经济、服务电网发展，改善民生环境，研究热力管网的加入对分布式电源在配电网中的最优配置策略，分析综合能源系统和单纯配电网系统中分布式电源的年利用率，比较园区综合能源系统、单纯配电网系统和分供系统的电压水平和网络损耗。合理布局电力基础设施，构建完善的电网系统，确保各园区电网在网架结构、供电能力、供电可靠性和科技含量等方面得到进一步提高，有效指导电网的建设与改造工作。

宁夏在能源利用方面分工比较明确，各个不同的能源都由各个不同的部门分别管理，很难得到能源协同。现阶段，由于人们的消费水平已经得到了充分的提高，并且对于能源的需求量越来越大，能源单方面地进行供给，很难满足人们的需求。为了满足人们对于能源的需要，又想降低成本，我们就需要根据现阶段我们的整体发展规划来进行相应的改革。所以能源供给侧结构改革成为我们现阶段不得不进行这一件事情。我们需要更多地来将各个能源进行协调发展，从而提高各个区域能源供给。在能源供给的供规划中，以电力企业为主线，融合各个方面不同的需求，接收各种不同能源，从而实现高效率的能源利用，以及更规范的能源协同。

6.2.4.3 宁夏园区综合能源系统协同发展趋势

为了更好地满足人们对于能源的需求，并且带动宁夏经济的快速发展，原先的分散式能源分供给方式已经发生了变化，变为了综合能源协同发展的模式。并且这种能源协同发展的模式也受到了各个不同行业的信任与青睐。综合能源协同发展不仅可以满足人们的需求，还可以带动能源的改革，是现阶段我们必须要进行的改革。除此之外，这种新模式也能更好地提高清洁能源利用率，进而带动宁夏经济增长。

我们现阶段重点需要分析的是宁夏商业核心区，这些商业核心区一般位于城市的空港，并且临近机场。我们需要将这种区域建设为一个新型的、具有高端内涵，并且高端产业功能聚集的地区。我们需要以当地的气候为我们的设计基调，根据实际的天气情况进行不同的设计，将各个不同类型的建筑设置有不同的运行时间。并且将供冷与供热系统进行协调分析，设计一些变电站来提供电力支撑。将站点分布与供电能力以实际情况为参照进行划分。除此之外，我们可以随着该地区的基础设施完善，从而按照不同的增长速度进行相应的配电变化，从而来满足不同的电力需求。

6.2.4.4 园区综合能源系统协同发展的目标

现阶段宁夏园区综合能源系统协同发展最大的目的就是能够将能源融入现阶段的经济发展当中，更多地采用新能源发电，更多地减轻能源浪费，来提高宁夏能源利用效率，使之成为一个新型的园区综合能源系统规划。将各种能源操作技术协同起来，更多地利用智能化的方法来进行操控，从而实现能源互补，并且使得每一个环节之间都可以有高度的协调性，根据不同的功能进行分区，从而优化区域的产业结构。并且根据当地的实际情况，选择最优的供能方式与功能系统，充分利用当地的能源，从而满足当地的能源需求。

6.2.4.5 宁夏园区综合能源系统运营管理平台

现阶段宁夏进行园区综合能源系统的运行，就需要利用信息化技术，比如大数据与云计算，采用智能化的方式来进行设备控制，搭建一个信息交流更为通畅的平台。通过建立信息平台，对各种智能化的需求进行实时的分析与监控，从而实现深度融合。并且利用互联网的思维，将数据充分地进行分析，在不同的客户与运行主体之间实行不同的方式进行不同的消息分享。利用协调规划的服务平台，与电网企业更多地进行融合，挖掘用户的信息和用户的需求，满足用户现阶段的能源需求，将综合能源的交易模式符合实际情况。并且对于一些终端的客户，我们还可以定制地进行一些消息推送，从而更多地了解客户的需求。

6.2.4.6 宁夏园区综合能源系统协调规划流程

在进行宁夏配电网规划的过程当中，要考虑园区综合能源系统协同发展的过程，可以采用现阶段比较新的技术来进行规划。简单点来说，就是首先对于宁夏的用电现状进行统计，并且按照之后的战略布局进行相应的分析。接着修正现阶段的网格划分，去制定一些相应的约束条件，针对不同的自然条件和人文条件进行设计，使得每一个供电区域既可以做到自给自足，又可以与其他的供电区域相互联系。最后我们还需要制定相应的设计方案，设计园区综合能源系统协同优化的策略，并且组织相应的专家进行分析与评估。我们在进行配电网规划的过程当中，要根据当地的实际情况进行分析，利用当地比较充分的资源，更多地将资源利用的效率提高。并且建立一些光伏发电系统，从而节减轻原有的一次性能源的浪费，并且可以采用个性化的需求进行设计。根据客户的需求进行调整，使配电网在日常使用当中满足客户的需求，更多的为实际生活服务，从而减轻宁夏能源的浪费，并且提高能源的利用效率，更多的带动宁夏的经济发展。

6.2.4.7 能源互联网与智能配电网融合下园区综合能源系统的规划实践

2019 年，“宁夏银川城市能源互联网综合示范”入选国网公司 7 个地市级综合示范项目。经 2019～2020 持续建设，银川阅海片区高可靠供电网架已初步建成，为各类源荷的有序接入提供电网基础。全力打造融汇贯通的网络体系，实现 6 座独立通信站、75 座 35kV 及以上变电站、49 个供电所（营业厅）、5 座用户变和 17 座并网电厂 100%光纤通信网络覆盖，提高信息连接传输能力；开展城市核心区配电网全景感知全覆盖，在电缆通道、配电站房、配电变压器部署 9 类 3758 台感知设备，精准把握设备运行状态及环境，提升配网运维管理水平；用户侧试点安装 752 只非侵入智能电表，更换 HPLC 模块 64 万只，客户侧非计量功能有效支撑主动抢修、台区线损管理等业务，客户侧管理能力显著提升；开展多种业务形态融合共生，在丰登 110kV 变电站开展“5G 基站+北斗地基增强站+充电站+数据站”的“多站融合”项目，部署云边协同系统，开展三维虚拟围栏安防、输电线路在线监测、收集并核查移动公司 125 座 5G 机房规划信息等，实现电网从单一“输送电力”向多元化的“输出数据、输出计算、输出服务”转变；基于 5G SA 专网差动保护成功挂网应用，实现配网线路区段或设备的故障判断及精准定位，恢复供电时间由分钟缩短到百毫秒级。同时，积极推广车联网平台及新能源云系统应用，主动服务清洁能源发展，构建互联网生态圈。

虽然宁夏园区综合能源系统示范工程已取得部分成效，但总体能源来源仍以电网侧为主，分布式微网、源荷互动、不同能源之间的相互转换、清洁能源占比等仍有待提升，各类能源之间的相互转换、相互支撑能力仍然不足。可通过开展宁夏园区综合能源系统规划示范，推进电网功能转型升级，通过电网实现各类能源的相互转换与支撑。

在园区结合各类用户用能现状，部署各类智能感知终断，开展园区能源综合阶梯利用、用户用能诊断分析、综合节能方案定制等，提升能源综合利用效率。宁夏园区综合能源系统规划实践如下：

（1）2021～2023年，在园区加油站、停车场开展充电桩建设，促进园区绿色出行；

（2）对园区各类用户开展冷、热、电、燃气综合用能分析，统筹考虑各类用户用能需求，开展屋顶分布式光伏及冷、热、电、燃气相互转换的能源泵站规划建设，在提升用户供电可靠性的同时，实现各类能源的综合开发利用；

（3）开展用户能耗分析，为用户制定个性化的综合节能方案，降低企业碳消耗及碳排放；

（4）基于对各类用户用能数据的监测，为政府提供行业复工复产分析、行业用电情况分析、用户环保停复工监测等各类分析研究成果，为政府部门复工复产决策部署当好“电参谋”。

6.2.5 场景三：智慧小镇

随着国家积极推动“互联网+”行动和网络强国战略实施，互联网技术与各行各业的互相融合、互相渗透，将变成一个引领时代的风向标。特色小镇的发展已经慢慢脱离传统模式，其和互联网的结合也将越来越密切。特色小镇逐渐引入一些新的智能设施和智能服务，产生大批量的新生产业链。对于如何定义智慧的特色小镇概念和如何规划建设一个智慧小镇，已成为一个值得研究的热点话题。在全国大力推进特色小镇建设的背景下，围绕产城融合发展的主题，利用互联网的智慧技术助力特色小镇中社会、产业、科技、自然的融合协调发展，才能实现特色小镇的创新发展。

智慧化在特色小镇和互联网之间本身存在一个天然的联系，通过互联网的技术驱动，信息化将会放大特色小镇的经济发展和领域扩展，将会改变原有小镇运营模式，从而引起产业升级。

传统的特色小镇运营管理模式，流程复杂而繁琐，数据项目独立，消耗大量的人力物力。在产业互联网时代，要抓住数据这一核心。云计算、大数据、物联网等都是为了解决数据应用、数据挖掘的问题。未来社会会变成一种新的形态，数据则会变成社会运行的基石。

6.2.6 能源互联网视角下宁夏“智慧”小镇的发展策略

随着各行各业“智慧”产业概念遍地开花，智慧型产业小镇建设作为一个新兴的公共服务核心产业，成为中国智慧制造型城市产业结构简化的一个缩影，带动大量产业的发展。但是，市场良莠不齐且繁重驳杂，给市场管理带来相当的困难性。由于市场管理常常涉及多个部门和员工之间的协作和沟通，需要花费大量的时间、人力和物力来调查以及进行管理维护工作。因此本系统平台的目标是建立一个一站式管理服务平台，从而减少小镇管理的沟通管理成本高以及商户不统一的问题。

智慧小镇的发展是一种趋势。可持续发展是我们国家的重要战略之一，也是未来智慧小镇发展的重要理论依据。可持续化特色小镇是产业和互联网结合发展的最终目标。既然是智慧小镇，肯定要进行科学合理规划，全面发展小镇的公共设施，公共组织、衣食住行以及旅游等，为小镇这个生态系统注人智能化的活力，最终达到居民和游客都享受高效、安全、绿色、便捷的生活。

信息经济就是网络，而网络这个概念作为技术设施已经大大拓展，更多的是云计算和大数据的应用。智慧小镇是一块小区域、小范畴的概念，从信息经济、互联网和信息经济思考，应该发展的是智能管理、智能停车、智慧水电、智慧电网等。对小镇来说，信息化系统可以整合多方资源进行运营，这是一个非常大的体系，光靠小镇一家独自来承担不大现实，完全可以借力，整合其他资源达到共建。

目前特色小镇发展和运营很模糊，建设内容又很多，从而导致信息技术的应用非常薄弱。随着发展，大小不一的门店逐渐落户小镇，各个区域逐渐拥有了各自的分工，形成相对稳定的区域格局。最终打造成特色小镇的产业生态系统和技术生态系统，包括筹划、建设运营经营等。

在此基础上研究数据的统计分析和可视化展示，可在一定程度上实现对景区、酒店、民宿、餐饮、各种娱乐的监管，了解各个区域之间的联系，对合理规划调度资源和管理小镇功能区有着非常有效的辅助决策能力，对提升小镇的服务能力、发展经济等具有重要意义。

小镇的智慧化发展需要有一个全流程的观点，智慧小镇的核心是打造智慧产业链。每一个小镇一定会经历五个环节：研究、规划，投入、产业导入和运营，每个环节都需要考虑与智慧、信息、数据的关系，从而保证小镇智慧化与可持续发展。

能源互联网视角下宁夏“智慧”小镇建设任务如下：

6.2.6.1 打造宁夏“智慧”小镇能源互联网产业聚集区

发挥现有互联网产业优势，推动能源互联网企业相对集中进入宁夏“智慧”小镇，重点布局能源互联网、云计算、大数据等互联网主导产业，形成专业化分工、上下游协作的产业链，完整配套互联网产业体系，加快形成产业集聚发展。

6.2.6.2 加快宁夏“智慧”小镇能源互联网企业引进培育

加大招商引资力度，引导宁夏能源互联网龙头骨干企业落户，将有实力的中小企业培育壮大为骨干企业，形成龙头企业为引领、骨干企业为支撑、中小微企业蓬勃发展的格局。

6.2.6.3 建设宁夏“智慧”小镇能源互联网创业创新平台

创建一批创业学院、创业工场、虚拟众创等众创空间和载体，建立创业导师队伍，开展宁夏“智慧”小镇能源互联网创业创新培训，推动创新陈国向创业转换，孵化一批宁夏“智慧”小镇能源互联网创新型应用中小企业。推动宁夏“智慧”小镇能源互联网龙头骨干企业建立企业技术中心、工程训练中心、重点实验室和检测机构等重大基础性公共创新平台，鼓励开放技术和资源，推动宁夏“智慧”小镇特色创客和小微企业创业创新。

6.2.6.4 发展宁夏“智慧”小镇特色新业态

发展大数据、云计算、物联网、异动互联网等互联网核心技术，培育发展宁夏“智慧”小镇互联网新技术、新产品、新模式，促进特色新服务、新应用的研究开发和示范推广，推动宁夏“智慧”小镇特色新业态的形成。

6.2.6.5 完善宁夏“智慧”小镇产业发展配套服务

制定宁夏“智慧”小镇规划，完善出台扶植宁夏“智慧”小镇创建的财政、国土、税收、人才、商事、审批等配套政策，建设创投基金、融资服务、企业孵化、人才培训、技术咨询等平台，简化企业投资程序，构建创新创业的营商环境。完善教育、医疗、文化、体育、交通、基础网络等生活配套服务的社区功能。

6.2.6.6 构建宁夏分布式能源发展策略

宁夏地区包括风能资源和太阳能资源外，以 90m 高度风功率密度 200W/m^2 以上电压等级为例，宁夏风电的技术开发量为 5193 万 kW，可开发面积为 18 965km^2，宁夏集中式光伏可开发量约 4.54 亿 kW，分布式光伏技术可开发量越 2770 万 kW。推进宁夏地区清洁能源替代，利用富余清洁能源替代燃煤机组发电，推进燃煤自备电厂替代，提高可再生能源发电和分布式能源系统发电在电力供应中的比例，促进电力供应电能替代。“十四五”期间预计满足新能源、分布式电源接入 153.32 万 kW。宁夏分布式能源发展策略如下：

（1）坚持宁夏电力市场调节与政府引导相结合的原则，主要就是要坚持宁夏政府引导、企业参与，以市场为主导、以企业为主体，充分发挥市场配置资源的基础性作用。促进宁夏分布式能源发展政策体系的完善，强化能源政策与其他配套政策的相互配合，全力发展分布式能源。

（2）以企业的自身能力为基础，政府的鼓励支持位推进动力，形成分布式能源产业整体发展的有利局面。鼓励宁夏科研机构包括高校以及相关电力能源研究单位针对分布式能源项目在设计施工运行中所面临的实际问题进行具体研究，以科研带动实际项目的建设运营，积极形成产学研相结合的技术创新体系，逐步增强有关单位的自主创新能力、以及再创新能力，提升整体产业技术水平。

（3）在宁夏分布式能源项目的规划时要经过慎重科学的推理分析，对新的分布式能源项目进行优化，合理布局不同的能源项目，使其形成互补效应，实现全局的优化配置。

（4）在宁夏区调和下属各地调建设分布式能源监控系统，进一步提升地区电网驾驭大电网安全的能力。

（5）在区调建设全区统一的分析决策中心，逻辑上构成一套完整的调度控制系统，实现一体化运行，统一为各级调控中心提供服务，实现全局态势感知和智能分析决策，支撑分布式能源变革发展，满足电网调度控制要求。

（6）构建分布式电源企业入退市模块，通过分布式电源企业参与电力市场相关功能建设，搭建公开透明的分布式发电市场化交易平台，建设分布式电源企业参与电力市场交易功能模块，完善企业基本信息注册、变更、审核、注销等管理功能。

（7）完善分布式电源企业交易流程，支持分布式发电交易规则下的电力用户、发电企业进入、退出市场的全业务流程，为交易业务提供基础数据支撑。实现分布式发电交易，虚拟电厂、客户侧储能、电动车、可调节负荷等灵活参与交易。

6.2.7 能源互联网视角下宁夏“智慧”小镇的规划

首先，从能源互联网视角下，对宁夏“智慧”小镇的产业、建筑、运营进行规划，具体规划如下：

6.2.7.1 产业规划

在进行宁夏“智慧”小镇的规划建设中，需要对宁夏“智慧”小镇做出精准的定位，包括宁夏“智慧”小镇的资源、特色以及存在的发展优势等。然后结合小镇的基本情况，结合发展的各项情况，提炼产业发展中的高端要素，深入发掘小镇建设与物联网的融合方向，规划建设智能化小镇，城镇居民生活工作的便捷化、高效化目标。

6.2.7.2 建筑规划

随着宁夏“智慧”小镇的建设发展，在宁夏“智慧”小镇的建设的过程中，要注重与网络和科技的深入融合，保障宁夏“智慧”小镇建设在能够满足居民生活和工作发展的同时，能够附带更多的科技功能，让宁夏“智慧”小镇的建设和发展能够为居民提供更加优质的生活。在融合物联网对宁夏“智慧”小镇进行全面建设的同时，要充分思考建设和应用的便捷性，以及物联网的相关技术应用，真正的实现小镇建设的智能化。

6.2.7.3 运营规划

在宁夏“智慧”小镇的建设和规划中，一定要充分考虑宁夏“智慧”小镇的长期发展，以及物联网应用技术的革新。物联网是网络发展应用中的一种主要的应用形式，对于宁夏“智慧”小镇的建设发展，具有极为重要的意义。宁夏“智慧”小镇的建设，要实现真正的智慧，提升居民的工作生活环境质量，促进宁夏“智慧”小镇的全面发展。宁夏“智慧”小镇不仅要具优质的生活质量，还应具有很好的发展力，使宁夏“智慧”小镇的始终能够保持旺盛的生命力，让宁夏“智慧”小镇能够形成具有“智慧”和“特色”的品牌小镇。

进一步，从能源互联网视角下，对宁夏“智慧”小镇的基础层、平台层、应用层、系统开发平台层的建设实践如下：

（1）宁夏“智慧”小镇基础层建设。

宁夏“智慧”小镇的建设，应包含两个方面：

1）基础通信网络的建设，包括光纤宽带、4G/5G 移动网络建设，以及物联网和无线网络覆盖等；

2）感知物联网的建设，包括 GPS、监控等各类前端数据采集设备的建设和部署，对小镇的建设和发展，实施真正的智能化管理。

在宁夏“智慧”小镇的基础层的建设阶段，宁夏“智慧”小镇要分成三个层级来进行建设：

1）结合宁夏“智慧”小镇的建设规划，以及宁夏“智慧”小镇规划整改标准，对宁夏“智慧”小镇的各项物联网建设实施全部下地的调整；

2）针对宁夏“智慧”小镇建设的入户线，实施“整治存量、规范增量”的整改方针，通过多网合一的改造方式，开展“清线行动”和“清箱行动”；

3）实施多杆合一的政策，并尽量减少杆路的建设，对宁夏“智慧”小镇建设中出现的问题进行调整。

（2）宁夏“智慧”小镇平台层建设。

在宁夏“智慧”小镇的建设中，可以将宁夏“智慧”小镇分为四个平台进行建设，对宁夏“智慧”小镇的各项建设进行调整，形成标准化的“综合治理工作平台”“市场监管平台”“综合执法平台”“便民服务平台”。通过“综合治理工作平台”的网络建设，对宁夏“智慧”小镇的城镇发展，实施全面性的综合管理，提升宁夏“智慧”小镇的建设发展质量。通过“市场监管平台”，对宁夏“智慧”小镇发展中的市场经营情况，进行实时监控，保障宁夏“智慧”小镇的市场能够始终维持在平稳的发展状态下。通过“综合执法平台”对宁夏“智慧”小镇的发展，进行严格的执法管理，提升小镇的安全、规范、稳定质量，保障宁夏“智慧”小镇的稳定发展。通过“便民服务平台”对宁夏“智慧”小镇居民的生活、工作状况等提供及时、便捷的服务，提高居民的生活质量。而这四个平台的建设，要与物联网的建设发展，进行深入的融合，提升居民生活质量，促进小镇建设发展的高效化。

（3）宁夏“智慧”小镇应用层建设。

应用层是指在平台层之上的智慧类应用。在宁夏“智慧”小镇完成基础建设和平台建设后，要将平台的应用和发展进行逐步的深化，不断地提升宁夏“智慧”小镇智能化应用的水平，提升宁夏“智慧”小镇的主要负责用户兴趣的生成和存储。

（4）宁夏“智慧”小镇系统开发平台的选择。

系统开发平台的选择必须着重考虑以下几个因素：

1）成本因素。具体指的是推送服务系统部署硬件的产品许可经费、购买研发工具所需费用以及其他所需费用。

2）时间因素。这一方面是从学习时间与研发时间来考量的。

3）安全程度。具体是指信息资源在存储、转换、处理、传递的过程中对实施安全的衡量。综合以上几种因素以及图书馆本身的建设条件来考虑，基于用户浏览记录的图书馆智能推送服务系统的开发平台主要利用 Linux 操作，数据库系统则主要采取 My SQL，编程语言则采取 PHP 和 Java 计算机语言，Web 服务器借助 Apache Web 语言开展工作。这几种技术均有免费开源的特征，且功能发挥稳定、集成度较高。在降低研发经费的同时，Linux 操作系统相比传统的 Windows 系统具备安全性高、病毒抵抗程度较高等优点。

宁夏“智慧”小镇努力打造以电力为核心的能源供应平台和资源配置中心，推动能源安全、高效、可持续开发利用，打造国家电网公司推动能源变革发展的“世界名片”，并努力在“两个替代”方面实现突破，最终实现多种能源的优化互补。宁夏“智慧”小镇规划构想及布局主要分为以下四个步骤：

（1）实现“能源供应清洁化、能源配置智能化、能源消费电气化、能源服务共享化”。大规模引入区外来电，构筑能源绿色供应新格局；建设坚强灵活输配电网，助力新能源开发；应用热电联产技术和储能新技术，促进多种能源得到综合、高效的开发利用。创新应用先进的电网技术和信息通信技术，建立以电力为核心的能源配置体系，实现多种能源互补协调运行；推广高效用能方式，实现能源绿色发展成果全社会共享。构建能源服务中心，开展综合能效管理，推广智能家居、智能小区等互动服务模式，实现源—网—荷信息交互和利益共享，提升能源服务品质。

（2）“两个替代”最大化。加快电能替代，提高企业生产、交通运行、民众生活等各领域电气化水平，清洁能源及时接入率和消纳率 100%，清洁电力占比提升至 50%，达世界领先水平。建成“一公里”充电圈，电能占终端能源消费比例提升至 30%。

（3）全面提升电能服务品质着力打造区域高可靠供电示范区，供电可靠率提升至 99.999 9%，达到国际领先水平。建设高电能质量示范区，综合电压合格率提升至 99.999%。

（4）打造国际能源变革思想发源地、理念传播地、技术推广地、产业集聚地。借助国际能源变革论坛主场优势，运用工程实践、成果展示等多种方式，传播绿色低碳、节能环保、共享高效的能源开发利用理念。率先引入最先进的项目、技术、设备，使宁夏成为能源变革技术的集聚地，引领世界能源变革突破。依托地区制造业技术优势、人才优势、国际合作优势，发挥电网项目的产业带动作用，在宁夏打造国际领先的能源变革产业链。

6.2.7.4 基于柔性直流互联的宁夏“智慧”小镇交直流混合新型配电网建设意见

交直流新型配电网能够在更广域的潮流范围内实现分布式电源调度，能够经济、安全地实现负荷转移。同时，可通过柔性互联装置对系统潮流进行灵活控制，实现多母线间的负荷均衡，提高分布式能源的接纳能力，优化电网的供电能力，使配电网的可靠性和设备利用率得到显著提高。

宁夏“智慧”小镇具有微网和多种分布式电源，可采用柔性直流互联网络实现区域中的分布式电源、微网和交流配网的互联，主要包括柔性直流配电、直流微电网集成等。同时部署监控系统实现对交直流混联配网的运行监测、优化与控制。

（1）一次系统方案。

宁夏“智慧”小镇一次系统由柔性直流互联系统、开闭所、分布式电源、直流微电网、储能系统等单元组成。

柔性直流互联系统由两端背靠背的换流站实现交直变换并通过直流互联电缆连接。柔性直流互联系统一端通过交流线路接入纳米变上网，一端通过交流线路和四个配电所连接。两端的换流站可采用 VSC 结构，由换流站、换流变压器、换流电抗器、直流电容器和交流滤波器等部分组成。换流站的主接线采用双级对称接线方式，具有占地面积小、成本低、具备更高的可靠性等优点。

（2）监控系统方案。

交直流混合新型配电网的监控系统是系统运行状态监测与优化的中枢，对上实现同调度自动化系统的互动，对下实现设备运行状态的控制，是实现设备安全优化运行的重要保障。针对监控对象的不同，可分别部署微电网监控系统和交直流混联电网监控系统。

微电网监控系统实现对微电网数据的全景监测分析以及能量管理策略的制定。系统根据实时运行数据，结合分布式发电预测、负荷预测的结果，制定多约束条件下的微电网系统优化调度与能量管理策略，并将策略下发微电网运行控制器。对上则同新型配电网源网荷（储）协调控制系统实现协同与互动，通过接收新型配电网源网荷（储）协调控制系统的指令，调节微网分别按限功率输出、定功率数据、不限功率数据状态运行，参与配网的运行控制，为配网运行提供电压和功率支撑。

交直流混联电网监控系统对于柔性交直流混联系统的运行性能起着至关重要的作用，其控制策略直接关系到柔性交直流系统的安全和经济运行。监控系统与保护紧密结合，可使混联配网不仅在正常情况下运行良好，同时还可在交流系统发生故障时仍具备合适的动态性能。

交直流混联电网监控系统包含三个层次：系统级监控、换流站级监控和换流器阀级监控，实现的主要功能包括：柔性直流输电系统的启停控制、换流站两端间的潮流控制、换流站吸收或发出的无功功率控制、在正常运行或系统不对称情况下稳定其连接的交流系统、在发生故障时保护换流站相应的设备等。系统级监控接收新型配电网源网荷（储）协调控制系统的有功功率、直流电压、频率、无功功率、交流电压整定值，结合电网当前实际值，给出换流站级监控的输入指令。支持多种有功类控制策略和无功类控制策略，在运行过程中，可以由控制系统或运行人员根据需要改变。换流站级控制接收系统级控制的有功和无功类物理量参考值，经直接电流控制、矢量控制等控制算法得到 SPWM 信号的调制比 M 和移相角 δ，提供给换流阀级控制的触发脉冲发生环节。换流器阀级控制接收换流站级控制产生的 M 和 δ，并产生 PWM 触发脉冲，实现对 IGBT 换流器阀的触发控制。为提高抗干扰能力，控制装置将触发信号转换为光信号，通过光纤传送到每个 IGBT 的门级控制驱动板，驱动板把光信号转换为电信号，经驱动后触发 IGBT 开关器件。

6.2.7.5 基于“即插即用”技术的宁夏“智慧”小镇新型配电网建设意见

即插即用装置可以实现分布式电源、储能、电动汽车充电设施与电网的信息与能量交互，可降低分布式电源、储能、电动汽车充电设施建设成本、减少对电网安全影响、提升分布式电源并网调试效率，保证设备并网的灵活接入和稳定运行。

即插即用装置包含一次功率变换和二次信息交互两大模块。功率变换部分采用模块化设计，内含直流能量变换、交直流变换等部分，可根据分布式电源种类和容量任意拼装；信息交互部分基于 IEC61850 标准通过自描述文件完成在主站的入网注册，主站和装置间采用电力标准通信规约进行数据交互。即插即用装置将设备状态数据和运行数据送到主站层，并接受主站的控制命令，完成分布式电源功率和柔性负荷功率调节、储能状态控制和功率控制等功能。

6.2.7.6 宁夏“智慧”小镇高可靠性配电网建设意见

宁夏“智慧”小镇高可靠性配电网应用示范可采用柔性直流技术，满足宁夏“智慧”小镇极高供电可靠性的要求。在主的网架基础上，可按照网架结构有序过渡原则，在宁夏“智慧”小镇建设一座柔性直流换流站，通过柔性直流接口装置实现宁夏“智慧”小镇极高供电可靠性的要求。

交流系统的稳定性要兼顾电压和频率，而直流系统的稳定性仅需考虑直流电压，因此直流电压的稳定控制是整个多端柔性直流配电系统稳定的核心。根据直流系统的直流电压在有功潮流失衡时将发生偏移的特性，对直流电压进行下垂控制。多端运行协调控制的目标是最大限度保证多端直流系统的直流电压稳定性，在系统有功潮流扰动和故障状态下，保证系统不间断持续运行，采用直流电压偏差斜率控制策略，使得控制器兼具直流电压偏差和斜率控制。

采用直流电压和交流功率两个控制信号，对潮流控制具有一定的灵活性。直流电压控制权将根据潮流分配及不同场景下的直流电压范围，通过合理配置偏差范围和斜率特性，保障直流电压在四端口柔直网络中自动平滑切换，自动实现潮流分配，达到优化潮流、提高设备利用率的目的。

6.2.7.7 适应宁夏“智慧”小镇的新型配电网的源网荷（储）协调控制建设意见

针对宁夏“智慧”小镇新能源、微网、柔性负荷及电力电子装置等可调控资源的大量接入，以配电网的高效运行为目标，在分层分区、自治协调控制的基础上，可建立多时空协调优化控制机制。以配网可调度容量优化和控制目标递进为核心，通过空间尺度上配网、馈线、台区的三层联动，结合时间尺度上短期、超短期、准实时的三级更迭，辅以配网结构的灵活调整，实现源荷优化平衡、新能源高效消纳、节能降耗，提高配电网供电可靠性和区域能源利用效率。

在配电自动化系统的基础上，建设宁夏“智慧”小镇新型配电网网源荷（储）协调控制系统，实现对光伏、风电、分布式储能、电动汽车、柔性负荷等配电网可调控资源的优化运行控制，提升新型配电网的安全可靠运行、分布式电源消纳以及电动汽车等多样化负荷参与电网调峰的能力，为电源和负荷的友好互动提供有力的技术支撑。

新型配电网的网源荷（储）协调控制系统接入宁夏“智慧”小镇微电网监控系统、

换流站/合环装置监控系统，采用分层分级控制模式，即集中决策层、分布式控制层、设备层的三层架构。

集中决策层：根据整个配网系统运行参数，实时分析当前配电网的柔性负荷（储能）、电源发电、电网稳定状态等情况，结合需求侧管理机制合理调度系统中的柔性负荷（储能）用电情况，通过源荷互动控制保证配电网安全、稳定运行。

分布控制层：由分布式电源、柔性负荷、储能控制智能体组成，构造了就地信息采集与控制层与设备之间的双向信息交互通道，分布式协同控制因此可以于智能体框架内完成；通过与上层的控制系统所接收到的数据结合，对上层控制系统区域电源、储能、负荷运行参数的控制命令进行接收。控制智能体的综合外特性属于对外的唯一特征，而系统侧调度信息的实现以及负荷群内部响应资源的协调则属于内部特征，将运用最优决策针对性优化某一目标，运用不同的控制手段完成负荷自治。

设备层：包括分布安装的采集智能终端、分布式电源控制器、可调度负荷（储能）控制器、节点级微电网控制终端等；该类设备具有采集分布式电源与负荷并网点电流、电压、功率、运行状态等信息，也具有依据设备本身特征实现电源自律、柔性负荷（储能）自治功能的各种控制功能。除此以外还能上传实时运行参数并接收上层控制系统对其发电、用电等运行参数的控制。

宁夏“智慧”小镇新型配电网网源荷（储）协调控制系统高级应用包含三大软件子系统，分别为网源荷特性分析、新型配电网态势感知、网源荷协调控制决策子系统。

网源荷特性分析：实现对新型配电网中的新能源、微网、柔性负荷的动态建模和运行特性分析，根据外部的温度、湿度、光照等信息实现对发电特性、负荷特性的分析，确定新能源设备的额定发电功率等动态参数，为上层的分析应用提供准确的数据基础。

新型配电网态势感知：通过采集电网的实时运行状态、环境信息数据，准确分析与判断电网的运行状态，评估配网运行的薄弱环节，并对电网的运行风险进行及时预警。结合负荷预测、发电功率预测数据，准确判定电网的运行趋势，为配网的协调优化控制决策提供支撑。

网源荷协调控制：以配网的可调度容量优化为基础，分别针对配网在正常、异常和故障下的运行状态，给出负荷、分布式电源、微网、储能的优化运行策略，并对策略的执行效果进行后评估。

宁夏“智慧”小镇新型配电网网源荷协调控制系统的设计思想是构建“区域自治控制，中央优化决策”的系统运行模式。通过柔性装置对需求侧响应管理、微电网群接入管理系统、储能等可控资源分析，中央优化决策可以实现区域间的能量流动决策管控，并对可控资源下发调控指令，将能量管理手段运用于系统，实现区域范围内的可控与自治。

6.2.8 能源互联网视角下宁夏“智慧”小镇的分布式光伏规划实践

6.2.8.1 “农光互补”项目技术优势

农光互补采用光伏与农业相结合形式，采用架高光伏发电支架形式，架高支架顶部采用光伏组件覆盖，底部种植高效农作物，光伏农业一体化并网发电，将太阳能发电、现代农业种植和养殖、高效设施农业相结合，光伏系统可运用农地直接低成本发电，其主要有光伏农业种植大棚、光伏养殖大棚等几种模式。

光伏农业大棚是一种与农业生产相结合，棚顶太阳能发电、棚内发展农业生产的新型光伏系统工程，是现代农业发展的一种新模式。它通过建设棚顶光伏电力工程实现清洁能源发电，最终并入国家电网。

光伏农业大棚（如图 6-6 所示），不但不额外占用耕地，还使原有土地实现增值。光伏农业大棚着重把农业、生态和旅游业结合起来，利用田园景观、农业生产活动、农业生态环境和生态农业经营模式，以贴近自然的特色旅游项目吸引周边城市游客在周末及节假日作短期停留，以最大限度利用资源，充分发挥农光互补观光旅游优势，促进当地旅游产业快速发展。

图6-6 光伏农业种植大棚

6.2.8.2 “农光互补”项目应用前景

农光互补也称光伏农业，是利用太阳能光伏发电无污染零排放的特点，既具有发电能力，又能为农作物、食用菌及畜牧养殖提供适宜的生长环境。

光伏和农业的结合不仅有利于光伏行业本身，同时对于农业的转型也具有重要意义。据统计，目前我国光伏农业项目共计 400 余个，如果在全国大面积、大范围推广光伏农业产品，其市场可达千亿元规模，在 5 年内可达到万亿元规模。

其次，我国耕地资源极为宝贵，却没有得到合理利用，且光伏发电占用土地面积较大，国家利用农业大棚棚顶面积，合理利用资源，在棚顶进行光伏发电，实行农光互补相结合。迄今为止我国农业大棚面积居世界第一位，日光温室和塑料大棚的修建面积达到 200 万 ha 以上，此举可充分提高土地利用率、减少土地浪费。从环境保护的角度来讲，多地雾霾事件给政府敲响了警钟。作为集社会效益、经济效益和环境效益于一身的光伏农业项目，响应了政府节能减排的号召，节约了土地资源，无疑是能源项目的宠儿。以 30WM 的光伏项目为例，每年可以发电 4300 万 kWh，在 25 年的使用期限内可以节约煤 48 万 t，粉尘排放可减少 3 万 t。

综上所述，为实现宁夏地区光伏发电等新能源项目的大力发展，助力当地“30·60双碳项目”的实现，需要立足于农业新模式，不断推进光伏农业与“农光互补”的综合性发展，实现光伏发电与农业种植、养殖的有机结合，达到充分利用土地资源的效果。因此，“农光互补”项目建设对于神木市改善种植环境、实现种植增产和优化地区能源结构意义重大，且项目建设具有良好的成本和市场需求优势，市场前景良好。